BLUE BOOK

智 库 成 果 出 版 与 传 播 平 台

U0178623

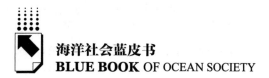

海洋社会蓝皮书
BLUE BOOK OF OCEAN SOCIETY

中国海洋社会发展报告（2021）

REPORT ON THE DEVELOPMENT OF OCEAN SOCIETY OF CHINA (2021)

主 编 / 崔 凤 宋宁而

社会科学文献出版社
SOCIAL SCIENCES ACADEMIC PRESS (CHINA)

图书在版编目（CIP）数据

中国海洋社会发展报告.2021/崔凤，宋宁而
主编.－－北京：社会科学文献出版社，2022.1
（海洋社会蓝皮书）
ISBN 978－7－5201－9675－8

Ⅰ.①中…　Ⅱ.①崔…②宋…　Ⅲ.①海洋学－社会
学－研究报告－中国－2021　Ⅳ.①P7－05

中国版本图书馆 CIP 数据核字（2022）第 018665 号

海洋社会蓝皮书
中国海洋社会发展报告（2021）

主　　编／崔　凤　宋宁而

出 版 人／王利民
责任编辑／胡庆英
文稿编辑／刘珊珊
责任印制／王京美

出　　版／社会科学文献出版社·群学出版分社（010）59366453
　　　　　　地址：北京市北三环中路甲 29 号院华龙大厦　邮编：100029
　　　　　　网址：www.ssap.com.cn
发　　行／社会科学文献出版社（010）59367028
印　　装／三河市东方印刷有限公司

规　　格／开本：787mm × 1092mm　1/16
　　　　　　印张：17.75　字数：265 千字
版　　次／2022 年 1 月第 1 版　2022 年 1 月第 1 次印刷
书　　号／ISBN 978－7－5201－9675－8
定　　价／158.00 元

读者服务电话：4008918866

主编简介

崔　凤　1967 年生，男，汉族，哲学博士、社会学博士后，上海海洋大学海洋文化与法律学院教授、博士生导师，社会工作系主任、海洋文化研究中心主任。研究方向为海洋社会学、环境社会学、社会政策、环境社会工作。教育部新世纪优秀人才、教育部高等学校社会学类本科专业教学指导委员会委员。学术兼职主要有中国社会学会海洋社会学专业委员会理事长等。出版著作主要有《海洋与社会——海洋社会学初探》《海洋社会学的建构——基本概念与体系框架》《海洋与社会协调发展战略》《海洋发展与沿海社会变迁》《治理与养护：实现海洋资源的可持续利用》《蓝色指数——沿海地区海洋发展综合评价指标体系的构建与应用》等。

宋宁而　1979 年生，女，汉族，海事科学博士，中国海洋大学国际事务与公共管理学院副教授，硕士研究生导师。主要从事日本海洋战略与中日关系研究。代表论文有《被建构的东北亚安全困境——基于对日本"综合海洋安全保障"政策的分析》《从"双层博弈"理论看冲绳基地问题》《"国家主义"的话语制造：日本学界的钓鱼岛论述剖析》《日本"海洋国家"话语建构新动向》《社会变迁：日本漂海民群体的研究视角》。出版著作有《日本濑户内海的海民群体》等。

摘　要

《中国海洋社会发展报告（2021）》是中国社会学会海洋社会学专业委员会组织高等院校的专家学者共同撰写、合作编辑出版的第六本海洋社会蓝皮书。

本报告就 2020 年度我国海洋社会发展的状况、所取得的成就、存在的问题、总体的趋势和相关的对策进行了系统的梳理和分析。2020 年，我国海洋事业虽然受到新冠肺炎疫情影响，但仍然稳步推进，综合化管理在海洋事业的各领域普遍呈现，制度化进程持续深入推进，国际合作更趋多样化与多元化。此外，我国海洋事业在获得成绩的同时，也面临诸多困难与挑战，海洋科技攻坚还需要持续加速，综合化治理的瓶颈仍需进一步突破，制度化建设必须持续推进，社会公众参与海洋事业需要更多有效的引导。可持续的海洋社会发展依然需要在诸多环节上加强治理。

本报告由总报告、分报告、专题篇和附录四部分组成，以官方统计数据和社会调研为基础，分别围绕我国海洋教育、海洋文化、海洋公益服务、海洋管理、海洋民俗、海洋非物质文化遗产、海洋远洋渔业、全球海洋中心城市、海洋生态文明示范区、海洋法制、海洋督察、海洋执法与海洋权益维护、海洋灾害社会应对等主题和专题展开科学描述、深入分析，最终提出具有可行性的政策建议。

前　言

2020 年，是在全民抗疫的过程中度过的。疫情不仅影响了生产，也影响了我们的生活，很可能引发一场深层次的社会变革。虽然疫情的影响是严重的，但中国的海洋社会还是继续发展的，体现出了较强的韧性。

《海洋社会蓝皮书：中国海洋社会发展报告（2021）》在结构上与往年一样，依然由总报告、分报告、专题篇、附录（中国海洋社会发展大事记）组成。

总报告在全面总结各分报告和专题报告的基础上，对 2020 年中国海洋社会进行了全面总结和分析，发现虽然受疫情影响，但中国海洋社会建设依然取得了较为明显的进步，如全球海洋中心城市建设、海洋公益服务、海洋教育、民俗保护等。但问题也是存在的，对此，总报告提出一系列政策建议。

分报告部分一共有五个报告，数量上比 2020 年卷少了一个，即《中国海洋生态环境发展报告》，这个分报告一直是蓝皮书的重要内容，但由于作者的原因，2021 年卷只能留此遗憾了。

专题篇一共有八个报告，与 2020 年卷相比，增加了一个新专题报告，即《中国全球海洋中心城市发展报告》，而 2020 年卷收录的《中国海岸带保护与发展报告》在 2021 年卷中没有被收录。专题篇部分出现这些变化是非常正常的，因为中国海洋社会在发展的过程中，总是会出现一些新现象，而这些新的现象正是中国海洋社会新发展的标志，而反映这种新现象的专题报告也就应运而生了。

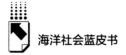

　　蓝皮书的编辑出版贵在坚持，形成连续的出版物，否则其社会影响将大打折扣。虽然每年在编辑蓝皮书时总是会有很多困难，不是经费问题，就是由作者退出导致的稿源问题，但不管如何，我们还是不忘初心、牢记使命，力争把蓝皮书坚持出版下去，为海洋强国建设提供智力支持。

　　感谢各位作者历年来对蓝皮书的支持，正是他们的无私奉献才能保证蓝皮书的质量；也感谢编辑部的各位老师和同学，正是他们的辛苦劳动保证了蓝皮书的顺利出版；更要感谢上海海洋大学海洋文化与法律学院的各位领导，正是他们的大力支持才使蓝皮书能够获得经费保障。

　　科学描述、深入分析、献计献策是蓝皮书一贯坚持的原则，我们将一如既往，不畏艰辛，为海洋强国建设贡献我们的一份力量。

崔　凤

2021 年 9 月 7 日于上海

目　录 ◥▓▒░

Ⅰ　总报告

Ⅱ　分报告

Ⅲ　专题篇

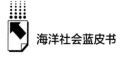

Ⅳ 附录

皮书数据库阅读**使用指南**

总 报 告

General Report

B.1
中国海洋社会发展总报告

崔 凤 宋宁而*

摘　要： 2020年，我国海洋事业虽然受到新冠肺炎疫情影响，但仍然
稳步推进，综合化管理在海洋事业的各领域普遍呈现，制度
化进程持续深入推进，国际合作更趋多样化与多元化。此
外，我国海洋事业在获得成绩的同时，也仍然面临诸多困难
和挑战，海洋科技攻坚还需要持续加速，综合化治理的瓶颈
仍需进一步突破，制度化建设必须持续推进，社会公众参与
海洋事业需要更多有效的引导。可持续的海洋社会发展依然
需要在诸多环节上加强治理。

关键词： 综合化治理　制度化　公众参与

---

* 崔凤，哲学博士、社会学博士后，上海海洋大学海洋文化与法律学院教授，博士生导师，研
究方向为海洋社会学、环境社会学等；宋宁而，海事科学博士，中国海洋大学国际事务与公
共管理学院副教授，研究方向为国际政治学，主要从事日本海洋战略与中日关系研究。

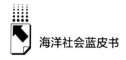

2020 年，我国海洋事业所取得的成绩可圈可点，在实现稳步提升的同时，各领域的机构改革深入推进，海洋治理的执行力得到强化，综合化治理稳步推进，制度化建设成绩可圈可点，海洋政策设计更具前瞻性与规划性，海洋社会发展呈现多元化与持续发展的趋势。

一 海洋事业受到疫情影响，但仍然稳步推进

2020 年，我国各领域的海洋事业尽管在一定程度上受到新冠肺炎疫情的影响，但还是呈现稳中有进的发展趋势，海洋非物质文化遗产保护相关政策日臻完善，海洋教育有了进一步的深化与发展，海洋生态文明示范区建设成绩显著，海洋法制建设成绩可圈可点，海洋环境治理的执行力度进一步加大，海洋事业的发展在各个领域普遍呈现更趋精准化和专业化的发展态势。

（一）海洋事业成绩瞩目

2020 年，我国海洋事业在各领域普遍获得令人瞩目的发展成绩，各领域的事业发展势头持续攀升。2020 年年初，新冠肺炎疫情突袭而至，给我国的远洋渔业造成了较大的影响，但是，在各级政府及其有关部门和广大企业的共同努力下，远洋渔业企业在国内疫情得到有效控制之后逐步实现了复工复产，开赴远洋渔场，从事生产作业。与此同时，各级政府为防止在此期间出现违规作业，进一步强化了远洋渔业的安全管理，适度调整海上作业的安全缓冲距离，严禁疫情防控时期越界捕捞，以树立负责任的渔业大国形象。浙江省坚持复工复查与疫情防控一起抓，全力助推远洋渔业有序复工复产。上海市农业农村委执法总队努力为疫情防控和复工复产做好协调工作，为从国外回来的 38 名远洋渔业职务船员提供培训，为船员顺利开展远洋渔业生产提供便利。

我国全球海洋中心城市的建设实践虽然刚起步，但已经显示出欣欣向荣的发展势头。2020 年 3 月，浙江省将"建设全球海洋中心城市"作为 2020年度重点工作目标，由宁波、舟山分别启动相应规划，加快宁波港和舟山港

向世界一流强港转型，引领全省海洋经济发展。海南省也积极投身全球海洋中心城市的建设洪流，并根据国家出台的相应规划，着力推进海南自由贸易港的建设方案，实施自由便利化的贸易、投资，放宽市场准入限制，开放人才流动政策。自从深圳和上海将全球海洋中心城市列为建设目标，各城市纷纷响应，出台明确措施，推动全球海洋中心城市建设。截至2020年年底，上海与深圳的全球海洋中心城市建设已初见成效，我国其他多座城市的建设规划也在有序推动中，发展动向值得期待。

2020年，我国海洋公益服务事业也在稳步发展。受疫情影响，海洋观测等一系列既定工作计划出现了停滞，但是各有关部门仍然克服困难，在做好防疫工作的同时，按照原计划开展了各类海洋观测工作，保证了数据的连续性，并积累了宝贵的数据资料，为防灾减灾和海洋科学研究提供了重要的技术支持。

2020年，我国海洋防灾减灾的各项具体业务也在持续推进。我国自然资源部各类各级海洋预报机构在使用常规途径发布海洋灾害警报的同时，积极推进多渠道消息发布，坚持同时通过短信、彩信、电视网络广播、微博官方账号以及微信公众号发布相关警报，有效保障各个系统的正常运行，预防沿海各地海洋灾害发生。

（二）海洋治理手段更专业化，目标更精准化

2020年，海洋事业的精准化发展趋势更加显著。2020年，我国海洋民俗发展在沿海各区域之间呈现均衡态势。其中，环黄渤海地区海洋民俗发展成绩尤为突出。虽然受新冠肺炎疫情影响，青岛田横祭海节、荣成渔民开洋谢洋节等民俗节日被迫取消，但是，由青岛、烟台、威海共同形成的胶东半岛海洋文化正在逐渐凸显自身的影响力。海草房和修船造船的技艺形成了极具当地特色的生产文化；王哥庄的大馒馒、威海市的花馒馒、烟台市的海鲜等饮食文化，正在随着网络的发展，呈现强劲的生命力。青岛的贝壳博物馆、唐岛湾公园，烟台的蓬莱阁，威海的成山头风景区正在成为沿海城市的公共空间和文化名片。与此同时，胶东半岛的渔村民宿产业也有了长足的发

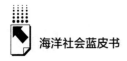

展。胶东半岛成为继广西北部湾、海南潭门之后的又一个海洋民俗点，三地之间形成了南北呼应。我国南北区域的海洋民俗发展呈现日趋均衡的态势。

不可否认，2020年的疫情对海洋民俗的发展造成了冲击，庙会、祭典等海洋民俗活动也因此被叫停。然而，疫情也在客观上促使民俗事业的相关机构、团体以及地方高校展开了积极应对，调整海洋非物质文化的传承方式，积极推动海洋民俗转向。湄洲岛的妈祖诞辰活动受疫情的影响由庙会改为高清直播，诸多媒体进行了同步报道。海洋民俗的相关年会与交流盛会也改为以线上会议形式展开，地方高校积极推进互联网的教育形式，开设线上课程，推动海洋民俗文化的线上传承。整体而言，虽然海洋民俗文化的传承与实践在一定程度上受到了疫情的影响，但疫情也在客观上推动了海洋民俗文化传承方式的创新与转型，使疫情防控时期海洋民俗文化的发展有了更活跃的生命力。

同样地，海洋非物质文化遗产的保护工作也在疫情的影响下开辟了新的发展道路。目前，已经出现文化公司和个人等主体借助互联网、物联网、人工智能、大数据等技术力量，发展"海洋非物质文化遗产＋互联网＋旅游"的合作开发模式，以凸显海洋非物质文化遗产的看点和亮点，深入探索传统艺术文化与网络技术的跨界有机融合方式。各大电商平台打造的非物质文化遗产购物节，正是疫情防控常态化时期新动向的生动呈现。从整体来看，2020年我国海洋非物质文化遗产的保护与发展已经进入新的转型期，海洋非物质文化遗产保护的创新已成为大势所趋。

在2020年的第六届琼海潭门赶海节上，人文风情、渔业体验、海鲜美食、消费扶贫等元素获得了高度整合，南海渔耕文化得到了推广，潭门地区的旅游经济也获得了发展。2020年，我国各沿海城市都在积极进行海洋文化节建设，致力于打造属于当地海洋非物质文化遗产的文化名片，北海市的开海习俗和海上扒龙船习俗等已经入选广西壮族自治区的第八批自治区级非物质文化遗产代表性项目名录。

2020年，我国海洋教育在青少年教育、涉海学科专业建设、国民海洋意识增强、海洋人才培养等多个方面都有了切实的推进。地方政府的海洋教育政策是这一年度的亮点。江苏省出台政策，提出要依托江苏海洋大学，创建涉海领域的产学研联盟，力争建立国家级的海洋研究机构。厦门市也以政策形式，提出建设海洋科研基地，明确鼓励支持海洋教育的发展。广东省也在同年出台政策，明确提出要将深圳海洋大学的创建工作尽快提上日程。同时，广东省海洋局还发布政策，提出要评选和打造广东省海洋意识教育示范基地。青岛市教育局发布政策，再次提到要将青岛市打造为海洋教育特色示范城市。

此外，中小学海洋教育方面的成果也颇为显著。青岛市创新了一系列海洋教育课程，并在全省乃至全国进行经验推广。舟山、天津、深圳、承德、重庆等城市也正在积极开展中小学海洋素质教育和海洋科普教育，部分城市还将海洋教育的课堂延伸至海洋博物馆等文化机构，形式更趋多样化，内容更丰富，范围也已经从沿海向中西部内陆地区渗透，形成了一批精品课程。

2020年，我国海洋生态文明示范区建设的相关工作虽然受到疫情冲击，但防控疫情也使各地的智慧海洋建设获得了有效的推进。目前，我国正在有规划地建立一体化的智慧海洋综合管理平台，利用大数据进行海洋环境保护与检测、海洋资源开发与利用、海洋防灾减灾、海洋执法维权、海洋行政综合管理等领域的信息采集、梳理、储存以及共享，可以极大提高各领域信息资源的利用效率，有利于海洋生态文明示范区与我国海洋事业各个领域的建设同步推进，共同实现高速发展。

2020年，我国海洋执法力度获得了进一步强化。我国各级海警机构开展基础信息采集工作，对所辖区域的海岸线、码头、岛屿、涉海企事业单位进行走访，并收集基础信息，完善海洋执法的数据库。与此同时，在渔业船舶监控等事宜上与相关部门积极协调、沟通，为海洋执法工作打好基础。同时，本年度我国海洋执法与海洋维权的联动性与系统性也得以进一步加强。2020年，受新冠肺炎疫情影响，海上治安呈现复杂化态势，为此，我国海警局联合公安部实施打击偷渡的专项行动，排查码头与港口，实施联合执法，持续加大我国海洋执法与海洋维权各部门在大案要案中的联合行动力度。

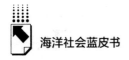

2020年，我国海洋执法建设也取得了突出的成绩。2020年4月，中国渔政的大连市系列专项执法行动启动。该行动严格贯彻我国政府对渔业工作新形势下的新要求，采取涉海渔业部门综合管理协调，各相关部门联动配合，针对特定领域实施专项执法的形式，全面落实休渔禁渔制度，提升执法效能，落实属地责任，强化联合执法，成为2020年海上执法的突出案例。

二 综合化管理在各领域普遍呈现

2020年，我国海洋治理在前一年度的基础上，进一步呈现出体系化、制度化、综合化的发展特征。各领域海洋事业的实践活动都体现出一体化的发展理念，跨领域的交流与合作已成大势所趋，社会参与度有了进一步的提升，海陆统筹的理念已深入各领域的制度建设。

第一，跨领域合作实现了有序推进。我国海洋民俗的各项事业一直在走跨领域发展的道路。本年度海洋民俗实践所呈现出的跨领域特征颇为显著。海洋民俗的文化价值与社会功能得到了社会各界的更多重视。有关礼俗传统与中国社会建构的学术活动欣欣向荣。民俗学学者将民俗学与社会学、历史学、民族学等学科结合，探讨礼俗互动，思考民间自治与国家管理相融合的乡村振兴之路。在相关海洋民俗研究下，渔村的文化价值也获得了更多的挖掘。结合海洋文化与海洋经济，大力开展非物质文化遗产的生产性保护，发展蕴含海洋礼俗与思想文化的海洋文化旅游产业，已经成为渔村振兴的新生长点。

第二，海陆统筹的理念与社会参与意识有了同步化的发展。海陆统筹的理念充分体现在海洋生态环境保护的各项具体举措中。无论在我国海岸带的治理实践中，还是在海洋环境保护的制度设计中，海陆二元的观念都已经实现了较为彻底的转变，海陆统筹的理念为海洋治理提供了新的思路与原则。同样地，海陆统筹的理念也与社会公众的海洋治理意识增强有着密切的关系。在我国海洋督察政策的落实过程中，地方政府充分运用各类媒体传递相关信息，显示出对社会公众的知情权与参与权的重视。与此同时，各类社会群体也在参与海洋环境保护与治理的公益活动中，通过自身的行为实践，拓展和提高了社会公众的参与空间与参与程度。社会公众不仅能参与海洋治理的常规性活动，也能加入海洋灾害、海洋环境突发事件的处理应对活动。社会公众对海洋公益活动的认识也获得了相应提高。海陆统筹理念在自上而下和自下而上的两个方面都获得了充分的体现。

2020年，海洋生态文明示范区的建设与海洋经济建设已经实现了有效融合。以威海市为例，威海市为促进海洋资源的高效利用，致力于海域使用空间、海岸带利用空间、海洋产业发展空间的整体性保护和利用，统筹沿海、远海、深海三个层次，构建海陆统筹的空间新布局。

2020年，海洋教育不再简单呈现为增强国民海洋意识，而是注重充分发展当地海洋文化，将文化建设纳入当地海洋经济建设，打造以海洋文化为根本动力的经济发展模式，有效持续地助推当地的海洋经济发展。在沿海各城市中，与海洋旅游业相关的文化建设普遍发展迅速，海洋文化节、海洋文化展馆、海洋元素的城市文化建筑、海洋休闲等新兴海洋时尚旅游业在沿海各城市纷纷出现。

第三，社会组织持续积极参与。近年来，海洋环境保护越来越受到重视，其中，海洋公益组织的作用不可忽视。正是社会组织的有效运作，夯实了海洋环境保护事业的社会基础，才使得海洋生态保护愈加呈现主体多元化的发展特征。目前，我国宏观政策对环境保护组织的支持力度不断加大，我国环境保护组织正处于迅速发展的过程，其中，部分资金条件优越、专业技术较强、社会资源丰富的社会组织发展态势尤其引人注目，并且其数量不断增加。社会组织提供的公共产品为我国海洋治理、海洋渔业的可持续发展以及海洋环境保护贡献颇多。同样地，社会组织的公共服务也体现在海洋灾害的医疗救助、救援物资组织、灾后重建工作等领域，并且已经呈现出自身灵活、迅捷等优势。

2020年，我国海洋公益服务显示出更为注重全民性的特点。目前，我

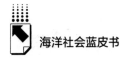

国已经有部分高校与科研院所开始结合各类高科技手段，在科普日宣传推广海洋公益服务。本年度的海洋公益服务宣传多注重运用高科技现代化手段，采取线上线下相结合的双线并行模式，由主办方带领线上参与者"云参与"。线下活动也非常注重在展览过程中使用现代化手段，力求使相关宣传生动易懂，提升科普质量，使观众可以实现参与式学习，收获更多知识。同时，2020年，海洋灾害防控工作也充分体现了坚持群众路线、社会共治的特点。本年度，我国沿海各地开始推动社会减灾文化建设，在沿海地区的社区内，政府积极推动非营利组织进行社区海洋灾害知识普及活动，积极推进政府主导灾害救助与当地社区经验有效结合。

涉海企业深入参与海洋管理也是本年度的一个亮点。涉海企业既是海洋经济的主要贡献者，也是海洋生态环境保护不可或缺的践行者。2020年，青岛、珠海等地的涉海企业都与政府海洋环境保护相关部门进行了有效互动与交流，共同致力于海洋生态环境的保护工作。

2020年，我国海洋民俗参与乡村治理特点十分显著。近年来，国家大力实施乡村振兴战略，创新乡村治理体系。海洋民俗作为乡村文化振兴的重要手段，在本年度受到了党和国家的充分重视。同样，本年度，海洋非物质文化遗产保护工作也开始与沿海各地的惠民工程建设普遍结合起来。2020年，在沿海各地的海洋文化馆与展览馆的建设中，当地海洋非物质文化遗产的内涵都获得了充分系统的运用。惠州的千年渔歌、威海的威高民俗文化邨、舟山群岛渔民画作品展、南沙妈祖文创产品展等都在2020年成功举办，海洋非物质文化遗产已经开始逐渐走入大众视野，走出了一条满足人们日常生活需要的发展道路。社会大众的日常生活与海洋传统民俗文化的保护进一步获得了有效融合。

2020年，海洋科教与海洋意识培养工作较之前受到了更为广泛的重视。海洋教育不仅获得了更具规划性与全局观的顶层设计，也已经深入社会主义的文化建设体系之中。本年度，社会公众的海洋教育在内容、形式与受众群体上都实现了不同程度的发展。首先，海洋教育的受众群体不断扩大，海洋科普与知识竞赛的对象已不限于青少年，而开始逐渐覆盖社会各年龄段与各行各业的社会群体。其次，海洋教育手段日益多元化，海洋科普宣传开始走进大众传媒。再次，涉海展馆、科研机构、社会组织、教育机构等主体都已参与海洋教育活动。最后，海洋教育的内容涉及各类涉海知识竞赛、涉海节庆活动、涉海学术论坛等，呈现丰富化特征。

三　制度化进程持续深入

2020 年，海洋事务的制度化建设仍然持续深入发展。海洋环境治理、海洋公益服务、海洋督察等制度建设逐步推进，在立法范围不断扩大的同时，监督问责制度也在逐步成熟。海洋生产生活的相关实践活动正在逐步推进制度化进程。

《中华人民共和国海上交通安全法（修订草案）》已于 2020 年提请全国人大常委会审议，将为建设海洋强国、维护海上安全秩序、保障国家权益等提供有力的法律支撑。修订后的《中华人民共和国海上交通安全法》能够更好地保障人民群众的财产安全与海上航行安全，保障海上从业人员的权益。

2020 年，我国以海湾为突破口，为全面提升海洋生态环境质量，进行了海洋生态系统、红树林保护、海洋生态修复、海域使用规范等方面的法律法规制度建设。

2020 年，政府涉海管理部门之间的分工与协作呈现持续推进的态势。广东、广西、海南三地的涉海部门就海洋综合执法监管协作达成协议，建立海洋渔业执法的协作机制，以解决跨省市、跨海域的海洋环境治理问题，使海洋资源和渔业资源获得了更有效的保护。同样地，2020 年山东省也展开了自然资源厅、生态环境厅等省内涉海相关机构之间的联合海洋执法行动，实施信息共享与部门协作，共同提供监管服务。

2020 年，我国农业农村部常务会议审议通过了新修订的《远洋渔业管理规定》，以部令形式公布，并于当年开始施行。在新修订的《远洋渔业管理规定》中，修改的主要内容包括接轨国际管理规则、强化涉外安全管理、

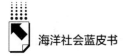

加大违规处罚力度等，该规定推动远洋渔业的制度化建设又向前迈进了一步。同时，为开展打击非法渔业活动，我国于2020年开始在北太平洋渔业委员会注册执法船，启动北太平洋公海登临检查工作，并逐步向其他区域渔业管理组织派遣执法船，积极参与国际社会对公海非法捕捞的共同行动。

2020年，我国进一步推进了海洋防灾减灾的系统性制度建构，并于2020～2022年开展第一次全国自然灾害的综合风险普查工作，对海洋灾害的重点隐患进行调查与评估。同年度，《中国海海洋地质系列图》正式出版发行，其为海洋公益服务提供了丰富而精准的基础性研究资料，并为海洋公益服务提供了重要的参考标准。

2020年，我国印发了《海岸带保护修复工程工作方案》，制定出台了生态系统现状、评估与减灾修复方面的多项技术指标，为相关治理活动的实施提供了具体的技术指导，提高了我国沿海地区预防、抵御和降低海洋灾害的能力。同年，自然资源部编制印发了《全国海洋灾害风险普查实施方案》，制定标准规范，并在我国沿海试点地区进行相关海洋灾害的风险评估。此外，在海洋灾害预警方面，我国赤潮预警已经开始由灾害过程中的监控向灾害发生前的监控进行转变，旨在建立起以减轻灾害风险为目标的赤潮灾害预警监测体系。

2020年，海洋非物质文化遗产的保护措施也在国家和地方两个层面上获得了更多制度化的安排，相关保护工作进入了规范有序的制度化轨道。在中国与马来西亚合作完成的"送王船"文化遗产申报期间，两国成立了合作工作组，在两国相关主管部门的共同支持下，制定了相关保护计划，并建立联合保护共同协作机制。这一机制的建立意味着我国的海洋非物质文化遗产保护工作的制度化建设已经进入国际层面。

2020年，我国海洋督察行动中动作力度最大的当属自然资源部对海南省整改情况的专项督察。专项督察对海南省全省的问题进行了细化分类和整改任务下达，对相关问题进行逐一整改、公示、销号与备案。2020年我国海洋督察旨在重构国家海洋局与省级政府之间的关系，并依托省级政府将督察压力传递给各级地方及其相关部门。

四 国际合作更趋多样化与多元化

2020 年以来，虽然我国海洋事业在一定程度上受到疫情影响，但国际合作仍然在各个领域中有所发展，并且呈现主体多元化与形式多样化的特征。

我国远洋渔业领域的国际合作在 2020 年有了显著进展。我国首部远洋渔业履约白皮书在当年由农业农村部发布。为加强公海的渔业资源养护，积极履行国际义务，2020 年，我国农业农村部发布通知，从 2020 年起首次实施在西南大西洋公海相关海域的自主休渔。

全球海洋城市建设在 2020 年也呈现更加国际化的趋势。青岛市为扩大海洋对外交流，提升自身海洋软实力，在 2020 年积极承办海洋相关的国际高端论坛，吸引全球海洋高端人才汇聚岛城，抓住青岛作为东北亚港口城市的发展机遇。厦门市同样在本年度积极举办海洋发展相关会议，汇聚国内外人才，巩固蓝色伙伴关系，为新时代海洋经济助力。大连作为东北亚重要的对外门户城市，已经在城市规划中提出了建设面向亚太的国际航运中心城市的目标，全面推进全球海洋城市建设。

海洋公益服务同样在 2020 年全方位开展多形式的国际合作。2020 年，我国与缅甸在缅甸专属经济区，如期开展了海洋与生态联合科学调查。同年，我国承办了全球海洋观测伙伴关系年会。我国相关科研机构在 2020 年深度参与合作，为海洋公益服务事业的国际合作贡献了中国智慧与中国方案。

2020 年，我国海洋执法的国际合作有了纵深发展，充分彰显了大国责任。2020 年，我国先后与菲律宾、越南及韩国开展了密切的海上交流与合作，并积极履行了太平洋海域巡航的国际义务。中国海警在本年度对菲律宾马尼拉港进行了友好访问，实现了中国海警舰艇对菲律宾的首次访问。中越海警也在 2020 年度展开了首次北部湾共同渔区的联合巡查。同年，中韩两国举行了渔业执法工作会谈，共同维护相关海域的海上稳定；中菲海警举行

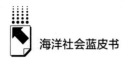

了第三次高层工作会晤的视频会议，加强了海上突发事件与案件的沟通，致力于建设和平、和谐、合作的南海。在与周边海域国家加强合作的同时，我国海警也在本年度切实履行了国际义务。我国海警局于 2020 年派遣舰艇到太平洋海域，开展公海渔业执法巡航，并于同年度完成多项国际合作项目，国际履约能力显著提升。

五　问题与对策

2020 年度我国海洋社会的发展动向使我们获知，在海洋事业发展整体持续向好的同时，问题依然不容忽视，海洋科技的攻坚步伐不可放缓，综合化治理需要突破瓶颈，制度化建设不进则退，社会公众的参与意识需要进一步有效引导，海洋事业的各个领域都需要我们持续努力。

第一，海洋科技攻坚需要持续加速。我国海洋基础研究领域仍然有待攻坚与突破。应对气候变化等全球治理是我国与国际社会合作的重要切入点，提升应对气候变化等全球治理能力是我国海洋事业的当务之急。我国需在科学评估气候变化对海洋影响的基础之上，进一步明确科研攻坚的重点任务和行动，加强监测评估，完善科研工作机制，不断挖掘海洋领域减缓和应对气候变化的潜力，提高我国的海洋治理能力。

第二，制度化建设不进则退。当前阶段，我国海洋灾害的法律体系需要进一步完善。虽然近两年来我国在防灾减灾方面出台了诸多相关政策，但法律层面的建设仍然十分欠缺，应完善对应法律，以确保防灾减灾工作顺利进行，减少海洋灾害带来的损失。同时，随着我国对非营利组织在海洋防灾减灾中作用的日益重视，建立有效引导和鼓励非营利组织参与防灾减灾的法律体制变得更加重要。

我国在海洋管理上，同样缺乏对海洋事务的整体性宏观战略构建，缺少纲领性的政策文件与法律法规。目前，涉海经济、环境保护、空间利用等海洋事务仍然分散于不同政策规划之中，国家管理机构难以发挥综合协调作用。海洋管理向海洋治理的转变需要经历一个长期的过程，推进治理主体之间关系的协调性和制度化是一个逐步推进的过程。同时，如何从组织体系和法律制度两个层面着手，持续推进国家海洋督察制度的建设，也是当前我国海洋督察工作的重要任务。

第三，综合化治理的瓶颈仍需进一步突破。现阶段，我国沿海地区海洋资源环境仍不乐观，海洋治理任务仍然艰巨。我国海洋资源承载力较弱，海洋生态保护任务依旧严峻。近年来，大连港的过度开发已使海洋生态环境压力逐渐上升，环境资源承载力已达上限，区域开发不平衡问题相当突出。过度开发利用、工业用海填海需求量大、陆源污染物排放缺乏标准等问题，导致天津港海洋生态环境弱化，生态承载力持续下降。深圳市红树林面积大幅缩减，即便出台了红树林保护政策，效果仍然不甚理想，近年来深圳近海海域水质不容乐观，海洋资源未能发挥出等价的效益。虽然上海的海洋综合实力较强，但海岸线资源匮乏，近海海域面积不大，海洋资源相对稀缺，资源承载力较弱。厦门虽然地理位置相对优越，但海洋资源环境承载压力也相应较大，陆源污染物总量控制任务颇为艰巨。

我国海洋管理机制建设时间相对较短，管理体系仍不完善，综合管理能力有待提升。海洋管理存在海域自然特征的整体性与部门管理的分割性之间的矛盾，目前我国沿海城市都尚未形成职责分明的跨区域跨部门协同治理机制和科学的海洋综合管理制度。总体而言，目前我国海洋环境治理的提升优化空间很大，管理职能空壳化、管理职责模糊化问题长期存在。海洋执法等领域管理体系还不够完善、监管执法力度不足。

我国海洋督察的可持续性问题必须受到重视。国家海洋督察制度具有一定的运动式治理色彩，必须看到，这一制度的设置是对科层体制运作下常规治理的必要补充，可以在一定程度上解决科层体制的弊端，但与此同时，运动式治理所具有的不确定性，易于突破既有规范的约束，打乱常规工作节奏，如何保持海洋督察制度的可持续性是不容回避的问题。现阶段，海洋生态文明示范区的工作重点仍然停留在如何建设示范区的层面上，对如何进行有效管理的重视程度明显不足，加强海洋生态文明示范区的管理责任机制建设尤为重要。

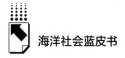
第四，社会公众参与海洋事业需要更多有效的引导。实现全球海洋城市建设的目标，需要以增强公众的海洋意识为前提。目前，从各沿海城市的现状来看，社会的海洋文化底蕴不够深厚，公众的海洋意识不强，正影响着我国全球海洋城市建设的前进步伐。

我国的海洋防灾减灾需要公众、社会组织共同参与，并发挥积极作用。非营利组织在培养民众的防灾意识和灾害中自救能力方面具有十分重要的作用，同时，非营利组织在物资援助、医疗救护和灾后重建等方面也具有优势。我国政府越来越重视非营利组织的作用，但相应的制度建设必须跟上，否则社会组织在海洋防灾减灾中的作用将难以持续有效发挥。

从目前来看，海洋民俗的理论与实践都没有真正实现从"俗"向"民"的转向。2020年，大多数海洋民俗研究成果仍然停留在对海洋民俗本身的描述分析层面上，对"民"这一"俗"的真正主体没有给予足够的重视。忽略"民"的主体性，则扎根于社会生活的民俗文化传承将难以实现。

海洋教育虽然在2020年有了值得肯定的进展，但社会教育的广度与深度还不够。就目前而言，我国海洋领域的社会教育辐射范围有限，海洋教育的社会整体氛围还未形成，难以将海洋教育从校园到社会、从职场到家庭，进行深入贯彻。同时，我国海洋领域的社会教育亲和力仍然不足。目前的社会教育活动缺少趣味性与生活性，多数为自上而下的动员，而自下而上的民众自发的教育活动十分缺乏。民众的创意未能得到最大限度的挖掘，社会公众对海洋文化的需求难以被发现，教育效果会因此受到影响。

2020年，在疫情席卷全球的背景下，我国海洋事业的发展仍然取得了可贵的进步，各领域都呈现出持续发展的态势，但海洋社会的发展仍然存在诸多不容忽视的问题，需要我们不断加大改革与制度化建设的力度，实现我国海洋社会的可持续发展。

分 报 告
Topical Reports

B.2
中国海洋公益服务发展报告

崔凤 沈彬*

摘　要： 2020年，虽然受到新冠肺炎疫情冲击，但我国海洋公益服务
事业抗疫不停工，变压力为动力，采用更灵活创新的方式推
进各项业务的开展，不断投入国产新设备，打开了极地科考
的新局面，按时保质保量地完成既定任务。我国的海上搜救
一直保持着较高的搜救成功率；海洋观测业务发展并没有出
现停滞，海洋卫星体系不断完善，在周全预案保障下科考船
继续航行作业；海洋防灾减灾业务在重视制度建构的同时持
续推进具体业务；信息化建设在基础设施建构和信息共享两
个方面取得了较大进展；海洋标准则出台了多项推荐性行业
标准和团体标准。发展海洋公益服务事业是我国践行海洋命

---

* 崔凤，哲学博士，社会学博士后，上海海洋大学海洋文化与法律学院教授，博士生导师，研究
方向为海洋社会学、环境社会学；沈彬，中国海洋大学法学院公共政策与法律专业博士研究
生，研究方向为社会政策与法律。

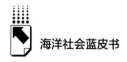
运共同体的必要行动，因此接下来要开展全方位多形式的国际合作，同时还要注重宣传的全民性。

关键词： 海洋公益服务　海上搜救　海洋观测　海洋防灾减灾　海洋命运共同体

2020 年是极不平凡的一年，在突袭而至的新冠肺炎疫情冲击下，国际形势变得更加复杂和严峻，国内发展任务更显艰巨和重大，但是唯其艰难，方显勇毅；唯其磨砺，始得玉成。在以习近平同志为核心的党中央领导下，我国交出了一份人民满意、世界瞩目、可以载入史册的答卷。① 在 2020 年海洋公益服务事业发展过程中，海上搜救、海洋观测、海洋防灾减灾、海洋信息化和海洋标准化五大业务亮点纷呈，成果颇丰，为践行海洋命运共同体理念提供助力。

一　海洋公益服务事业发展状况

（一）海上搜救

新冠肺炎疫情重创全球贸易的同时也造成了海运业的剧烈震荡，全球 AIS 数据显示：2020 年全球海运进出口总量较往年同期有所下降，其中在 1 月到 2 月期间出现了持续性大幅下滑，3 月开始回升，但到 4 月中旬又出现了较为缓和的下滑，在 5 月中旬达到最低点后进入了持续攀升阶段。② 不仅如此，受疫情影响，2020 年度全球海洋捕捞规模也有所减小，其中商业捕

---

① 《人民日报评论员：一份人民满意世界瞩目可以载入史册的答卷——论学习贯彻中央经济工作会议精神》，http：//www. gov. cn/xinwen/2020 - 12/19/content_ 5571274. htm，最后访问日期：2021 年 6 月 1 日。
② 联合国商品贸易统计数据库，https：//public. tableau. com/profile/uncomtrade#！/vizhome/CerdeiroKomaromiLiuandSaeed2020AISdatacollectedbyMarineTraffic/AISTradeDashboard，最后访问日期：2021 年 6 月 1 日。

捞渔船的数量较去年下降了约9%。① 海上活动的减少自然也降低了本年度海上事故发生的频次。

中国海上搜救中心的海上搜救月报显示，2020年全国各级海上搜救中心核实并组织协调搜救行动共1745次，同比下降9.80%；1次搜救行动平均协调派出搜救船舶多达6艘（见表1）。与此同时，搜救飞机也常年保持较高的搜救出动率，这充分体现了《国家海上搜救应急预案》的要求："救助遇险人员，……最大程度地减少海上突发事件造成的人员伤亡和财产损失。"②

表1 2020年全国各级海上搜救中心搜救情况

	接到各类遇险报警（次）	核实遇险并组织、协调搜救行动（次）	协调派出搜救船舶（艘次）	协调派出搜救飞机（架次）
1月	263	128	1096	23
2月	152	69	235	4
3月	259	120	594	20
4月	311	144	1055	26
5月	313	144	995	24
6月	292	145	886	22
7月	235	126	590	5
8月	321	171	1039	44
9月	—	165	—	—
10月	—	163	—	—
11月	—	181	—	—
12月	—	189	—	—

资料来源：根据中国海上搜救中心的海上搜救月报整理。

2020年全国各级海上搜救中心在1745次搜救行动中对1375艘船舶实施了搜救，其中1104艘船舶得救，成功率为80.29%（见表2）。共对

① 全球渔业观察数据库，https://globalfishingwatch.org/datasets-and-code/fishing-effort/，最后访问日期：2021年6月1日。
② 《国家海上搜救应急预案》，http://xxgk.mot.gov.cn/2020/jigou/aqyzljlglj/202006/t20200623_3316562.html，最后访问日期：2021年6月1日。

11269 名遇险人员实施了搜救行动，其中 10794 名遇险人员获救，人员搜救成功率为 95.78%。虽然较同期有所下降，但是海洋环境状况和海上事故具体状况的高度不确定性，使搜救成功率出现小幅度的数据变动实属正常。不可否认的是，得益于海上搜救体制的不断完善、搜救硬件的升级，以及对任何海上求助事件的高度重视和不惜一切代价抢救人员的搜救态度，我国的海上搜救工作一直保持着较高的成功率。

表 2　2020 年全国各级海上搜救中心搜救情况（续）

	搜救遇险船舶(艘)	获救船舶(艘)	遇险船舶获救率(%)	搜救遇险人员(人)	获救人员(人)	搜救成功率(%)	同比变化(%)
1 月	111	84	75.68	874	844	96.57	1.60
2 月	50	39	78.00	461	450	97.61	0.20
3 月	98	80	81.63	819	781	95.36	−2.0
4 月	116	88	75.86	834	787	94.36	−1.3
5 月	113	92	81.42	830	801	96.51	−1.2
6 月	121	100	82.64	913	868	95.07	−1.1
7 月	92	74	80.43	783	755	96.42	−1.2
8 月	141	108	76.60	1212	1162	95.87	−1.5
9 月	128	108	84.38	992	950	95.77	−0.1
10 月	113	83	73.45	1144	1088	95.10	0.5
11 月	130	109	83.85	1197	1158	96.74	1.1
12 月	162	139	85.80	1210	1150	95.04	0.3

资料来源：根据中国海上搜救中心的海上搜救统计月报整理。

海上搜救是海洋公益服务的重要业务，随着国家海上搜救部际联席会议制度的实施，《国家海上搜救应急预案》的不断完善和实践，目前我国已经形成了以公务救助、各级政府组建的专业救助及军队和武警救助为主，积极动员社会力量广泛参与的海上搜救工作布局。接到海上求助信号后，主管机关立即组织救助行动，并对搜救行动做进一步规划，海上搜救分支机构接警后立即对险情进行核实，并按照属地原则启动本级预案，向事件发生所在责任区海上搜救机构通报，并按照规定和程序逐级上报。不断增强的工作力量、有效的工作机制共同保证了我国海上搜救的有效性和成功率，切实维护了人民的生命财产安全，践行了人道主义精神，发挥着海洋大国应有的作用，体现了海洋命运共同体精神。

（二）海洋观测

海洋观测是人类认识海洋的科学手段，为其他海洋业务提供数据和信息基础。海洋预报在海洋观测数据基础上，既能根据海洋搜救和海洋防灾减灾业务的具体要求生产特定的产品，提供体系中横向的业务支持，也能按照社会需求生产各类直接面向公众的预报产品。《海洋观测预报管理条例》赋予了海洋观测和海洋预报业务基础性公益事业的基本属性，将其纳入国家和沿海县级以上本级国民经济和社会发展规划。尽管受新冠肺炎疫情冲击，许多既定的工作计划受到影响，但是本年度的海洋观测业务发展并没有出现停滞，各单位在充分做好防疫工作的同时，按照原计划开展了各类海洋观测工作，保证了观测数据的长期连续性，不断积累宝贵的观测资料，保质保量地为海洋防灾减灾、海洋科学研究和海洋管理等业务提供技术支持。

海洋科考活动是我国海洋观测的核心业务之一，不同类型的科考船常年在海洋上执行各类科学考察任务，不断增进我国对海洋环境和资源的认知。近海方面，2020年2月中旬，"向阳红52"船在黄渤海海域开展水体环境要素调查；"向阳红08"船和"中国海监101"船则前往渤海海域执行常规性、基础性的海洋断面调查。3月4日，"向阳红20"船完成了2020年度东海区首次海洋断面调查任务。6月中旬至9月中旬，"海洋地质八号"船经过61天工作，完成了2020年度南海区首个三维地震调查项目。9月中旬，"向阳红18"船圆满完成了"共享航次计划2019年度南海东北部——吕宋海峡科学考察实验研究"，在经过简单的修整后，又于10月中旬在东海海域完成了气象、化学、生物和地质等多学科项目的海洋科考任务。在深海探测方面，"潜龙二号"于2020年2月7日在西南印度洋海域完成了大洋58航次的首次下潜，最大潜深达到了3109米。① 3月

① 《"潜龙二号"大洋58航次完成首潜任务》，http://www.cas.cn/zkyzs/2020/02/237/yxdt/202002/t20200218_4734862.shtml，最后访问日期：2021年6月1日。

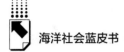

上旬，"深海勇士"号载人潜水器跟随"探索一号"船奔赴西太平洋海域执行 2020 年度首个深潜科考任务。6 月 23 日~8 月 10 日，"海洋地质六号"船在西太平洋海域完成深海地质调查第 10 航次第一航段和中国大洋第 64 航次科考任务后顺利返回广州。11 月下旬，"大洋号"船搭载"潜龙一号"和"潜龙四号"两台 6000 米深海自主水下机器人完成多次深潜任务，其中"潜龙一号"完成 2 次，首次开工的"潜龙四号"则完成 7 次下潜。①

海洋观测方式可以分为岸基和离岸两种。岸基观测设备由岸基海洋观测站、岸基雷达站和海啸预警观测台组成，岸基观测范围覆盖近岸近海，主要满足国内需求。离岸观测任务由海洋调查船、海上观测平台和卫星承担完成，观察重点在中远海以及大洋和极地的重点区域，在空间上尚无能力实现全球布局，与世界先进水平也存在较大差距。由国家海洋技术中心联合多家科研院所共同自主研发的首套全国产海气界面观测浮标在经过国内多个试验场的检验后于 2020 年 8 月下旬在西北太平洋海域正式布放完毕。② 近年来，经过长时间的攻关，我国海洋观测装备国产事业喜报频传，标志着我国海洋科考具备了长期且实时获取高质量观测数据的技术能力，进一步为海洋公益服务提供了更有力的技术支持。

在海洋卫星发展体系中，目前我国共有海洋一号 A（HY - 1A）、海洋一号 B（HY - 1B）、海洋一号 C（HY - 1C）、海洋二号 A（HY - 2A）、海洋二号 B（HY - 2B）、海洋二号 C（HY - 2C）③ 和中法海洋卫星（CFOSAT）

---

① 《"潜龙一号""潜龙四号"完成 2020 太平洋调查航次任务》，http://www.bsc.cas.cn/sjdt/202011/t20201117_4767139.html，最后访问日期：2021 年 6 月 1 日。

② 《首套国产化海气界面观测浮标布放西北太平洋》，http://www.nmdis.org.cn/c/2020 - 08 - 27/72680.shtml，最后访问日期：2021 年 6 月 13 日。

③ 2020 年 9 月 21 日 13 时 40 分，我国在酒泉卫星发射中心用长征四号乙运载火箭成功发射海洋二号 C 卫星。该卫星将与已在轨运行的海洋二号 B 卫星协同观测，可有效获取海风、海浪、海流、海温、中尺度涡等海洋动力环境信息，能够大幅提高海洋动力环境要素全球观测覆盖能力和时效性。这对海洋强国建设、防灾减灾能力提升、开展海洋科学研究、解决全球变化等问题具有重要意义。

七颗海洋系列卫星在轨运行，提供海洋水色卫星、海洋动力环境卫星和高分卫星三种基础数据服务的同时，还提供观测对象为台风、海温和海冰等海洋灾害的多项实时专题产品。目前我国已具备海洋卫星组网能力，使天基海洋遥感成为海洋观测的有效方式，并具备为海洋防灾减灾和海上搜救等业务提供高质量定制产品的能力。2020年3月，由国家卫星海洋应用中心牵头研发制作的海洋卫星遥感实况微信小程序投入应用，小程序不仅能够提供一周内任意海域的风场、温场、浪场和叶绿素等信息，还能切换 CFOSAT、HY－2B、Metop－A 和 Metop－B 等卫星遥感近实时数据。多样化的用户指向性产品不仅满足了海洋观测和预测的需求，还降低了用户门槛，使普通用户也能有效利用定制产品满足自身多元化的需求，极大地提升了我国海洋公益服务的供给能力和服务质量。

（三）海洋防灾减灾

我国是全球遭受海洋灾害最严重的国家之一，2020年度的海洋灾害以风暴潮和海浪灾害为主，同时也发生了不同程度的海冰、赤潮和绿潮等灾害，直接经济损失高达8.32亿元，是近十年来经济损失最低的年份。[1] 风暴潮作为本年度最严重的海洋灾害发生了14次（发布了蓝色及以上预警级别的风暴潮过程），共造成直接经济损失8.10亿元（见表3），占比超过本年度海洋灾害造成全部经济损失的97%；2020年，近海共发生有效波高4.0米及以上的灾害性海浪过程共36次，其中海浪灾害频次为8，频次明显低于近十年的平均值20.8。[2] 尽管海浪灾害造成的直接经济损失远低于风暴潮灾害所造成的直接经济损失，但是2月和3月的两次冷空气

---

[1] 自然资源部海洋预警监测司：《2020 中国海洋灾害公报》，http：//gi. mnr. gov. cn/202104/t20210426＿2630184. html，最后访问日期：2021年6月1日。

[2] 自然资源部海洋预警监测司：《2020 中国海洋灾害公报》，http：//gi. mnr. gov. cn/202104/t20210426＿2630184. html，最后访问日期：2021年6月1日。

浪造成多艘桂籍渔船在海上倾覆，造成了 5 人死亡（含失踪）的重大人员伤亡。①②

表 3　2020 年主要风暴潮灾害过程及损失统计

单位：万元

灾害过程	发生时间	受灾地区	直接经济损失
2003 森拉克	8 月 1 ~ 2 日	广西	325.00
2004 黑格比	8 月 3 ~ 5 日	浙江、福建	35515.20
2006 米克拉	8 月 10 ~ 11 日	福建	12370.70
2007 海高斯	8 月 18 ~ 19 日	广东	4919.44
2008 巴威	8 月 25 ~ 27 日	辽宁	980.00
2017 沙德尔	10 月 23 ~ 25 日	海南	1530.00
2019 温带风暴潮	11 月 18 ~ 19 日	辽宁	25355.74

资料来源：自然资源部海洋预警监测司《2020 中国海洋灾害公报》，http：//gi. mnr. gov. cn/202104/t20210426_ 2630184. html，最后访问日期：2021 年 6 月 1 日。

就目前的技术手段而言，无法做到消除海洋灾害，只能通过多种手段的共同作用尽可能地防灾减灾，将海洋灾害对人民生命安全和财产安全的损失尽可能降到最低。海洋防灾减灾需要系统性的制度建构。国务院于 6 月 8 日发文要求在 2020 ~ 2022 年开展第一次全国自然灾害综合风险普查工作。③ 按照国务院的部署，由自然资源部负责开展海洋灾害风险普查工作，根据《全国海洋灾害风险普查实施方案》安排，以海洋灾害重点隐患调查与评估、海洋灾害风险评估与区划等 11 项标准规范为核心推进全国范围的普查任务，2020 年已经完成了第一轮国家层面的海洋灾害普查技术培

① 中国海上搜救中心：《2020 年 2 月份海上搜救统计月报》，https：//xxgk. mot. gov. cn/2020/jigou/zghssjzx/202006/t20200623_ 3318079. html，最后访问日期：2021 年 6 月 1 日。
② 中国海上搜救中心：《2020 年 3 月份海上搜救统计月报》，https：//xxgk. mot. gov. cn/2020/jigou/zghssjzx/202006/t20200623_ 3318080. html，最后访问日期：2021 年 6 月 1 日。
③ 《国务院办公厅关于开展第一次全国自然灾害综合风险普查的通知》，http：//www. gov. cn/zhengce/content/2020 – 06/08/content_ 5518034. htm，最后访问日期：2021 年 6 月 1 日。

训。12 月 15 日又召开了全国海洋灾害风险普查联络员会议。① 普查工作的有序推进为海洋防灾减灾提供了更多信息，有利于相关部门做出更加科学的决策，更有效、更系统、更全面地提高防灾减灾公益服务能力。2020 年，地方层面的制度建构也颇有成效。广西海洋局在 8 月下旬正式公开招募海洋预警监测专家，迈出了组建海洋预警监测专家库的第一步。辽宁则出台了《辽宁省海洋生态灾害预警监测应急处置与信息发布体系建设实施方案》，明确了海洋灾害的行政首长负责制，将按照方案规划致力于建立组织管理体系、监测预警业务、应急处置业务和信息发布体系四位一体的海洋防灾减灾体系。②

与此同时，海洋防灾减灾也离不开各项具体业务的推进。2020 年，我国各类各级海洋预报机构针对海洋灾害共发布警报 2296 期，短信和彩信 212 万余条，通过电视、网络、广播等渠道发布信息 18515 条，微博官方账号和微信公众号共发布信息 14124 条。③ 其中，国家卫星海洋应用中心利用海洋卫星捕捉台风过程 23 次，提供台风遥感监测服务专题图 778 幅，④ 为汛期台风预报会商提供了近实时信息保障。国家海洋环境预报中心则同步推出了"中国海洋预报"手机应用程序和微信小程序，在海洋智能网格预报原有基础之上，以用户为取向，提供了有区分度的定制服务。该服务既提供海浪、海温和水位等要素的预报信息，风暴潮、海浪和海冰等种类灾害预警信息，还为用户提供滨海工作和旅游的相关预报和信息。近年来，海洋公益服务能力不断提升，海洋防灾减灾业务不断下沉。信息发布渠道的拓宽，海洋防灾减灾信息供给的定制化和通俗化，使公众能够在更短的时间里接收到通俗易懂的信息和指示，从而采取果断行动，为规避海洋灾害争取了时间，有效保障了人民的生命和财产安全。

---

① 《全国海洋灾害风险普查联络员会议在京召开》，http：//hyda. nmdis. org. cn/c/2020 - 12 - 18/73475. shtml，最后访问日期：2021 年 6 月 13 日。

② 《我省制定海洋生态灾害预警监测应急处置与信息发布体系建设实施方案》，http：// gi. mnr. gov. cn/202104/t20210426_ 2630184. html，最后访问日期：2021 年 6 月 13 日。

③ 自然资源部海洋预警监测司：《2020 中国海洋灾害公报》，http：//gi. mnr. gov. cn/202104/ t20210426_ 2630184. html，最后访问日期：2021 年 6 月 1 日。

④ 《海洋卫星遥感监测助力汛期防灾减灾》，https：//baijiahao. baidu. com/s? id = 16880403056 51422742&wfr = spider&for = pc，最后访问日期：2021 年 6 月 1 日。

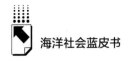
（四）海洋信息化

早在 2008 年出台的《国家海洋事业发展规划纲要》中，我国就从基础数据管理、信息共享和建设海洋电子政务信息平台等层面对海洋公益服务的信息化工作做出了安排。虽然到目前为止，尚未出台单独成文的纲领式海洋信息化工作政策文本，海洋信息化建设也多散见于其他海洋业务的政策文本，但是，2020 年，我国海洋公益服务事业的信息化建设在基础设施建设和信息共享两个方面取得了较大进展。

2020 年，自然资源部第一海洋研究所联合东方红卫星移动通信有限公司共同重新建构以天网、海网和新片网为基本组成的海洋物联网，海洋物联网通过集成感知、传输、协调保护和产品应用等功能，能够有效实现包括海洋公益服务在内的海洋活动信息的采集、收集、分析、应用和共享，实现海洋公益服务海洋信息化的数字化和智能化。

信息共享是海洋公益服务海洋信息化的题中应有之义，是创新、协调、绿色、开放、共享发展理念的必然要求。2020 年 2 月 19 日，经中法双方讨论一致同意，在原有中法数据共享基础上，进一步向全球各科研团体开放共享 CFOSAT 的原始观测数据，并鼓励各科研团体使用观测数据开展科学研究和加工运用。2019 年发射入轨运行的"京师一号"小卫星作为我国首颗极地遥感小卫星已获取了大量极地遥感数据。9 月 12 日，北京师范大学宣布向全社会免费公开"京师一号"发射以来获取的卫星数据，邀请全球极地科研工作者共同挖掘数据的应用价值。三天之后，恰逢联合国成立 75 周年，继 2014 年首次捐赠之后，我国再次向联合国捐赠地理信息公共产品。2020 版 30 米全球地表覆盖数据首次完整提供南极洲 30 米地表覆盖数据，实现了 30 米地表覆盖数据对全球陆地表面的全覆盖，特别是中国产自主卫星影像覆盖度达到了67%。[①] 11 月中旬，中国科学院

---

① 《我国发布 2020 版 30 米全球地表覆盖数据并向联合国捐赠》，http://www.mnr.gov.cn/dt/ywbb/202009/t20200916_2558037.html，最后访问日期：2021 年 6 月 1 日。

海洋研究所海洋大数据中心的门户网站完成全面更新，发布包括全球海洋温度格点数据集、全球海洋盐度数据集、全球海洋层结数据集、全球海洋热含量数据集和基于广义回归神经网络的全球海洋表层二氧化碳分压数据集 5 套全新海洋数据产品，[1] 向全球用户开放数据，并提供先进的数据处理服务。海洋信息化共享范围的扩大，共享程度的加深有利于提高海洋数据的使用效率，为海洋科研提供便利，为海洋公益服务提供基础支撑。同时，这也是我国践行海洋命运共同体理念的有效行动。

（五）海洋标准化

海洋标准化是国家标准化工作的组成部分，也是海洋发展规划的重要环节。推进海洋标准化，可以使海洋公益服务的各项业务具有统一性、准确性和可比性。2020 年 9 月中旬，由自然资源部第二海洋研究所和青岛海洋地质研究所 30 多位科研人员历时 8 年研编而成的《中国海海洋地质系列图》正式出版发行。这套最新的我国管辖海域海洋基础图系采用 1 ∶ 300 万比例尺，提供了包括海底地形图、海底地貌图、海底沉积物类型图、空间重力异常图、布格重力异常图、地磁异常图、海底资源分布图和地质构造图 8 类共 16 幅全开挂图，[2] 为相关研究和应用提供了丰富、精准的基础资料，为海洋公益服务的产品生产和供给提供了重要标准和参考。

在海洋公益服务过程中，行业标准是至关重要的，是各项具体业务发展的规范。早在 1997 年我国就出台了《海洋标准化管理规定》，2016 年则颁布了《海洋标准化管理办法》及实施细则。在《全国海洋标准化"十三五"发展规划》指导下，我国海洋标准化体系得到了优化。2020 年，我国继续推进海洋标准构建工作。8 月中旬，自然资源部同时发布《风暴潮灾害重点

---

① 《中科院海洋所海洋大数据中心向全球开放共享资源》，http：//news. sciencenet. cn/sbhtmlnews/2020/11/358952. shtm，最后访问日期：2021 年 6 月 1 日。

② 《〈中国海海洋地质系列图〉出版发行，我国管辖海域海洋基础图系实现更新换代》，http：//www. mnr. gov. cn/dt/hy/202009/t20200916_ 2558065. html，最后访问日期：2021 年 6 月 1 日。

防御区划定技术导则》和《海洋灾害风险图编制规范》两项推荐性行业标准。在《风暴潮灾害重点防御区划定技术导则》指导下，目前已经完成了山东、浙江、福建和广东沿海部分区域的风暴潮灾害重点防御区划定。12月发布实施了《海洋灾害调查和影响评估技术指南》（T/CAOE 24 - 2020）和《海洋灾情核查技术指南》（T/CAOE 25 - 2020）两项团体标准。标准体系的不断细化使海洋公益服务各项具体业务的开展有据可依，各业务人员能够照章办事，能有效提升海洋公益服务水平。

二　发展特色

（一）抗疫复工两手抓两手硬

新冠肺炎疫情是百年来全球发生的最严重的传染病大流行，是新中国成立以来我国遭遇的传播速度最快、感染范围最广、防控难度最大的重大突发公共卫生事件。[①] 面对突如其来的疫情，海洋公益服务事业在充分认识到疫情防控工作重要性的前提下，抗疫不停工，做好防控准备和预案的同时也推进了海洋公益服务既定任务的有效完成。

疫情就是命令，防控就是责任。根据国家疫情防控的总要求，各单位管人、管船、管港口，确保防控无漏洞，为全国的抗疫工作做出了贡献。福建出台了《福建沿海海上搜救行动疫情防控工作导则》，从海上险情及疫情防控信息收集评估、海上搜救行动及疫情防控分类处置、施救人员安全防护和内部疫情防控三个方面对海上搜救的疫情防控工作做出明确指导，[②] 理顺了疫情形势下海上搜救工作的各项安排，既能防止不法分子利用海上搜救行动非法入境破坏防疫效果，也能保证海上搜救行动的正常开展。舟山的联防联控工作对船舶实行分类管控，确立了"船上人员不上岸、岸上人员不下船、

---

① 《习近平：在全国抗击新冠肺炎疫情表彰大会上的讲话》，https://www.ccps.gov.cn/xxsxk/zyls/202009/t20200911_ 143334. shtml，最后访问日期：2021 年 6 月 1 日。
② 《福建省海上搜救中心出台搜救行动疫情防控工作导则》，http://fjnews.fjsen.com/2020-04/10/content_ 30260616. htm，最后访问日期：2021 年 6 月 1 日。

双方不接触"防疫原则，通过严密的监督和检查，坚决防止疫情从海上输入。面对海上入境存在的高风险，相关单位制定了严密周全的防疫预案，果断处置疫情，为全国抗疫攻坚战贡献了方案和智慧。[①] 1月26日，载有多个疑似病例的"歌诗达·威尼斯号"邮轮驶入蛇口港，以深圳海事局为主导协调边检、海关和疾控等多家单位，成立专案小组响应应急预案，通过启用游客和工作人员的绿色通道，将全部人员迅速实行集中隔离和医学观察，切断了新冠肺炎病毒传播的渠道，为疫情防控做出了优秀的示范。[②]

抗疫的同时海洋公益服务年度工作必须按计划有序推进，因此各个主体在确保履行防疫要求前提下，变压力为动力采用更灵活创新的方式推进各项业务的开展。其中海洋科考活动由于业务本身的特殊性，对各主管单位提出了严峻的挑战。首先，海洋科考船的备航工作显得更加重要。人员方面，提前摸排参航人员的健康状况和旅行史，在居家隔离一周之后再进行为期一周的集中隔离，百分之百保证参航人员的健康。物资方面，配备了满足全航程所需的防疫物品和一般物资，所有器械、设备和物资经过消毒后采用舷边无接触吊装上船的装备方式。其次，在航期间，所有活动都必须严格遵守以船长和航次领队为负责人的船舶疫情防控工作组的安排，根据海上作业疫情防控应急预案安排工作。具体表现为无极特殊情况所有调查船均不得停靠外地；科考船设立了专门的隔离房间，一旦有人员出现状况，立即执行人员集中观察方案，走应急操作标准流程。

（二）新设备相继投入使用

海洋公益服务能力的提升离不开各类"高精尖"设备的投入使用，近年来，得益于各科研单位的全力攻关，我国海洋公益服务"硬实力"不断增强。作为应急救援装备的重要组成部分，我国自主研发的水陆两栖大型特

---

① 《舟山构筑疫情防控海上"铁桶"　绝不让疫情从海上输入》，http://legal.people.com.cn/n1/2020/0225/c42510-31603826.html，最后访问日期：2021年6月13日。
② 《13例有"发热史"乘客检测结果均为阴性　抵深邮轮"歌诗达·威尼斯号"排除新型冠状病毒感染风险》，《深圳特区报》2020年1月27日，第2版。

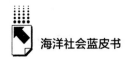

种飞机"鲲龙"AG600，在 2017 年完成首飞后，于 2020 年 7 月 26 日在青岛附近海域完成了海上首飞，① 验证了海上作业的可行性，这为后期投入海上搜救打下了技术基础。海洋科考船方面，7 月 18 日，国内首艘负责地震采集和处理业务的中型地球物理综合科学考察船"实验 6"号在广州入列；② 9 月 5 日，经过全面改装改舷的"向阳红 51"船在天津下水，将在我国海域主要执行水文调查、海洋重力场和海洋声场等领域的调查项目；③ 12 月 19 日，完成升级改造改舷的"海洋地质七号"科考船在青岛下水，将主要执行海洋地质调查方面的工作。④ 海洋卫星观测体系建设方面，9 月 21 日，我国第 3 颗海洋动力环境卫星——海洋二号 C 卫星成功升空入轨，⑤ 标志着我国海洋动力环境卫星系统实现了组网运行，从而实现对全球范围内海洋动力环境的全天候高精度观测，极大地提升了海洋灾害预测预警能力。

海洋公益服务设备在投入正式应用之前，离不开各类试验，只有经过大规模严格的测试才能保证新设备的性能，才能真正投入应用。2020 年度的海洋试验从深海到海面再到天空都取得了重大突破。深海方面，性能比肩国际一流水平、我国拥有全部知识产权的高精度温盐深测量仪——OST15M 型船载高精度自容式温盐深测量仪三次海上试验均取得圆满成功，最大布放深度突破纪录性地达到了 5915 米。⑥ 11 月 10 日，"奋斗者"

① 《国产大型水陆两栖飞机 AG600 成功进行海上首飞》，http：//www. xinhuanet. com/politics/2020－07/26/c_ 1126286720. htm，最后访问日期：2021 年 6 月 13 日。
② 《新型地球物理综合科考船"实验 6"号下水》，http：//www. gov. cn/xinwen/2020－07/18/content_ 5528105. htm，最后访问日期：2021 年 6 月 13 日。
③ 《科学调查船"向阳红 51"（原中国海警 1111 船）完成改造下水!》，https：//www. sohu. com/a/416962760_ 726570，最后访问日期：2021 年 6 月 13 日。
④ 《"海洋地质七号"科考船在威海交付》，http：//m. xinhuanet. com/sd/2020－12/23/c_ 1126886992. htm，最后访问日期：2021 年 6 月 13 日。
⑤ 《我国成功发射海洋二号 C 卫星》，http：//www. gov. cn/xinwen/2020－09/21/content_ 5545341. htm，最后访问日期：2021 年 6 月 13 日。
⑥ 《破记录！国家海洋技术中心自主研发全国产化装备"OST15M 型船载高精度自容式温盐深测量仪"首次布放至 5900 米》，http：//www. nmdis. org. cn/c/2020－09－30/73014. shtml，最后访问日期：2021 年 6 月 1 日。

号全海深载人潜水器在马里亚纳海沟成功实现 10909 米深度的下潜测试，[①]标志着我国的大深度载人深潜事业再创新高，已经迈入世界先进行列。11月 28 日，习近平致信祝贺"奋斗者"号全海深载人潜水器成功完成万米海试并胜利返航，他高度肯定了"奋斗者"号本次取得的突破性成绩，赞扬了"严谨求实、团结协作、拼搏奉献、勇攀高峰"的中国载人深潜精神，鼓励科学家继续弘扬科学精神，勇攀深海科技高峰。[②] 海面方面，9 月 10日，基于铱星通信方式的国产 COPEX 型浮标首次在太平洋海域布放成功，并成功传回相关数据。[③] 天空方面，8 月 2 日，恰逢台风"森拉克"过境，我国自主研发的高空大型气象探测无人机首次完成了对台风的综合观测任务。[④] 新领域的新突破能使海洋观测更加精确、海洋预报更加精准，从而提供更高质量的海洋公益服务产品。

（三）双龙探极打开极地新局面

"雪龙 2"号是我国自行建造的首艘能够满足极地科考条件的破冰船，船体总长 122.5 米，型宽 22.32 米，设计吃水 7.85 米，设计排水量 13996吨，可同时搭载 2 架直升机，是处于全球第一梯队的极地科考船，于 2020年 12 月 27 日荣获我国工业领域最高奖项——中国工业大奖。[⑤] 2019 年 10月从上海基地码头起航到 2020 年 4 月顺利返航，为期 6 个月的第 36 次南极

---

① 《"奋斗者"号探万米深海，制造一个深潜器到底有多难?》，https：//www.xuexi.cn/lgpage/detail/index.html? id = 12688382261100669175& item_ id = 12688382261100669175，最后访问日期：2021 年 6 月 1 日。

② 《习近平致信祝贺"奋斗者"号全海深载人潜水器成功完成万米海试并胜利返航》，https：//news.cctv.com/2020/11/28/ARTIndtD1D6PhGPLh03Y8G6I201128.shtml，最后访问日期：2021 年 6 月 1 日。

③ 《中心成功布放基于铱星通信方式的 COPEX 型浮标》，http：//www.notcsoa.org.cn/cn/index/show/2969，最后访问日期：2021 年 6 月 13 日。

④ 《首次高空大型无人机台风探测试验成功》，http：//www.xinhuanet.com/energy/2020-08/04/c_ 1126321557.htm，最后访问日期：2021 年 6 月 13 日。

⑤ 《"雪龙 2"号斩获我国工业领域最高奖!》，http：//www.shipol.com.cn/cbjz/cb413c18071c48b799f28e0bc4269a34.htm，最后访问日期：2021 年 6 月 1 日。

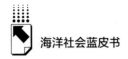
考察首次实现了"雪龙"号和"雪龙2"号两艘破冰船同期配合作业,[①] 开启了"双龙探极"的极地科考新局面。至此,我国已经形成"两船、六站、一飞机、一基地"[②] 的极地科考基本框架。

2020年7月15日,"雪龙2"号从上海基地出发驶往北冰洋,开展为期2个多月的第11次北极科考任务,这也是"雪龙2"号首次前往北极进行科考工作。在9月中旬从北极顺利返航后,经过修整的"雪龙2"号于11月10日再一次从上海母港起航,开启了第37次南极科考,[③] 第三次奔赴南极为科考站的越冬人员带去物资和设备的同时,开展海洋生态环境、海洋水温和气象观测。

尽管受疫情影响,2020年度极地科考的国际合作有所减少,但是国际北极漂流冰站计划(MOSAiC)作为到目前为止最大型的漂流冰站观测计划克服了种种困难如期开启。8月下旬,我国的科研人员搭载来自德国的"极星"号破冰船到达预定位置深度,完成本计划第5航段的科考任务。极地是我国供给海洋公益服务的重要地点,极地科考是海洋公益服务业务的必要组成部分,为后续各项公益服务的供给提供技术和数据支撑,是我国践行海洋命运共同体理念的必要行动。

三 问题与建议

(一)深刻践行海洋命运共同体理念

2019年4月23日,习近平在集体会见应邀出席中国人民解放军海军成立70周年多国海军活动的外方代表团团长时,首次提出构建海洋命运共同

① 《我国第36次南极考察队凯旋:科学家首次在南极 激光雷达协同观测》,《新民晚报》2020年4月23日,第4版。
② 两船为"雪龙"号、"雪龙2"号极地科考破冰船;六站为南极的长城站、中山站、昆仑站、泰山站,北极的黄河站、中冰北极科考站;一飞机为固定翼飞机"雪鹰601"号;一基地为位于上海浦东的中国极地考察国内基地。
③ 《我国开展第37次南极科学考察》,http://www.xinhuanet.com/tech/2020 - 11/10/c_1126722402.htm,最后访问日期:2021年6月1日。

体。他指出："我们人类居住的这个蓝色星球，不是被海洋分割成了各个孤岛，而是被海洋连结成了命运共同体，各国人民安危与共。"① 在维护海洋和平安宁的基本前提下，以海上互联互通和坚持平等协商为基本策略，通过全面参与全球海洋治理、推动蓝色经济发展和海洋文化交融，最终实现共同增进海洋福祉这一基本目标。海洋命运共同体理念是人类命运共同体理念在海洋领域的丰富发展和具体实践，是人类命运共同体理念的重要组成部分，是我国基于海洋现实问题，一切从实际出发，充分考虑全人类要求建立海洋发展新模式的迫切需要，汲取海洋发展过程中的先进经验所提出的中国方案。海洋公益服务的存在与发展在很大程度上是由现实需求决定的，能够满足海洋活动参与者需求的海洋公益服务才能体现其存在和发展的价值。由于海洋公益服务发展在先，海洋命运共同体理念提出在后，目前我国的海洋公益服务还存在与海洋命运共同体理念不相契合之处。我国海洋公益服务需要在海洋命运共同体理念的指导下，本身又好又快发展的同时，与我国海洋事业总体相协调。

海洋命运共同体理念要求各方对海洋公益服务事业具备共同信念。首先，要呼吁各方充分认识"共同生存"这一客观现实，海洋联通世界，各国人民安危与共。面对普遍存在密切相关的海洋问题和日益上升的海洋公益服务需求，任何一个国家都不可能独善其身。其次，要从全人类角度出发，分析海洋公益服务现状与存在的问题，摒弃只追求自身利益而不惜侵害他国利益的损人利己式做法，共享高质量的海洋公益服务产品。我国应该以更加积极的姿态全面参与联合国框架内海洋公益服务机制的建构和规则的制定，以海洋命运共同体为指导思想，在各个议题中提出有效的建议和方案，参与全球和区域海洋公益服务事业建设。

（二）全方位开展多形式的国际合作

受疫情影响，多项既定的海洋公益服务国际合作被迫中止或延后，但是

---

① 《习近平集体会见出席海军成立 70 周年多国海军活动外方代表团团长》，http://www.gov.cn/xinwen/2019–04/23/content_5385354.htm，最后访问日期：2021 年 6 月 1 日。

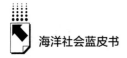
经过多方努力，在保证防疫效果基础上，如期与缅甸方面联合开展了 2020
年缅甸专属经济区海洋与生态联合科学调查。2020 年年初，我国承办了全
球海洋观测伙伴关系①第 21 次年会，对海洋观测的多项国际合作达成共识，
在此过程中自然资源部第一海洋研究所和青岛海洋科学与技术试点国家实验
室作为我方代表充分发挥了主办方的控场作用，深度参与合作，为海洋公益
服务事业的国际合作贡献中国方案和中国智慧。除此之外，多家单位将多场
原本定于线下的国际会议转移到线上，保证了合作与交流保质保量地如期开
展。11 月，由国家海洋环境预报中心主办的东北亚区域全球海洋观测系统
（NEAR - GOOS）在线会议商定了将由我国牵头建设 NEAR - GOOS 首个国
际门户网站，计划在该门户网站上线多国供给的海洋公益服务产品。②

　　全方位开展多形式的国际合作是发展我国海洋公益服务事业的必然要
求，尽管疫情在全球范围内的大流行在一定程度上阻碍了国际合作的开展，
但是这既是挑战也是机遇，我国应充分发挥海洋大国优势，共同推进资源的
合理、有效利用，同时也要勇于承担共同责任。《联合国海洋法公约》肯定
了海洋作为全人类共同继承财产的法律地位，国家之间发展水平的巨大差异
导致国家之间海洋公益服务能力也存在巨大差距，在合理范围内我国应倡导
各方发挥自身优势，通过资源、技术和信息共享，实现优势互补，避免海洋
公益服务的重复建设，实现共同增进海洋福祉的美好愿景。海洋公益服务事
业中的各方都是相互平等的，能够平等地使用海洋公益服务产品，平等地享
受海洋福祉，也必然要平等地承担共同责任。需要注意的是，共同责任不是
平均责任，而是共同但有区别的责任，国家之间社会制度、意识形态和发展
水平不尽相同，但在海洋公益服务发展过程中应集思广益，力所能及地贡献
智慧和力量。我国作为具有海洋公益服务重要力量的大国，理应有大国担

---

①　全球海洋观测伙伴关系（Partnership for Observation of the Global Oceans，POGO）于 1993 年
　　由斯克利普斯海洋研究所、伍兹霍尔海洋研究所和南安普顿海洋中心三大海洋研究机构联
　　合发起成立，目前有成员单位 48 家，通过共享航次、共同完成基础建设和人员培训等多种
　　形式推动全球海洋观测系统建立，以满足全球范围内各方对海洋观测信息的需求。
②　《全球海洋观测系统将建区域网站》，http://www.nmdis.org.cn/c/2020 - 11 - 13/73193.
　　shtml，最后访问日期：2021 年 6 月 13 日。

当,以全人类利益为导向,促成协商合作,共建平等、合作、友好的全球海洋新秩序。我国应更加重视共建"一带一路"对海洋公益服务国际合作的巨大推动作用,将海洋公益服务作为共建"一带一路"的内容之一,构建海洋公益服务各项业务全方位、多层次、复合型的互联互通网络,发起21世纪"海上丝绸之路"海洋公益服务共建共享计划,让各国人民享受到"中国制造"高质量的海洋公益服务。

(三)海洋公益服务宣传注重全民性

2020年,我国海洋公益服务事业的宣传工作充分利用高校和科研院所的资源,结合各类高科技手段,以科普、教育为主导,以各类基地为载体,以科普日为品牌,较好地实现了宣传推广效果。6月,东营市先后建立了黄河口应急救援基地和广利港应急救援基地,[①] 天津则于12月正式成立了海河应急救援教育基地。[②] 应急救援基地不仅可以为相关人员提供专业的海上救援实训基地以及专业海上救援的课程,还将面向大众开展简单的海上救援培训和相关知识的科普,能够有效增强和提高社会公众的海上安全意识以及自救能力。8月19日,山东省大中小学海洋文化教育研究指导中心正式成立,中心将通过编写教材、开设相关课程,在山东大中小学课堂中推广海洋知识,推动海洋教育事业的新发展。为了吸引更多大学生投身海洋研究,自然资源部第一海洋研究所从2017年开始组织全国大学生暑期夏令营活动,受疫情影响今年主题为"拥抱海洋"的夏令营采用线上形式,开展了学术报告、与科考队员远程交流和"云"参观研究所等多种形式的活动。作为目标群体指向性明确的宣传工作,具备区别于一般性科普宣传活动的特殊的、强烈的宣传目的性,总而言之是要做到把人吸引过来,把人留住,努力打造具备相关业务技能、可从事海洋公益服务工作的专业化人才队伍和业余参与者队伍。因此,相比于既定的宣传目标,目前这类宣传工作并未达到预

[①] 《东营海事局指导市救援中心举行应急救援基地授牌仪式》,http://www.sd.msa.gov.cn/art/2020/6/10/art_1443_1613276.html,最后访问日期:2021年6月13日。

[②] 《提升海河救援能力 应急教育基地挂牌》,《每日新报》2021年1月6日,第6版。

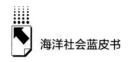

期效果，但这是一个系统化的长期工程，需要各方主体充分考虑目标人群的需求和状况，采用更生动、更专业的手段，有效扩大我国海洋公益服务事业储备人才规模，提高人才质量。

2020年，在疫情严峻的第一季度，海洋出版社作为我国海洋类图书资料最丰富的数据库平台从2月18日到3月，向全社会免费公开海洋数字图书馆数据库。[①] 在疫情状况得到缓解后，线下的各类海洋科普展逐渐铺开，高校、研究所、专业协会和各类民间组织的强强联合，极大地增加了海洋宣传活动的专业性和趣味性，吸引了更多人参与海洋公益服务事业。8月下旬，卫星海洋环境动力学国家重点实验室在杭州举办了以"奔向海洋"为主题的科普展览。[②] 9月5日，由中国科普作家协会、国防科普专业委员会和科普出版专业委员会三方联合主办了"发现美丽海洋、守护蓝色家园——海洋与国防科普教育专家对话"座谈会。[③] 9月中旬，自然资源部第四海洋研究所联合南京师范大学在涠洲岛开展了"保护水生野生动物、保护海洋生物多样性"系列科普宣传活动。[④] 当月19日，由中国海洋发展基金会牵头多家海洋保护民间组织在青岛发起了以"守护美丽岸线，我们共同行动"为主题的海洋公益嘉年华活动。[⑤] 同一天，上海黄浦区半淞园路街道联合船舶702所和708所开展了"勇探海洋·守护蔚蓝"科普集市活动。[⑥] 与此同时，在政府有关部门支持下中国珊瑚保护联盟联合广西大学在深圳、桂林和涠洲岛三地共同举办

---

① 《众志成城，抗击疫情！防疫期间海洋数字图书馆免费开放阅读！》，http://www.oceanpress.com.cn/front/content/news/newsdetail? id=833，最后访问日期：2021年6月13日。
② 《"庆祝百年华诞　传递蓝色梦想"　海洋二所2021世界海洋日/公众科学日系列科普活动圆满收官！》，https://www.soed.org.cn/index.php/news/detail/1906，最后访问日期：2021年6月13日。
③ 《"海洋与国防科普教育专家对话"座谈会在京举行》，http://www.nmdis.org.cn/c/2020 - 09 - 10/72827.shtml，最后访问日期：2021年6月13日。
④ 《沿海各地海洋科普活动亮点纷呈》，http://www.nmdis.org.cn/c/2020 - 09 - 28/72939.shtml，最后访问日期：2021年6月13日。
⑤ 《守护美丽岸线　2020青岛"海洋公益嘉年华"启动》，http://news.bandao.cn/a/410243.html，最后访问日期：2021年6月13日。
⑥ 《"勇探海洋·守护蔚蓝"科普集市来袭》，《黄浦报》2020年9月25日，第6版。

了有珊瑚普查、知识竞赛和科普展览等多种形式的首届全国珊瑚日活动。①

2020 年度的海洋公益服务宣传工作非常重视高科技现代化手段的应用，致力于让参与者能够全方位感受海洋，了解海洋，培养海洋意识。出于防疫需要，今年多场宣传活动采用线上线下相结合的双线并行模式，由主办方带领线上参与者实现了实时的"云参与"。线下活动也非常重视展览手段的现代化，在第三届广东科普嘉年华，南海调查技术中心采用 VR 技术展示了海洋观测的作业过程，既吸睛又生动易懂，极大地提高了科普质量。从 2020 年 11 月 20 日到 2021 年 6 月，广东科学中心引进了国际顶尖的《神秘海洋》展览，超大的展览场地以互动的方式，令观众参与式享受展览，收获知识。②

我国当前的海洋公益服务事业宣传目前已经初步形成了以科普日为核心的宣传品牌，但是品牌性活动是周期性的且集中在沿海城市，忽视了生活在内陆区域的广大人民。尽管内陆民众在日常生活中可能很少直接接触海洋，但是我们不能因此忽视他们对海洋的需求。培养全民海洋意识，不能只培养沿海人民的海洋意识。接下来应该将宣传活动逐渐铺开，让所有人都能更加方便地了解海洋，享受海洋公益服务，从而真正地增强全民海洋意识，有力地推动海洋公益服务事业的全面发展。

---

① 《首届全国珊瑚日活动在深圳大鹏启动》，http://sz.people.com.cn/n2/2020/0921/c202846 - 34306117.html，最后访问日期：2021 年 6 月 13 日。

② 《大型国际科普巡展〈神秘海洋〉在广东科学中心展出》，http://life.szonline.net/contents/20201121/20201195209.html，最后访问日期：2021 年 6 月 13 日。

B.3
中国海洋教育发展报告

赵宗金　胡丝具*

摘　要：　2020年，我国海洋教育整体呈现稳中向好发展态势。在政策
　　　　　上，海洋教育得到了教育部的支持引导并被纳入部分沿海省
　　　　　市的"十四五"规划；在实践上，海洋教育内容更加丰富
　　　　　化、方式更加多样化、规模逐渐扩大化，无论是学校海洋教
　　　　　育还是社会公众海洋教育都取得了不同程度的进步；在研究
　　　　　上，海洋学者与海洋研究类期刊在学术界都获得了更多关
　　　　　注。但海洋教育仍存在诸多不足。鉴于此，本报告提出了完
　　　　　善海洋教育政策规划、改进海洋教育实践与推进海洋教育研
　　　　　究的建议，以推动海洋教育事业合理发展。

关键词：　海洋教育　学校海洋教育　社会公众海洋教育　海洋教育研究
　　　　　海洋教育政策

　　回顾人类的发展历程，海洋权益的维护和海洋资源的开发利用程度会影响一个民族与国家的发展。21世纪是公认的海洋世纪，一场无形的"蓝色"争夺战早已在世界各国打响。自我国实施海洋强国战略以来，海洋教育的基础作用越发凸显。2020年是《全国海洋人才发展中长期规划纲要（2010—

* 赵宗金，中国海洋大学国际事务与公共管理学院副教授，博士，研究方向为海洋社会学与社会心理学；胡丝具，中国海洋大学国际事务与公共管理学院硕士研究生，研究方向为海洋教育。

2020年)》的收官之年，海洋人才的培养离不开海洋教育事业的发展。回顾过去，对国家海洋教育事业进行适当梳理、分析和总结，关乎海洋教育事业发展与海洋人才培养规划；展望未来，中国海洋教育事业在海洋教育政策规划、中小学海洋教育、高等海洋教育、社会公众海洋教育与海洋教育研究等方面仍存在不足。因此，需要在总结历史经验的基础上对海洋教育事业进行梳理，对面临的问题给予积极回应、规划和思考。

一　海洋教育的目标更新

回顾我国的海洋教育发展史可知，学校海洋教育已有近百年的发展历程，社会公众海洋教育正在逐步建立，至今覆盖全社会的学校海洋教育与社会公众海洋教育体系正在健全和完善。然而，从历史的角度考察和梳理海洋教育的过程与要素，引领海洋教育向纵深推进的方向性的海洋教育目标要素尚处于模糊不清的状态，亟须予以澄清和标明。[1] 在过去的一年中，学界对海洋教育的目标进行了探讨，因此有必要对海洋教育目标的更新进行梳理。

在相当长的历史时期，由于中国地大物博的自然优势、重陆地轻海洋的思想等多种因素，中国海洋自然与人文知识普及未得到应有的重视，海洋教育在国内长期处于弱势地位，使国民海洋意识与海洋素养处于整体偏弱的状态。[2] 直到1988年《联合国海洋法公约》正式生效，我国国民仍处于海洋知识匮乏、海洋意识淡薄、认识不到我国是一个海洋大国的状态。故此时需要给国民"补课"和"扫盲"，海洋教育目标因此定位于海洋意识教育。该目标在实践上有典型事例，如近10年来由国家层面推动创办的海洋意识教育基地、海南省自2015年始在全省推展的中小学海洋意识教育活动，以及

---

[1]　马勇：《从海洋意识到海洋素养——我国海洋教育目标的更新》，《宁波大学学报》（教育科学版）2021年第2期。

[2]　王静：《海洋强国视域下的大学生海洋意识教育》，《海南热带海洋学院学报》2020年第1期。

各地的一些中小学明确提出了海洋意识教育目标，等等。这一时期，海洋教育主要在于唤醒国民的海洋意识，以改变国民海洋意识整体偏弱的状态。海洋教育目标定位于海洋意识教育，合时、合理且有针对性。

然而，海洋教育发展至今，随着海洋强国战略的实施和不断推进，海洋教育的基础奠基作用愈加重要。海洋教育若过多强调人的海洋意识培养，会使海洋教育目标窄化。从整体上看，培养人的海洋意识的目标只能作为海洋教育初始阶段目标，关于当下的海洋教育目标，马勇提出："当今与未来'合时'与'合理'的海洋教育目标应该定位于人的海洋素养培养，用海洋素养替换海洋意识，或把海洋教育等于海洋素养教育。"①

关于海洋教育就是海洋素养教育的一致性结论在国内外相关研究中均有论述。早在2012年，马勇在对海洋教育概念进行界定时就将其与海洋素养紧密结合，认为海洋教育是由教育者对受教育者施以有关海洋自然特性与社会价值认识、海洋专业能力以及由人的海洋知识（意识）、海洋情感、海洋道德与海洋行为等素质要素构成的海洋素养的培养活动。② 美国国家海洋及大气总署（NOAA）最早对海洋素养（ocean literacy）进行界定，即"理解海洋对人类的影响以及人类对海洋的影响"，由此推行的K –12海洋素养教育指标体系亦被广泛运用到世界海洋教育中。③ 在实践层面上，近年来许多海洋教育先进地区、学校与机构在确立海洋教育目标时使用了接近海洋素养层次的表达，一些社会机构开展的海洋教育也有贴近海洋素养培养目标的表述。总之，海洋教育目标应定位于海洋素养教育，不仅源于海洋教育研究的揭示与共同指向，而且源于海洋素养教育改革与实践行动的表达与印证。

从海洋教育目标更新的视角，马勇提出应构建我国海洋素养教育体系。

① 马勇：《从海洋意识到海洋素养——我国海洋教育目标的更新》，《宁波大学学报》（教育科学版）2021年第2期。

② 马勇：《何谓海洋教育——人海关系视角的确认》，《中国海洋大学学报》（社会科学版）2012年第6期。

③ National Oceanic and Atmospheric Administration, *Ocean Literacy: The Essential Principles and Fundamental Concepts of Ocean Sciences for Leaders of All Age*, Washington, DC: NOAA, 2013: 13.

用更新的海洋素养培养目标来审视我国现今的海洋教育实践，就必须要对现今的海洋教育体系进行更新、改造与升级，即要把海洋教育体系变为海洋素养教育体系。首先，将中小学海洋教育转变为中小学海洋素养教育，以培养学生的海洋基本素养，内容包括海洋的认知素养、情感素养、道德素养、行为素养与意志品质五个方面；其次，将大学海洋教育变为大学海洋素养教育，相对应的海洋素养培养目标包括涉海学科专业学生应具有的海洋学科专业素养以及非涉海专业学生应具有的海洋基本素养；最后，将社会公众海洋教育转变为社会公众海洋素养教育，与中小学海洋素养教育培养目标一致，培养的仍是海洋基本素养。[①] 由此，国民的海洋素养教育指向了人海和谐的终极目标。

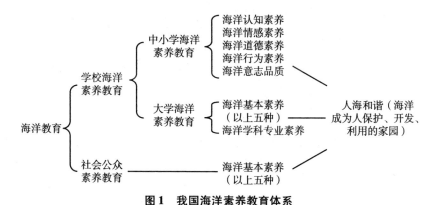

图 1　我国海洋素养教育体系

资料来源：马勇《从海洋意识到海洋素养——我国海洋教育目标的更新》，《宁波大学学报》（教育科学版）2021 年第 2 期。

二　中国海洋教育年度进展

（一）海洋教育政策推展

根据以往学者的研究，海洋教育政策可具体表现为规范海洋教育实施的

---

① 马勇：《从海洋意识到海洋素养——我国海洋教育目标的更新》，《宁波大学学报》（教育科学版）2021 年第 2 期。

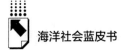

一系列法令、战略、计划、政策、措施和方法。① 海洋教育政策对海洋教育起着重要的规范、引导和支撑作用，因此，有必要对过去一年中支持海洋教育改革与发展的政策给予系统考察，以从最新推展的政策中梳理海洋教育现状，并提出完善我国海洋教育的依据和建议。

2020 年，海洋教育政策较多出现在教育部发布的答复函中，其中涉及青少年海洋教育、涉海学科专业建设、海洋人才培养以及国民海洋意识增强多个方面。航海教育是中小学生海洋教育的重要方面，为了在这方面加强对青少年的引导，教育部发布《关于政协十三届全国委员会第三次会议 3410 号（教育类 352 号）提案答复的函》，提出要明确核心课程中的航海教育要求、加强航海教育综合实践课程、利用主题活动开展航海教育并深入推进航海教育研究。② 高校涉海专业学科的建设是海洋高等教育的重要方面。针对这一方面，教育部发布《对十三届全国人大三次会议第 8074 号建议的答复》，就是否设置"海洋经济管理"学科与专业问题进行了回复，规范引导"海洋经济学""海洋管理"本科专业的设置。③ 类似的政策还出现在教育部发布的对相同会议第 1623 号建议的答复中，其主要内容为：对毗邻南海高校开设海洋牧场、海洋旅游相关特色专业做了规范性引导；明确支持南海海域省市设立产学研基地，以培养和集聚创新人才；对培养南海产业相关职业技能人才做了操作性引导，以助力多层次海洋人才培养。④ 海洋科普教育是社会公众海洋教育的重要方面，当下海洋教育的广阔性仍有待提升。针对

① 马勇、王婧、周甜甜：《我国海洋教育政策的发展脉络及其内容分析》，《中国海洋大学学报》（社会科学版）2014 年第 6 期。

② 《关于政协十三届全国委员会第三次会议第 3410 号（教育类 352 号）提案答复的函》，中华人民共和国教育部网站，http://www.moe.gov.cn/jyb_ xxgk/xxgk_ jyta/jyta_ jiaocaiju/202010/t20201030_ 497437.html，最后访问日期：2020 年 10 月 3 日。

③ 《对十三届全国人大三次会议第 8074 号建议的答复》，中华人民共和国教育部网站，http://www.moe.gov.cn/jyb_ xxgk/xxgk_ jyta/jyta_ gaojiaosi/202010/t20201009_ 493632.html，最后访问日期：2020 年 10 月 30 日。

④ 《对十三届全国人大三次会议第 1623 号建议的答复》，中华人民共和国教育部网站，http://www.moe.gov.cn/jyb_ xxgk/xxgk_ jyta/jyta_ gaojiaosi/202010/t20201009_ 493609.html，最后访问日期：2020 年 10 月 30 日。

这一问题，教育部发布《关于政协十三届全国委员会第三次会议第 3029 号（资源环境类 159 号）提案答复的函》，提出要充分利用网络新媒体，创新科普工作模式，提高和拓展海洋科普参与度和受众面，培育全民族海洋意识。[①]

过去的一年中，除了国家层面教育部出台的海洋教育政策，省市级政府和相关部门的政策也有涉及海洋教育的内容。《江苏省国民经济和社会发展第十四个五年规划和二〇三五年远景目标纲要》印发，其中就有争取建立国家级海洋研究机构、鼓励创办海洋产业创新研究院、依托江苏海洋大学成立涉海产学研联盟等内容。[②] 与此类政策相似，明确鼓励支持发展海洋高等教育的内容还出现在厦门市印发的《厦门市国民经济和社会发展第十四个五年规划和二〇三五年远景目标纲要》中，其中提到建设海洋科研基地、加强海洋学科建设、争创海洋类高校等内容。[③] 关于海洋类高校的创办，广东省则走在更前面，在《广东省自然资源厅关于省政协十二届三次会议第20200748 号提案答复的函》中，已经明确要将深圳海洋大学的创建工作尽快提上日程。[④] 除了支持海洋高等教育的政策，还有关于社会公众海洋教育政策，如山东省海洋局发布《关于组织申报省级海洋意识教育示范基地的通知》，明确要评选和打造省级海洋意识教育示范基地，为增强国民的海洋意识构建平台，增强社会公众海洋教育的广阔性；[⑤] 青岛市教育局印

---

① 《关于政协十三届全国委员会第三次会议第 3029 号（资源环境类 159 号）提案答复的函》，中华人民共和国自然资源部网站，http：//gi. mnr. gov. cn/202010/t20201030_ 2580709. html，最后访问日期：2020 年 10 月 30 日。

② 《江苏省国民经济和社会发展第十四个五年规划和二〇三五年远景目标纲要》，江苏省人民政府网站，http：//www. jiangsu. gov. cn/art/2021/3/2/art_ 46143_ 9684719. html？gqnahi ＝affiy2，最后访问日期：2021 年 4 月 3 日。

③ 《厦门市国民经济和社会发展第十四个五年规划和二〇三五年远景目标纲要》，厦门市人民政府网站，http：//www. xm. gov. cn/zwgk/flfg/sfwj/202103/t20210326_ 2527296. htm？from ＝singlemessage，最后访问日期：2021 年 4 月 12 日。

④ 《广东省自然资源厅关于省政协十二届三次会议第20200748 号提案答复的函》，广东省自然资源厅网站，http：//nr. gd. gov. cn/zwgknew/jytabljg/content/post_ 3066280. html，最后访问日期：2020 年 8 月 18 日。

⑤ 《省海洋局将打造一批省级海洋意识教育示范基地》，中华人民共和国自然资源部网站，http：//www. mnr. gov. cn/dt/hy/202007/t20200714_ 2532605. html，最后访问日期：2020 年7 月 30 日。

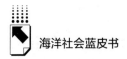

发《2020 年全市教育工作要点》，再次提到青岛将全面打造海洋教育特色示范城市；① 大连市政府发布《大连市加快建设海洋中心城市的指导意见》，以加强海洋知识文化普及、丰富市民的海洋休闲娱乐活动、发展海洋文旅产业，从而进一步增强市民的海洋意识。

从教育部 2020 年新出台的海洋教育政策看，其内容较为宏观，对中小学海洋教育、大学海洋教育与社会公众海洋教育均有提及，多是方向上的"引导"与内容上的"重视"；从各省市政府与相关部门出台的海洋教育政策看，海洋高等教育更受关注，内容上也更加具体，如福建省提出要争取创办特色海洋大学，广东省提出要加快推动深圳海洋大学的组建工作，江苏省提出要成立涉海产学研合作联盟，等等。相比于内陆，沿海省市更加重视对海洋教育工作的支持与引导，如福建省与江苏省的"十四五"规划中都明确提出了支持海洋教育的相关内容。从这一点看，海洋教育获得了来自政策上的有力支撑。

（二）海洋教育实践进展

本报告根据海洋教育受众的不同，将海洋教育分为中小学海洋教育、高等海洋教育与社会公众海洋教育三个方面，以此概述过去一年中国海洋教育的实践进展状况。

1. 中小学海洋教育进展

现阶段，我国大部分的中小学尚未开设独立的海洋教育课程，在海洋教育较为发达的沿海地区，其教育活动主要通过两种方式展开：一是对政治、历史、地理等与海洋教育相关的学科进行课堂渗透；二是校方通过联系海洋类高校、海洋研究机构或社会海洋教育机构，为学生提供课外实践与参观活动等。② 2020 年，我国的中小学海洋教育依旧是依托于这两种形式展开，一

---

① 《2020 年全市教育工作要点》，青岛市人民政府网站，http://www.qingdao.gov.cn/n172/n24624151/n24625415/n24625429/n24625443/200302161048778071.html，最后访问日期：2020 年 3 月 15 日。

② 季托、逄亚楠：《社会网络理论下的中小学海洋科普共同体研究》，《宁波大学学报》（教育科学版）2020 年第 1 期。

批海洋意识教育示范基地逐步建立起来。走在海洋教育前沿的青岛市创新了一系列海洋教育课程，部分学校已形成自身的海洋教育品牌，将其海洋教育经验在全省乃至全国推广。除了青岛外，舟山、天津、深圳、重庆、承德等城市亦纷纷在中小学开展海洋科普与海洋素质教育等活动，部分城市的中小学还将海洋教育课堂延伸至海洋博物馆等社会文化机构，借助社会力量共同培育中小学生的海洋意识与素养，且形成了一系列精品课程。从内容上看，过去一年中我国的中小学海洋教育内容更加丰富化，包括课堂教育、研学活动、参观活动、实践活动等；从方式上看，我国的中小学海洋教育方式更加多样化，如成立教研指导中心、打造精品课程、建立示范基地、成立海洋发展联盟等；从地理位置上看，我国的中小学海洋教育已从沿海地区渗透到中西部内陆地区，海洋教育在地理上的不平衡状况在逐步改变。得益于东部沿海城市的带动与先进海洋教育经验的推广，内陆地区的中小学海洋教育正在逐步展开。2020 年中国中小学海洋教育建设有序推进（见表 1）。

表 1　2020 年中国中小学海洋教育发展事件

类型	事件
中小学 海洋教育	山东省大中小学海洋文化教育研究指导中心举行揭牌仪式
	青岛德县路小学正式启动"明德海洋教育"课程
	东营经济技术开发区科达小学开展海洋教育品牌建设
	青岛 20 所高水平海洋教育特色学校和 13 所重点建设学校名单公布
	青岛教育一批重量级改革次第花开，海洋教育等经验在全省全国推广
	青岛同安路小学荣膺"省级海洋意识教育示范基地"
	青岛滨海学校举行海洋教育 + STEM、VR 课程研讨会
	山东省海洋局命名授牌 25 家省级海洋意识教育示范基地
	海南省构建海洋意识教育综合平台，提升青少年海洋意识教育实效
	山东省自然资源厅与省教育厅协同举办"海洋教育进校园"活动
	深圳市罗芳小学实施海洋教育，培养有气质的一代新人
	重庆市辅仁中学"红岩班"开展"与海洋课堂一起长大"海洋保护素质教育公益课
	蓝图海洋公益研学活动第 8 期如期举办
	莱西市滨河小学举行海洋教育教学研讨会
	"大山孩子看大海"公益研学活动在厦门开营，湖南湘西自治州 3 所中学参加
	青岛市小学生海洋科普讲解大赛如期举行

续表

类型	事件
中小学 海洋教育	承德市兴隆县青少年学生活动中心结合"线上云端＋线下授课"模式,组织海洋科普进校园活动
	青岛市实验小学成立海洋发展联盟,海洋教育迈向新台阶
	天津耀华滨海学校实践课把课堂搬进国家海洋博物馆
	舟山普陀区海岛教育获得多项浙江省精品课程

资料来源:根据国家海洋局官网、海洋信息网、中国海洋教育网信息整理。

2. 高等海洋教育进展

根据以往学者的研究,海洋高等教育不同于中小学海洋教育,它应建立在中等教育基础之上,以高校和科研院所为主要实施机构,依托于海洋学科和专业发展平台,培育海洋领域高素质专业人才。[1] 首先,2020 年我国高等海洋教育规模持续扩大,这体现在新增的科研院所与正在筹备的海洋大学中,如青岛组建了山东省海洋科学研究院、中科院与香港大学联合设立海洋生态与环境科学实验室、浙江舟山建设了东海实验室、深圳海洋大学的创办工作正在加紧、国家级海洋科研基地也即将落成;其次,海洋高等教育的学科与专业布局在持续完善,这一点体现在教育部的答复函中,对"海洋经济学""海洋管理"本科专业的设置进行了规范引导;最后,海洋高等教育活动较为丰富,各式各样的海洋论坛、全国性的大学生海洋知识竞赛、大学生海洋教育夏令营、海洋文创大赛、海洋教育研学活动都顺利举办并对社会产生了积极的影响。虽然我国高等海洋教育界依旧存在各自为战、难以与不同教育机构与产业部门形成融合力量的情况,[2] 可喜的是,这样的局面正在改善,以2020 年 12 月在舟山召开的全国海洋教育研究联盟成立会议为标志,中国高等海洋教育的合力得以形成,未来中国的高等海洋教育将在交流、融合与协作中不断向前发展。2020 年中国高等海洋教育建设有序推进(见表 2)。

---

① 申天恩、勾维民、赵乐天:《中国海洋高等教育发展论纲》,《高教研究》2011 年第 6 期。

② 苏勇军:《国家海洋强国战略背景下海洋高等教育发展的问题与对策》,《中国高教研究》2015 年第 2 期。

表2 2020年中国高等海洋教育发展事件

类型	事件
高等海洋教育	青岛开展山东省海洋科学研究院组建工作
	航天科工中标我国最大海洋综合科考实习船"中山大学"号天气雷达项目
	首届福州海洋高峰论坛——海洋生态研讨会在福州市召开
	香港大学与中国科学院海洋研究所设立联合实验室
	第十二届全国海洋知识竞赛大学生组总决赛落幕
	国家级海洋科研基地将于2021年建设完成
	浙江舟山成立东海实验室(智慧海洋实验室)
	中国海大、上海海大"双一流"建设周期总结通过专家评估
	广东海洋大学前往南海预报中心开展调查研究
	中国科学院南海海洋研究所新型地球物理综合科学考察船"实验6"号交付入列
	*Nature*刊发海洋高等研究院最新研究成果
	广东省自然资源厅提出将加快推动深圳海洋大学组建工作
	多名海洋学者入选"杰青"建议资助名单
	海洋二所与延边大学签订协议,将开展进一步合作
	中国南海研究院与中国海洋发展基金会签约合作
	浙江海洋大学启动"海洋锋面与渔业资源长期调查计划"
	浙江大学启动实施"智慧海洋会聚研究计划"
	中科院海洋所与澳门大学签署海洋环境与工程联合实验室合作协议
	第九届全国大中学生海洋文化创意设计大赛正式启动
	突出海洋教育与创业教育两大特色,青岛广播电视大学更名为青岛开放大学
	海洋一所举办"拥抱海洋"大学生夏令营
	中国—东盟举行海洋地球科学学术研讨会,以网络视频会议形式召开
	海洋一所科技专著入选"经典中国国际出版工程"
	第二届中国海洋教育论坛暨全国海洋教育研究联盟成立会议在宁波召开
	国家海洋博物馆与中国地质大学(北京)将共同开展科学文化合作
	广东海洋大学寸金学院举行湛江教育基地发展规划调研座谈会
	第二届中国海洋工程设计大赛知识竞赛在线举办,9所高校12支队伍入围总决赛
	广东省教育厅、阳江市政府、广东海洋大学、华南理工大学四方共建广东海洋大学阳江校区
	上海海洋大学入选教育部首批"高层次国际化人才培养创新实践基地"
	教育部巡视组向中国海洋大学党委反馈巡视情况
	山东省大中小学海洋文化教育研究指导中心落户中国海洋大学
	《海洋学研究》《海洋通报》期刊入编《中文核心期刊要目总览》

资料来源:根据国家海洋局官网、海洋信息网、中国海洋教育网信息整理。

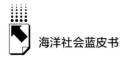

3. 社会公众海洋教育进展

相较于学校海洋教育，社会公众海洋教育在灵活性与广泛性上有其独特优势。2020年，我国的社会公众海洋教育在形式、内容、方式与受众群体上都实现了不同程度的进展。首先，我国社会公众海洋教育受众在不断扩大，各种海洋科普、海洋知识竞赛与海洋文化节等活动虽然仍以青少年为主要对象，但已逐渐覆盖全社会各个年龄阶段和各个行业的群体；其次，我国社会公众海洋教育技术呈现多元化，如部分海洋博物馆紧随技术更新，与互联网企业通力合作，充分利用互联网＋、数字化信息化、智能移动终端等新媒体技术，突破了实体空间的限制，使海洋科普与宣传具备了大众传媒的特征；再次，我国社会公众海洋教育机构与途径多样化，海洋馆、博物馆、研究机构、社团组织等通过各式各样的活动进行宣传拓展，融合了实地场馆参观和网络传播"线上线下"的不同形式进行海洋教育活动；最后，我国社会公众海洋教育内容亦颇为丰富，全国海洋知识竞赛、全国海洋文学大赛、海洋文化融媒体作品创作竞赛、国际海洋诗歌节、国际儿童海洋节、全国海洋科普日、中国航海日、不同省市的海洋周、海博会论坛等活动顺利举办，此外，数所海洋图书馆正式落成、首个海洋观测科普教育基地建立、全国政协委员建言海洋意识提升等，都为社会公众海洋教育的开展提供了有力支撑。2020年中国社会公众海洋教育建设有序推进（见表3）。

表3 2020年中国社会公众海洋教育发展事件

类型	事件
社会公众海洋教育	厦门市首次三展联动举行国际海洋周活动
	大型国际科普巡展《神秘海洋》在广东科学中心展出
	第十二届全国海洋知识竞赛顺利举办
	第十届全国海洋文学大赛在岱山颁奖
	国际海洋诗歌节举行
	中国国际海洋牧场博览会在大连启幕
	2020年全国科普日活动在全国范围内启动,沿海各地海洋科普活动亮点纷呈
	2020年青岛国际海洋周隆重开幕

续表

类型	事件
社会公众海洋教育	2020 年海博会论坛顺利举办
	北京举行"海洋与国防科普教育专家对话"座谈会
	国家海洋博物馆科技周活动顺利举办
	广东省创建首个海洋观测科普教育基地
	"北部湾自然资源调查与评估"科考活动启航
	各地顺利举办以"携手同行,维护国际物流畅通"为主题的中国航海日活动
	山东青岛正式启动"中国海岛志编研"项目
	《福建省检察机关"守护海洋"蓝皮书》正式印发
	首届"关爱海洋"文化出版融媒体创意作品大赛正式启动
	广州海洋地质调查局评选"最美广海人"
	加强海洋意识教育,提升蓝色软实力——全国政协委员建言海洋意识提升
	第三届国际儿童海洋节在深圳启幕
	国家海洋博物馆制作的"探海"系列微视频正式上线
	信息中心举办 2020 年全国科普日"心系海洋,蓝色希望"海洋知识竞赛
	京津冀海洋科普协同创新共同体在津举行成立仪式
	2020 年厦门国际海洋周,厦门大学、集美大学面向公众开展海洋科普活动
	"i 海洋教育"全国品牌成立,青岛西海岸新区全民学习全网覆盖
	卫星海洋环境动力学国家重点实验室面向公众开展科普活动
	温州探索民营经济入海新模式,鼓励民间资本进入海洋教育
	中国海洋发展基金会在革命老区再建五座海洋图书馆
	中国海洋发展基金会捐建的海南省首座海洋图书馆正式落户琼中黎族苗族自治县
	第七届浙江省海洋知识创新竞赛顺利举办
	走进海趣城科普馆,传播多彩海洋文化——金华市科协开展"科普一日行"活动
	两岸青年走进永泰开展海洋科普科学交流活动
	团省委等单位评选兰州海洋公园为"甘肃省青少年生态文明教育基地"
	江苏省创新线上海洋日科普宣传方式,倡导社会各界加强海洋生态保护
	守护美丽岸线,2020 青岛"海洋公益嘉年华"启动

资料来源:根据国家海洋局官网、海洋信息网、中国海洋教育网信息整理。

(三)海洋教育研究进展

海洋教育的发展推动了海洋教育研究,海洋教育研究也反作用于海洋教育,因此,要把握海洋教育年度进展状况必须对 2020 年的海洋教育研究成果进行梳理。目前学术界已有学者对海洋教育的内涵与外延进行了探讨，亦对海洋教育的内容体系进行了规范，海洋教育研究逐步得到了部分学者与学术期刊的关注。经"知网"检索，2020年发表的以"海洋教育"为主题词的中文文献共计111篇，涉及海洋强国、海洋人才培养、海洋意识教育、海洋经济、海洋文化、海洋核心素养与人海关系等内容，基本上反映了我国2020年的海洋教育研究状况。从文献数量看，2020年发表的文献较2019年更少，但未出现大幅度下滑，维持在一个较稳定的数量范围；从文献来源看，主要集中在《海洋开发与管理》《航海教育研究》《宁波大学学报》《海洋世界》《教育教学论坛》《中国海洋大学学报》等几个涉海期刊和涉海高校学报上；从研究者来源看，主要来自涉海大学教师与沿海中小学教师。总体而言，2020年，海洋教育研究成果产出稳定，研究群体与文献来源都未发生较大变动。虽然依旧存在学者对海洋教育关注度不高、学术期刊对海洋教育关注度较低的状况，但2020年多家涉海科研院所与高校纷纷开展合作，海洋教育研究群体在逐渐壮大；《海洋学研究》《海洋通报》入编《中文核心期刊要目总览》，且有多名海洋学者入选"杰青"建议资助名单，海洋学者与海洋研究类期刊在学术界产生了越来越大的影响，这都是海洋教育研究在2020年取得的进展。

三 我国海洋教育存在的不足

回顾2020年我国的海洋教育状况，就政策而言，我国海洋教育获得了教育部的支持与引导，海洋教育内容也出现在沿海部分省市的"十四五"规划中；就实践而言，学校海洋教育与社会公众海洋教育相互结合、共同推进，学校海洋教育的基础作用不可替代，但在受众的广泛性与方式的灵活性上，社会公众海洋教育有其独特的优势；就研究而言，海洋教育研究群体逐渐壮大，海洋学者与海洋研究类期刊在学术界也产生了越来越大的影响。虽然2020年我国的海洋教育取得了一些进展，但无论是在政策规划上还是在实际推展上仍存在不足。

（一）海洋教育政策存在的不足

首先，全面性、系统规划性的海洋教育政策依旧欠缺。从教育部 2020 年新发布的与海洋教育相关的政策看，内容上多为对青少年航海教育、涉海学科专业建设、海洋人才培养以及国民海洋意识增强等具体内容的支持和引导，并无全国统一的国家层面的海洋教育专门政策或规划出台。其次，部分海洋教育政策仍是作为服务经济发展的附庸，如江苏省提出要培育国家级海洋研究机构的目标杂糅于江苏省"十四五"规划中，厦门市提出要争取创办特色海洋大学的目标也杂糅于厦门市"十四五"规划中。梳理相关政策，不难发现，支持海洋教育的政策内容多与发展海洋产业经济相关联。最后，除了国家层面教育部出台的文件外，各省区市 2020 年新出台的关于海洋教育的政策几乎都出现在东部沿海地区，中西部地区鲜少出台与海洋教育相关的政策，可见海洋教育政策的推展存在地区上的不平衡。

（二）海洋教育实践存在的不足

1. 中小学海洋教育存在的不足

首先，中小学海洋教育缺乏学科之间的横向联系与学段之间的纵向关联。虽然 2020 年中小学海洋教育的范围扩大化且内容丰富化，但各学科之间关于海洋教育的内容缺乏有效链接，系统化的海洋教育课程尚未构建，学生在课堂上所接触到的仅仅是各学科孤立展示的海洋教育内容，海洋教育在学科之间缺乏横向联系；而且，在学段之间亦缺乏纵向贯通与衔接，学生从小学到初中再到高中所接受的依旧是"片段式""断点式"的知识性内容，缺乏有主线、有系统、有分类、有层次的海洋教育课程体系。[①] 其次，可供广泛使用的教材依旧缺乏。对于中小学海洋教育，目前国家层面尚未出版任何教材，虽然部分沿海省市编写了一些校本教材，大致规定了海洋教育的教

---

① 王宇江、马莹：《论中小学海洋教育多学科课程融合的价值及路径选择》，《现代教育》2020 年第 3 期。

学目标、任务与内容，但这也仅限于海洋教育较为发达的地区。在海洋教育不发达的大部分地区，本就薄弱的海洋教育内容基本杂糅于其他学科教材，海洋教育学科的领域性与专业性也无法得到体现。① 最后，中小学海洋教育的师资队伍专业性依旧不足。虽然在海洋教育实践中，一些中小学会通过与海洋类高校、海洋科研院所或社会海洋教育机构取得合作，邀请专业人士进校讲解，但这样的方式毕竟不是主流，本校的海洋教育依旧主要依靠本校师资力量开展。然而现有中小学校基本没有专职海洋教师且现有教师海洋素养不高，② 为了临时应付教学任务，海洋教育师资的选择上不可避免地出现随意性，海洋教育课程的质量自然无法得到保证。

2. 高等海洋教育存在的不足

首先，我国涉海高校整体偏弱、小、少。仅仅就数量而言，在全国范围，以"海洋大学"命名的高校寥寥无几，目前我国的"海洋大学"仅 7 所。涉海高校数量少、规模小、社会声誉欠缺，使人们对海洋类高校认知普遍存在不足，目前涉海高校规模仍需扩大以充分满足海洋高等教育事业发展需要。其次，我国海洋高等教育专业结构不均衡，海洋人文社会科学处于弱势地位。我国海洋高等教育阶段的人才培养与课程设置存在"重理轻文"现象，海洋自然科学与工程科学往往处于强势地位，海洋人文科学的发展未得到足够重视，目前与海洋有关的法律、社会、历史与文化等人文类专业学科仍在起步阶段，在众多热门专业学科的衬托之下显得格外冷门，难以得到发展。③④ 最后，我国高校海洋通识教育方兴未艾，海洋通识教育课程少之又少。我国涉海高校规模偏小，海洋相关专业与师资力量亦有限，海洋高等教育仅仅依靠专业教育是不能完成的，在非海洋类高校开设与推广海洋通识教育，是培养大学生海洋素养的重要途径。目前，除了海洋类特色大学，我

---

① 曾佑来、李德显：《我国中小学海洋教育困境及其破解路径》，《教学与管理》2020 年第 6 期。
② 季托、逢亚楠：《社会网络理论下的中小学海洋科普共同体研究》，《宁波大学学报》（教育科学版）2020 年第 1 期。
③ 苏勇军：《国家海洋强国战略背景下海洋高等教育发展的问题与对策》，《中国高教研究》2015 年第 2 期。
④ 马勇、符丁苑：《欧洲国家海洋教育的行动及启示》，《世界教育信息》2019 年第 13 期。

国开设海洋通识教育课程的高校寥寥无几，即使有极少部分非海洋类高校开设了此类课程，也基本分布在沿海省份，具有明显的地域特征。[①]

3. 社会公众海洋教育存在的不足

首先，社会公众海洋教育的广阔性不够。社会公众海洋教育是面向全社会各职业阶层开展的全民性教育，这是社会公众海洋教育的特点，也是难点与薄弱点。目前我国在顶层设计上缺少对社会公众海洋教育的重视，国民的海洋意识较弱、海洋素养较低，对海洋的关注不足。[②] 相比之下，在仅一海之隔的日本，早在20世纪末就通过国家立法将社会公众海洋教育提到国家战略高度，并逐步建立起贯穿于国民终身、覆盖各职业阶层的社会公众海洋教育体系。我国的社会公众海洋教育目前辐射范围有限，从校园到社会、从职场到家庭的多方合力之下的海洋教育氛围尚未形成，社会公众海洋教育的广阔性仍不够。其次，社会公众海洋教育的深度性欠缺。我国部分社会公众海洋教育活动缺乏长期的耕耘及积累，在实践中往往"昙花一现"，部分地区举办的一些面向社会公众的海洋教育活动还存在雷同现象，没有与地区特色充分结合，缺少内涵与人气，后续发展乏力。[③] 最后，社会公众海洋教育亲和力不足。中国面对社会公众开展的海洋教育多为自上而下的动员，缺少由下往上的民众自发性的学习。如全国性的海洋知识竞赛、海洋文学大赛与海洋诗歌节等，这些往往是由官方牵头发起的社会公众海洋教育项目，缺少趣味性与服务性，未能最大限度地挖掘民众的创意与想法，无法充分考虑广大人民群众对海洋知识与文化的真实需求，从而使教育效果大打折扣。

（三）海洋教育研究存在的不足

首先，学术界对海洋教育总体关注不够。我国开始海洋教育研究的时间

---

① 何海伦、岳庆来、邵思蜜：《海洋通识教育探讨》，《高教发展与评估》2014年第2期。
② 刘训华：《论海洋教育研究的学科视域》，《宁波大学学报》（教育科学版）2018年第6期。
③ 韩兴勇、郭飞：《发展海洋文化与培养国民海洋意识问题研究》，《太平洋学报》2007年第6期。

较晚，研究成果亦不丰富，关注海洋教育的学者与机构相对较少，目前的研究人员主要为涉海高校的极少数教师，海洋教育研究群体不够丰富。其次，海洋教育理论研究有待深化。由于海洋教育内涵比较复杂，并具有系统性、交叉性和发展性的特点，[1] 所涉及的内容体系广泛，尚未形成一个学科领域，目前大多数的研究未能提出专门的研究方法，研究往往浮于表面，未能深入，并且部分研究内容依旧处于缺失状态，如目前尚未完成海洋教育各相关概念的架构区分及内容填充[2]。再次，海洋教育实证研究不足。目前开展海洋教育实证研究的学者较少，在实证研究过程中选取的样本也有限，如全国性的海洋教育调查研究几乎没有。此外，海洋教育实证研究大部分以问卷调研的形式进行，这些调研问卷的题目设计往往只能体现海洋教育的某个方面，特别是在海洋教育已经进入海洋素养教育的今天，国内可供广泛使用的海洋素养测评工具依旧处于欠缺状态，在一定程度上影响了海洋教育实证研究进程。最后，海洋教育比较研究有待丰富。目前学术界关于国外海洋教育研究的文献极少，而且这部分极少数的研究亦缺乏深入的探讨，大多停留于较表面的介绍，且缺少对国外海洋教育调查研究的数据。[3]

四 完善海洋教育的建议

（一）完善我国海洋教育政策的建议

首先，加强顶层设计，制定全面系统的海洋教育政策规划。海洋教育事业若想得到长足的发展，必须要有政策的鼓励、支撑与引导，要在国家层面给予战略上与政策上的指导和支持。在这方面，可以借鉴海洋教育先进国家的经验，如日本早在 2007 年就颁布《海洋基本法》，明确规定了国家、社

---

① 季托、武波：《从"海洋教育"到"海洋教育学"》，《浙江海洋大学学报》（人文科学版）2019 年第 6 期。

② 朱信号：《中国海洋教育研究述评与展望》，《宁波大学学报》（教育科学版）2020 年第 3 期。

③ 朱信号：《中国海洋教育研究述评与展望》，《宁波大学学报》（教育科学版）2020 年第 3 期。

会团体、企业与社会民众都有承担海洋教育的职责，通过立法将海洋教育提到国家战略的高度。[①] 与海洋教育先进的国家相比，我国缺少国家层面的海洋教育政策，故无法从全局对海洋教育工作进行统筹安排。因此，海洋教育政策的制定要立足海洋强国战略，从国家层面出发，尽快出台符合我国现阶段海洋教育状况的政策与规划，为海洋教育事业发展提供坚实的支撑与全局性的指导。其次，要加大海洋教育政策的宣传力度，使政策内容进入公众视野，助推海洋教育政策落实。目前各省市颁布的海洋教育政策相对分散，且存在地域不平衡、知名度低等问题，因此如何在实际推展中让海洋教育政策"广为认知"值得探究。目前，应当充分利用互联网＋、数字化、信息化、智能移动终端等新媒体技术，加强海洋教育政策的科普与宣传，国家海洋局官网、海洋信息网、中国海洋教育网等官方网站应紧随海洋教育政策的更新，及时进行海洋教育政策的宣传与推广。

（二）完善我国中小学海洋教育的建议

加强海洋教育，青少年是关键。首先，加强中小学学段、学科之间海洋教育的贯通联系。在中小学阶段要做好从小学到初中再到高中的海洋教育知识的衔接，学段之间的海洋教育应逐层递进与深入。除了注重学段之间的贯通还应加强学科之间的联系，充分挖掘小学阶段语文、社会、科学、道德与法治以及中学阶段语文、政治、历史、地理等课程中的海洋知识点，加强不同学科中海洋教育知识的联系与融合，从而构建全面系统的海洋教育课程体系。其次，要加快推动出版全国性的中小学海洋教育教材。有了教材，才能更好地明确海洋教育的教学目标、任务与内容，进行海洋教育课程系统化与专业化建设。最后，加强中小学生海洋教育师资队伍的专业性建设。在建设师资队伍的过程中，除了聘请一些经过专业学习的专职海洋教育教师外，还应加强对本校教师的培训，如对本校教师进行海洋文化知识的针对性培训与讲演练习，创新途径与方法增强和提升教师

---

① 庄玉友译《日本〈海洋基本法〉（中译本）》，《中国海洋法学评论》2008年第1期。

群体的海洋意识与海洋素养，鼓励教师在课堂上传授海洋知识；此外，还可以聘请与海洋教育相关的专家教授或硕博研究生作为兼职教师，定期指导小学阶段海洋教育。[①]

（三）完善我国高等海洋教育的建议

首先，加快海洋特色大学的建设，扩大涉海高校规模，以改善目前涉海高校弱、小、少的状况。当前，在政策上要统筹规划好涉海高校的布局，在实践中要整合各方资源加快海洋大学的建设，鼓励沿海发达省市创办海洋大学，支持民间资本创办海洋大学，结合地方产业特色与多层次海洋人才培养需要来办学，充分发挥高校平台的海洋教育作用。其次，要加强我国高等海洋教育专业设置的合理性，海洋教育要注重文理结合。海洋高等教育既需要数学、物理、化学、生物科学、地理科学、生态学等理工科的参与，也需要文学、法学、社会学、教育学、历史学等人文社科的融合。对于如何兼顾两者，这一点可借鉴海洋教育发达国家的先进经验，如欧盟国家在开展海洋高等教育的过程中，就兼顾了海洋自然科学与海洋人文科学的发展，对一些相对弱势的海洋人文社科专业及时进行扶持。[②] 最后，加强高校海洋通识教育的建设。各高校应把海洋通识教育课程置于与其他人文类与自然类通识教育课程同等的地位，倡导在通识教育课程中开设与海洋相关课程，积极鼓励教师开展与海洋相关的研究，培育具备高素质的海洋科研工作者，助推海洋通识教育质量提升。[③]

（四）完善我国社会公众海洋教育的建议

首先，提升社会公众海洋教育的广阔性。国家层面要统筹规划，加强政策上的引导支持，将全民海洋素养的提升与国家、区域的社会经济发展规划

① 卢美利、王标：《小学阶段渗透海洋意识教育的必要性及实现路径》，《教学与管理》2020年第15期。
② 马勇、符丁苑：《欧洲国家海洋教育的行动及启示》，《世界教育信息》2019年第13期。
③ 何海伦、岳庆来、邵思蜜：《海洋通识教育探讨》，《高教发展与评估》2014年第2期。

相结合，加强政府不同部门与社会不同产业间的合作与交流，充分发挥舆论宣传作用，创新宣传推广方式，在全社会营造海洋教育的良好氛围。目前我国尚缺乏全国范围的权威海洋教育项目，针对这一点，可以借鉴欧盟的先进经验，如欧洲的"地平线"项目，该项目将海洋教育覆盖社会的各行各业。其次，加强社会公众海洋教育的持久性建设。发起社会公众海洋教育项目不能仅图"一时兴起"，应充分结合当地的优势与资源，打造具有长期吸引力与地域特色的海洋教育项目。社会公众海洋教育项目要经得起漫长时间的考验，在经年累月的积淀中发展壮大，从而积累丰富的海洋教育资源。最后，社会公众海洋教育要充分考虑人民群众的想法与需求。社会公众海洋教育面向全社会不同的职业阶层，需要丰富多彩的开展方式，这不能仅仅依靠官方动员，还需要社会各界的积极响应。这就要求政府除了发挥资金与政策的辅助作用外，还要鼓励广大人民群众在社会公众海洋教育中充分表达自己的创意与想法，拓展民众参与社会公众海洋教育的途径，让民间力量充分参与教育形式的选择、教育内容的设计及教育项目最终落实的全过程。

（五）推进我国海洋教育研究的建议

首先，要为海洋教育研究提供人才与平台支撑。一方面，基于海洋教育多学科性、交叉性的特点，呼吁更多具备多学科背景的学者关注海洋教育，进行海洋教育的交流、合作与知识融合；另一方面，积极创建海洋教育研究联合体与相应组织机构。2020 年成立的全国海洋教育研究联盟就是一个良好典范，其为海洋教育研究者提供了平台与阵地，推动了海洋教育研究持续、稳步发展。其次，深化海洋教育理论研究。要尽快提出海洋教育专门的研究方法，将海洋教育研究与其他学科教育研究区分开来，并且今后仍需进一步厘清海洋教育的概念与内涵，并在概念区分的前提下构建海洋教育体系，包括学科体系、内容体系等。① 再次，加快推进海洋教育实证研究。针

---

① 朱信号：《中国海洋教育研究述评与展望》，《宁波大学学报》（教育科学版）2020 年第
3 期。

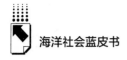

对这一点可从以下两个方面开展：一是基于全国范围或较大区域范围选择调查研究样本；二是加紧开发可供广泛使用的海洋教育调查工具。最后，加强海洋教育比较与借鉴研究。多研究、借鉴海洋教育先进国家与地区的经验与理论知识，如美国正在开展的"海洋扫盲"运动、欧洲的"地平线"项目、被誉为亚洲海洋教育典范的日本"森川海"项目等，以帮助我们深化海洋教育的研究与实践。

五　研究展望

目前我国正处于建设海洋强国的关键阶段，海洋强国战略的实施需要海洋教育提供软实力上的思想支撑。海洋强国战略凸显了海洋教育的作用，也使海洋教育受到更多关注。海洋教育经过近些年的发展，在政策、实践与研究上虽取得了一些进展，在 2020 年总体也处于稳步前行的状态，但我国的海洋教育起步较晚，如今仍存在种种不足，无论是海洋教育政策、海洋教育实践还是海洋教育研究，都需要国家提供支撑与加强引导。2020 年，我国的海洋教育取得了一些进步，但相较于海洋教育发达的国家与地区，我国的海洋教育事业依旧任重而道远。

B.4
中国海洋管理发展报告

董兆鑫 杨国蕾*

摘 要： 海洋治理体系和治理能力现代化对海洋管理实践提出了新要求。2020年，新冠肺炎疫情为海洋管理工作带来了机遇和挑战。海洋行政管理体制建设和海洋法制建设反映了当前海洋资源管理体制和机制的变化，涉海部门间、各国政府间的海洋空间规划合作深入发展，风险环境中的政府和企业合作更加紧密，海洋文化宣传与教育工作形式多样，数字化管理水平有效提升。未来我国的海洋管理工作将呈现以下三个特点：涉海主体的协同治理水平加强，功能互补效应显现；推动建立和实施严格的资源管理与生态环境保护制度；中国作为海洋国家的角色面临深刻转变。同时，未来应该意识到海洋治理的资源限制和制度短板，完善涉海主体的参与和互动机制，化解海洋治理的多重矛盾，以实现高质量管理，统筹我国海洋事业全方位发展。

关键词： 海洋管理 协同治理 制度建设

一 海洋管理现状

党的十九届四中全会审议通过了《中共中央关于坚持和完善中国特色

---

* 董兆鑫，中国海洋大学法学院博士研究生，研究方向为公共政策与法律；杨国蕾，中国海洋大学国际事务与公共管理学院硕士研究生，研究方向为海洋行政管理。

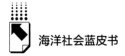

社会主义制度　推进国家治理体系和治理能力现代化若干重大问题的决定》（以下简称《决定》），《决定》对国家治理能力和治理体系的现代化建设提出了明确要求。[①] 2020 年以来，国家海洋治理体系和治理能力进一步提升，海洋行政管理制度、海洋法制更加完善，政府间合作、政企及政社间互动加强，数字化为海洋治理提供重要技术保障。

（一）海洋行政管理制度更加完善

沿海城市的政策优势及其示范效应显现。2020 年 6 月 1 日，中共中央、国务院印发了《海南自由贸易港建设总体方案》。[②] 根据该方案，海南省将实施自由便利化的贸易、投资、政策，放宽市场准入限制，进一步开放人才流动等政策，充分发挥沿海经济在我国对外开放战略布局中的优势作用。沿海城市相继投入"全球海洋中心城市"建设。2019 年，中共中央、国务院提出支持深圳建设成为全球海洋中心城市。2020 年以来，大连、舟山、宁波、青岛等城市已经推出了建设全球海洋中心城市指导意见，或者在五年规划、城市建设重点任务清单中明确提出建设全球海洋中心城市。[③] 海洋规划与监管体系不断完善。2020 年 3 月 25 日，生态环境部召开了《全国海洋生态环境保护"十四五"规划》编制工作会议，并决定率先在上海、深圳、锦州、连云港 4 个城市展开试点。[④] 2020 年 6 月 11 日，《全国重要生态系统保护和修复重大工程总体规划（2021—2035 年）》正式发布，为我国自然海

① 《中共中央关于坚持和完善中国特色社会主义制度　推进国家治理体系和治理能力现代化若干重大问题的决定》，《人民日报》2019 年 11 月 6 日，第 1 版。
② 《中共中央　国务院印发海南自由贸易港建设总体方案》，http：//www.gov.cn/zhengce/2020－06/01/content_5516608.htm，最后访问日期：2020 年 12 月 9 日。
③ 杨敏、赵家熹：《深圳上海等七城市探索建设全球海洋中心城市》，http：//www.hellosea.net/News/2/75622.html，最后访问日期：2020 年 12 月 15 日。
④ 《海洋生态环保"十四五"规划编制试点工作启动——上海、深圳、锦州、连云港率先试点》，http：//www.nmdis.org.cn/c/2020－03－26/70871.shtml，http：//www.nmdis.org.cn/c/2020－03－26/70871.shtml，最后访问日期：2020 年 12 月 11 日。

岸线及海洋生态环境治理工作提供了蓝图。① 2020 年 6 月 2 日，生态环境部明确在"十四五"期间将把"保障海洋生态安全，改善海洋环境质量"作为核心工作，推动构建从近岸、近海到极地、大洋的全方位的海洋生态监测体系。② 2020 年 6 月 22 日，国务院定于 2020 年至 2022 年开展第一次全国自然灾害综合风险普查，其中海洋灾害是其重要调查内容，具体工作将按照集体领导与个别分工负责的原则进行。③ 海域自然资源确权制度不断完善，海域海岛资源分类管理工作逐步推进。2020 年 8 月 27 日，自然资源部认为我国目前已经初步实现了对无人海岛的有效监管，并开展分时分类的巡查工作。④ 2020 年 11 月，海域和无居民海岛自然资源统一确权登记试点启动。创新海洋行政管理制度。2020 年 3 月 21 日，海南省发布建立海上环卫制度的工作方案。该制度的重点内容为打捞和处理海上和近岸的垃圾，其范围涵盖了河流入海口、港口、码头以及滩涂等区域。⑤

（二）海洋法制更加健全

海洋法律制度体系是海洋行政管理的重要依据和行动准则。2020 年，我国的海洋立法和执法实践反映了机构改革以来的管理需要。2020 年 9 月 23 日，国务院通过了《中华人民共和国海上交通安全法（修订草案）》，在法律归责、行政强制、法律执行等方面做了进一步的规定。⑥ 2020 年 10 月

---

① 《全国重要生态系统保护和修复重大工程总体规划发布》，http://www.hellosea.net/News/7/76302.html，最后访问日期：2020 年 12 月 11 日。
② 《生态环境部：全国海洋生态环境状况整体稳中向好》，http://www.nmdis.org.cn/c/2020 - 06 - 02/71835.shtml，最后访问日期：2020 年 12 月 11 日。
③ 《自然资源部：普查海洋灾害风险隐患 提升自然灾害防治能力》，http://www.nmdis.org.cn/c/2020 - 06 - 22/72102.shtml，最后访问日期：2020 年 12 月 11 日。
④ 《我国初步实现"无人岛、有人管"》，http://www.nmdis.org.cn/c/2020 - 08 - 27/72676.shtml，最后访问日期：2020 年 12 月 11 日。
⑤ 《海南省人民政府办公厅关于印发海南省建立海上环卫制度工作方案（试行）的通知》，http://www.hainan.gov.cn/hainan/szfbgtwj/202003/f6a6e597ffeb439bb085217fb2130bb6.shtml，最后访问日期：2020 年 12 月 11 日。
⑥ 《中华人民共和国海上交通安全法通过国务院审议》，http://www.hellosea.net/News/7/78641.html，最后访问日期：2020 年 12 月 15 日。

13 日，全国人大常委会审议了中央军事委员会提审议《海警法》草案的议案。① 海洋环境保护的配套政策法规更加丰富。2020 年 4 月 26 日，财政部发布了《海洋生态保护修复资金管理办法》，规定了海洋生态修复资金的使用原则和适用范围，突出具有重要安全保障作用、受益范围广的海洋生态保护、修复、防灾减灾、生态补偿等重点内容，并由财政部和自然资源部协同管理。② 在地方层面，海洋资源管理薄弱点的立法和执法行动不断开展。2020 年 2 月，深圳出台了经济特区海域使用管理条例。根据该条例规定，除国家批准的重大项目外，全面禁止填海。③ 2020 年 8 月，辽宁省人大常委会审查通过了《大连市海洋环境保护条例》，以地方立法的形式确定了市、区（县）两级湾长制和乡级巡海员制，同时除国家批准的重大项目之外，全面禁止围填海。④ 2020 年 7 月，根据该年度海岛执法计划和海洋伏季休渔方案，山东省海洋与渔业监督监察总队第三支队在长岛开展综合执法检查。⑤

（三）政府部门间合作持续推进

涉海管理部门之间的分工与协作是海洋治理体系高效运转的重要保证。2020 年 1 月 4 日，农业农村部、生态环境部和国家林草局联合发布指导意见，该意见强调渔业与生态保护的融合发展，以生态渔业促进环境保护，进一步完善大水面生态渔业管理机制。⑥ 2020 年 2 月 3 日，国家发改委、工信

---

① 《全国人大即将审议〈海警法〉草案》，http：//www.hellosea.net/News/2/78890.html，最后访问日期：2020 年 12 月 15 日。
② 《财政部关于印发〈海洋生态保护修复资金管理办法〉的通知》，http：//www.gov.cn/xinwen/2020 – 05/20/content_ 5513221.htm，最后访问日期：2020 年 12 月 15 日。
③ 《全面禁止围填海　深圳海域使用出新规》，https：//www.chinanews.com/sh/2020/02 – 12/9089125.shtml，最后访问日期：2020 年 12 月 15 日。
④ 《建湾长制！设巡海员！大连立法保护海洋环境》，https：//baijiahao.baidu.com/s？id = 16748183592721422224&wfr = spider&for = pc，最后访问日期：2020 年 12 月 9 日。
⑤ 《山东开展海岛保护与休渔综合执法》，http：//www.nmdis.org.cn/c/2020 – 07 – 29/72418.shtml，最后访问日期：2020 年 12 月 9 日。
⑥ 《三部门发布指导意见　推进大水面生态渔业发展》，http：//www.hellosea.net/News/2/72599.html，最后访问日期：2020 年 12 月 15 日。

部、财政部、商务部、海关总署、税务总局和交通运输部联合发布了《关于大力推进海运业高质量发展的指导意见》，致力于加快改革海运业的现有运行机制，实现海运业的转型升级。① 沿海地区海洋行政管理机构的合作有利于加大对违法行为的查处力度。2020 年 6 月 30 日，广东、广西和海南三个省（区）的涉海部门就海洋综合执法监管协作达成协议，推动建立健全六方海洋渔业执法协作机制，以解决跨海域、跨省市的重要海洋环境治理问题，更好地保护国家的海洋和渔业资源。② 2020 年 9 月 30 日，山东省海警局联合自然资源部、生态环境部的相关机构及 6 家省内涉海部门召开了"碧海 2020"行动及执法协作联席会议，就部门协作、信息共享和监管服务等重要事项达成共识。③ 2020 年 11 月 2 日，辽宁、河北、天津、山东四个省（市）的海事部门集体开展"净海行动"，严厉打击海上违法活动，维护地区海洋的安全秩序。④ 各国政府间合作取得实质性进展。2020 年 7 月，国家海洋技术中心为柬埔寨起草的海岸带开发利用报告、空间规划信息系统等成果已成功运用于柬埔寨的海洋、海岸带评估、管理、保护工作，⑤ 用行动树立负责任、有担当的海洋大国形象。2020 年 6 月 2 日，农业农村部发布《关于加强公海鱿鱼资源养护促进我国远洋渔业可持续发展的通知》。根据该通知要求，自 2020 年起，我国将在西南太平洋和东太平洋部分公海海域实行自主休渔，履行养护公海渔业资源的国际义务。⑥

---

① 《关于大力推进海运业高质量发展的指导意见解读》，http：//www. hellosea. net/News/2/73129. html，最后访问日期：2020 年 12 月 7 日。

② 《粤桂琼签订海洋综合执法监管协作协议》，http：//www. hellosea. net/News/7/76719. html，最后访问日期：2020 年 12 月 7 日。

③ 《山东 9 部门执法协作"碧海 2020"取得阶段成果》，http：//www. hellosea. net/News/2/78754. html，最后访问日期：2020 年 12 月 7 日。

④ 《四海事部门联合开展"净海行动"》，http：//ocean. china. com. cn/2020 – 11/02/content_76866957. htm，最后访问日期：2020 年 12 月 7 日。

⑤ 《中柬海洋空间规划合作进入实施阶段》，http：//www. mnr. gov. cn/dt/hy/202007/t20200729_ 2534774. html，最后访问日期：2020 年 12 月 15 日。

⑥ 《农业农村部关于加强公海鱿鱼资源养护促进我国远洋渔业可持续发展的通知》，http：//www. moa. gov. cn/gk/tzgg_ 1/tz/202006/t20200602_ 6345770. htm，最后访问日期：2020 年 12 月 15 日。

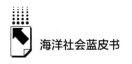

（四）企业参与能力不断提升

涉海企业是海洋治理的参与主体之一。2020 年，为了减少新冠肺炎疫情对涉海企业的影响，地方政府和企业合作进一步加强。2020 年 2 月 25 日，自然资源部印发通知，要求在疫情防控的基础上，尽力保障项目用地需求，通过简化行政审批程序帮助涉海企业尽快恢复生产，并鼓励沿海地区结合实际积极申报区域性存量围填海处理方案。① 企业"小家"的发展关系到社会"大家"的福祉。2020 年 3 月 11 日，为保证疫情防控与复工复产两不误，厦门市海洋发展局通过发放"政策礼包"为远洋企业提供业务指导，并策划打造海洋经济圈，坚持推进海洋强市目标的实现。②

涉海企业既是海洋经济发展的主要贡献者，也是海洋生态环境保护的重要践行者。2020 年 6 月 30 日，全国 11 个沿海省（区、市）纷纷出台措施保障地方海洋利用与海岛开发活动有序进行，积极引导渔业养殖向着深远海区域发展，同时继续加大重要海洋科技创新项目发展的资金支持力度。③ 2020 年 7 月，珠海市生态环境局深入涉海企业调研，了解企业的真实需求，加强政企间的互动与交流，共同落实海洋生态环境保护工作。④ 2020 年 7 月 1 日，青岛市的 10 家海洋药物和生物制品企业一致同意组建"青岛市海洋生物产业联盟"，打造海洋生物产业发展生态圈。⑤

（五）海洋科教和海洋意识培育形式多样

公众的海洋治理意识与海洋治理参与能力是建设海洋强国的重要衡量指

---

① 《自然资源系统为企业复产复工量身定制扶持政策和保障措施》，http：//www.nmdis.org.cn/c/2020－02－25/70702.shtml，最后访问日期：2020 年 12 月 18 日。
② 《厦门市海洋发展局："政策礼包"服务涉海企业复工复产》，http：//www.mnr.gov.cn//dt/hy/202003/t20200311_ 2501159.html，最后访问日期：2020 年 12 月 18 日。
③ 《全国沿海各地出台措施支持涉海企业》，http：//www.hellosea.net/News/2/76663.html，最后访问日期：2020 年 12 月 18 日。
④ 《珠海：政企互动合力推进海洋生态环境保护》，http：//www.hellosea.net/News/2/77389.html，最后访问日期：2020 年 12 月 18 日。
⑤ 《10 家企业合作组建"青岛市海洋生物产业联盟"》，http：//www.hellosea.net/News/2/76731.html，最后访问日期：2020 年 12 月 18 日。

标之一，是有效治理海洋的基础。① 目前我国涉海就业人数呈增长趋势，具备较为完善的海洋教育体系和分布较为集中的海洋人才队伍，加快培育复合型海洋人才和创新型海洋高技术人才是新时代海洋强国战略提出的新要求。② 海洋科教和海洋意识培养工作得到广泛重视。2020 年 3 月，全国政协委员建议继续强化海洋意识教育的顶层设计，将海洋文化建设融入社会主义文化建设体系，通过普及海洋知识，增强全民的海洋意识。③ 2020 年 5 月，全国人大代表建议国民关注海洋时事和海洋利益，为更好地维护国家利益提供保障和支持。④ 海洋意识和海洋知识科教活动形式更加丰富。2020 年 9 月，各地海洋科普活动丰富海洋科技体验，采取科普馆、科研院所相结合的方式，不断丰富海洋意识宣传教育活动的形式和途径。⑤

（六）数字化管理发展

数字化管理是现代海洋治理发展的必然趋势，也是实现海洋善治的重要手段。2020 年 1 月 11 日，自然资源部海洋预警监测司决定正式投入使用新一代高分辨率全球海洋数值预报系统，以便更加高效地提供全球海洋环境预报服务，并用于支持中国海洋科学研究以及涉海经济与军事活动。⑥ 2020 年 7 月，"中国气象局风云四号卫星用户利用站建站"任务完成，该站可用于海洋卫星产品的数据整合。⑦ 2020 年 8 月，国家海洋信息中心海洋信息化部

---

① 许忠明、李政一：《海洋治理体系与海洋治理效能的双向互动机制探讨》，《中国海洋大学学报》（社会科学版）2021 年第 2 期。
② 王芳：《凝聚人才须精准发力——我国海洋人才队伍发展现状和建议》，《中国自然资源报》2020 年 5 月 7 日，第 5 版。
③ 《加强海洋意识教育　提升蓝色软实力》，http：//www. nmdis. org. cn/c/2020 – 05 – 22/71651. shtml，最后访问日期：2020 年 12 月 18 日。
④ 《人大代表徐建锋：呼吁全体国民不断提升海洋意识》，http：//www. nmdis. org. cn/c/2020 – 05 –26/71764. shtml，最后访问日期：2020 年 12 月 18 日。
⑤ 马滢滢等：《沿海各地海洋科普活动亮点纷呈》，http：//www. mnr. gov. cn/dt/hy/202009/t20200929_ 2563129. html，最后访问日期：2020 年 12 月 15 日。
⑥ 《新一代高分辨率全球海洋数值预报系统正式运行》，http：//www. hellosea. net/News/2/72815. html，最后访问日期：2020 年 12 月 6 日。
⑦ 郑天皓、李卉：《海洋卫星与风云四号气象卫星实现产品数据融合》，http：//www. mnr. gov. cn/dt/hy/202007/t20200706_ 2531204. html，最后访问日期：2020 年 12 月 18 日。

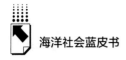

正式运行海洋信息安全管理平台（外网版），用以管控常态化海洋信息安全风险，规范海洋信息安全业务的操作流程，并推动建立健全中心信息安全体系。[1] 2020 年 9 月，我国管辖海域海洋基础图系完成更新，对我国海洋资源开发、权益保护、科学研究等工作具有重要参考价值。[2] 2020 年 11 月，青岛市海洋大数据与智能超算创新园建成使用，在汇聚了海洋科研机构和涉海企业力量的基础上，建设海洋数据开发和利用的产业发展生态，进而促进海洋产业工业互联网的发展。[3]

二 我国海洋管理发展趋势

我国海洋管理事业正处于从"管理"向"治理"转变的过程之中，必将经历一个以"管理"为基础，以"治理"为目标，"管理"与"治理"在理念、技术、手段、实践等方面长期并存的阶段。海洋治理是国家治理的重要组成部分。海洋治理能力和治理体系现代化是建设海洋强国的必由之路。海洋治理能力和治理体系的提升涉及治理主体、治理目标、治理手段等。从"治理"的视角出发，我们认为 2020 年中国海洋管理事业在一定程度上呈现三个特征，即治理主体合作更加紧密、治理目标更加明确、治理手段不断更新。

（一）治理主体合作更加密切

海洋治理逐渐呈现主体多元性的特点，这是我国海洋事业发展和国家顶层设计的必然结果。首先，海洋的自然属性决定了治理主体的多元性。海洋是一个整体，海洋的流动性决定了海洋管理的非封闭性，需要实现跨区域的

① 蒋冰：《海洋信息安全管理平台正式运行》，《中国自然资源报》2020 年 8 月 6 日，第 1 版。
② 《我国管辖海域海洋基础图系实现更新换代》，http：//ocean. china. com. cn/2020 – 09/17/content_ 76712440. htm，最后访问日期：2020 年 12 月 15 日。
③ 《青岛蓝谷：角逐海洋大数据产业高地，点燃工业互联网"新引擎"》，http：//ocean. china. com. cn/2020 –11/19/content_ 76925653. htm，最后访问日期：2020 年 12 月 16 日。

政府合作。其次，涉海问题通常比较复杂，会牵涉经济、政治、生态、社会等多方面的利益，因此需要以合作促和谐，通过多方的协商和博弈进行利益的配置，进而推动和谐海洋社会的形成。再次，在陆海统筹的背景下，跨区域海洋治理和海洋综合管理的趋势日益加强。陆海统筹意味着涉海事务与陆地事务的综合，这就使参与海洋治理的主体更加复杂多元，海洋管理工作的影响范围在一定程度上得以拓展。最后，实现国家海洋治理体系和治理能力现代化的重任最终要落实到具体的人或组织上，即涉海主体肩负着建设海洋强国的历史使命，因此治理主体之间的合作会随着海洋事业的发展而得以加强。

具体来说，我国海洋治理主体的范围在不断扩展，合作内容在不断丰富。一方面，政府内部不同管理部门的合作在加强，如疫情防控时期，国家渔业管理部门与社会保障部门合作解决渔民的生活来源问题，卫生部门、应急管理部门与海洋管理机构合作管控进口冷链产业。此外，跨部门的地方政府合作也在抗疫事业中发挥了作用。不同沿海城市的海洋管理部门就抗击疫情、管控风险等问题互相学习和借鉴经验。另一方面，党建引领和涉海企业、海洋类科研院所、社会组织和公民等主体的积极参与在海洋治理中发挥作用。例如山东海洋集团在疫情防控时期不仅主动承担国企职责，全力配合国内交通部和海事局的疫情防控工作，实行船岸联动策略，密切关注船员的换班问题，有效应对突发疫情带来的挑战，还同时充分发挥党员的模范带头作用，在对疫情发展做出科学研判的基础上强化舆情管控。[①]

2020 年，对于中国海洋管理事业来说新冠肺炎疫情是挑战也是机遇。重大突发性公共卫生事件推动海洋治理主体自我审视并提升应变能力，同时也促进了涉海部门之间的协调与国家海洋产业的结构转型，促使政企合作向纵深发展，推动海洋产业不断走向精细化和智能化。例如，为尽可能减少疫情造成的经济损失，船配企业试图进行自我革新，提高自动化生产和数字化管理水平，在合理区间内降低"人工化"比例。[②] 涉海企业和相关行业受疫

---

① 山东海洋集团：《山东海洋：在疫情中传递温暖的力量》，《山东国资》2020 年第 6 期。
② 赵博：《疫情蔓延，何以解忧?》，《中国船检》2020 年第 4 期。

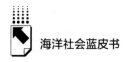
情影响较大，海洋社会群体如海员、渔民等感染风险较高。为了保障涉海企业、群体的日常工作和生活需求，海洋行政部门、涉海企业、海洋群体共同采取了应对突发事件的应急措施，逐渐适应了常态化的疫情防控措施。例如，农业农村部发布了关于做好疫情防控期间渔业船舶管理的通知。该通知内容涉及延长办理业务时限，尽快下发补贴资金、推行业务办理自助化、网络化。[①] 同时做好渔民、渔船疫情防控工作，积极开展健康检测，推动渔业管理网格化，确保疫情不在海上和船岸之间交互扩散。[②] 国家海事局针对疫情防控时期国际船员证书办理事务发布了指南，内容涉及特殊时期证书有效性延长的事务。[③] 突发的公共卫生事件要求海洋管理体制能够采取及时、灵活、有效的应对措施，间接推动了常规管理手段的信息化、网络化，减弱了治理主体对传统管理模式的路径依赖。同时，疫情也考验了海洋行政管理机构之外的治理主体参与的有效性。在青岛、宁波、厦门、福州等城市，多家涉海企业为疫情防控提供了技术与产品支撑，有助于加快病毒识别、检测过程，并向疫情严重地区提供直接的防疫物资和设备援助，充分体现了涉海企业的社会责任感。[④] 在疫情防控常态化的大背景下，保障海洋事业安全、平稳运行是海洋治理各主体之间的共同目标。传统意义上的海洋行政管理主体与对象之间的合作能力得到提升，海洋治理主体功能之间的互补效应逐渐显现。

（二）完善资源管理与环境保护制度

长期以来，海洋经济与海洋生态环境相互矛盾的问题没有得到很好的解

---

① 《农业农村部发布疫情防控期间做好渔业船舶管理通知》，http：//www. yyj. moa. gov. cn/gzdt/202002/t20200210_ 6336754. htm，最后访问日期：2020 年 12 月 16 日。
② 《农业农村部：确保疫情不发生船岸交互扩散蔓延》，http：//www. hellosea. net/News/2/73105. html，最后访问日期：2020 年 12 月 9 日。
③ 《新型冠状病毒感染肺炎疫情防控期间国际航行船舶船员证书再有效办理指南》，https：//www. msa. gov. cn/page/article. do？ articleId = D9C2C44B － 69AE － 4C40 － 89B3 － FCDB6FE641B7，最后访问日期：2020 年 12 月 5 日。
④ 《瞄准战"疫"需求，筑起安全防线——海洋生物医药行业研发生产助力疫情防控》，http：//www. nmdis. org. cn/c/2020 － 04 － 03/71213. shtml，最后访问日期：2020 年 12 月 5 日。

决。随着生态文明制度建设的不断推进，中央强化了对地方政府的约束力，推动地方政府落实新发展理念，落实严格的生态环境保护制度，促进了海洋生态环境保护领域的政策环境持续改善。

具体来看，自国家海洋督察通报了一系列沿海地区违法、违规审批围填海项目以及监管缺失的问题以来，从国家到地方的围填海管理监督更加严格，基本确定了除国家重大战略项目之外，全面停止围填海审批的原则。2020 年 1 月和 2 月，广东省政府和深圳市政府分别在"三线一单"生态环境分区管控方案①、《深圳经济特区海域使用管理条例》② 中，明确全面禁止除国家批准的重大项目之外的围填海项目审批。2020 年 4 月，福建自然资源厅对辖区用海项目实行项目清单管理制，对各类用海项目以及历史遗留围填海项目进行分类管理。③ 2020 年 10 月，海南省确定了"一岛一策"、"一事一策"、彻底整改的原则对历史遗留的围填海问题进行分类整治。④ 海洋空间规划制度更加完善。2020 年 9 月，自然资源部办公厅印发了《市级国土空间总体规划编制指南（试行）》。根据该指南要求，市级海洋空间规划编制必须包含海洋资源与环境保护的约束性指标、优化海洋功能区划、保护海洋自然与历史文化等内容，⑤ 有利于在市级层面体现涉海领域的"多规合一"，将海洋规划更好地融入市级层面的新发展理念。陆海统筹的生态环境保护法律法规更加健全。2020 年 12 月，国务院通过了《排污许可管理条

---

① 《广东省人民政府关于印发广东省"三线一单"生态环境分区管控方案的通知》，http：//www. gd. gov. cn/xxts/content/post_ 3166507. html，最后访问日期：2020 年 12 月 15 日。

② 《深圳经济特区海域使用管理条例》，http：//sf. sz. gov. cn/fggzsjcx/content/post_ 7260475. html，最后访问日期：2020 年 12 月 15 日。

③ 陈永香、陈玲：《福建厅着力提升项目用海审批效能》，http：//www. nmdis. org. cn/c/2020 – 04 – 07/71226. shtml，最后访问日期：2020 年 12 月 13 日。

④ 《海南将"一岛一策""一事一策"彻底整改违法围填海项目》，https：//baijiahao. baidu. com/s？ id = 1680962575987260307&wfr = spider&for = pc，最后访问日期：2020 年 12 月 15 日。

⑤ 《自然资源部办公厅关于印发〈市级国土空间总体规划编制指南（试行）〉的通知》，http：//gi. mnr. gov. cn/202009/t20200924_ 2561550. html，最后访问日期：2020 年 12 月 16 日。

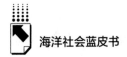
例（草案）》，该草案将入海的陆地污染源纳入管理范畴，① 建立起陆海统筹的排污管理许可体系，加大违法惩处力度。以地方性海洋环境保护法律法规的形式为高质量发展保驾护航。2020 年 7 月，《天津市海洋环境保护条例》修订并通过；2020 年 8 月，《大连市海洋环境保护条例》被正式批准②。两部地方性法规的确立和修订是对国务院机构改革后海洋环境保护职责转变做出的及时调整。总体来说，从中央到地方的生态文明制度建设和实施正在为我国的海洋资源开发、利用、保护提供有制可依、有据可循的更加完善的政策和制度环境。

（三）从海洋大国向海洋强国转变

海洋是人类未来发展的资源宝库，是世界各国经济和科技竞争的重要场域。从海洋大国向海洋强国的转变不仅需要全面提升海洋经济、科技、军事、文化、战略等综合实力，更需要进一步在国际社会展示海洋管理大国的形象和能力，致力于构建和维护海洋命运共同体，形成新型全球海洋秩序。2020 年，我国在东太平洋和西南太平洋公海部分地区实行了自主休渔政策，该政策显示了我国在全球海洋环境保护工作中的责任与担当。2020 年 9 月，东亚海洋合作平台青岛论坛在青岛举行，中、印、柬、泰等东亚国家政府代表参加论坛，并就海洋可持续开发与保护、"一带一路"等领域进一步深化合作。③ 2020 年，中国在极地海洋科考、海洋装备制造、造船业、海洋科技创新、海上油气生产等领域取得了突破性进展，④ 为中国海洋综合实力和国际影响力提升做出重要贡献。2020 年，中国参与全球海洋规划治理有了新

---

① 《国务院常务会议通过〈排污许可管理条例（草案）〉》，http：//www. moj. gov. cn/organization/content/2020 – 12/28/555_ 3262846. html，最后访问日期：2020 年 12 月 29 日。
② 《〈大连市海洋环境保护条例〉2021 年 1 月 1 日起正式施行》，http：//www. dlxww. com/news/content/2020 – 12/29/content_ 2506485. htm，最后访问日期：2020 年 12 月 29 日。
③ 《2020 东亚海洋合作平台青岛论坛举行》，https：//baijiahao. baidu. com/s？ id ＝ 1678592338681417983&wfr ＝ spider&for ＝ pc，最后访问日期：2020 年 12 月 9 日。
④ 《2020 年中国那些最具影响力的海洋事件》，http：//ocean. china. com. cn/2021 – 01/22/content_ 77143073. htm，最后访问日期：2021 年 2 月 15 日。

的进展。中柬联合编制的《柬埔寨海洋空间规划（2018～2023 年）》以及
辅助决策系统已经投入使用，并取得良好效果。中柬合作的顺利进行为中
泰、中缅、中孟等跨国海洋空间规划合作起到示范作用，中国的海洋空间规
划水平得到了国际社会认可，为沿海发展中国家的海洋治理以及海洋命运共
同体的构建贡献了中国智慧。[①] 中国海洋治理能力提升的关键在于涉海领域
信息化数字化服务能力的提升。2020 年，我国更新了管辖海域的基础图系，
融合了海洋卫星与气象卫星数据，推出了大数据管理服务平台，提高了数据
的准确性、有效性，促进了海洋数据资源的整合与分享。海洋数字化服务能
力的提升对于海洋空间规划、海洋信息监测、海上粮仓建设、远洋航运等起
到了积极作用。

三 未来海洋管理发展建议

从海洋管理到海洋治理、从海洋大国到海洋强国的转变是一个长期的发
展过程。治理主体之间的关系日益密切，生态文明制度日益完善，中国的影
响力在从海洋大国向海洋强国转变中日益增强，这些都是可喜的变化。不可
否认，我国的海洋管理发展还存在诸多不足之处，需要通过改革和实践进一
步完善。

（一）补齐制约海洋发展的短板

当前，制约海洋发展的因素包括资源限制和制度制约两种类型。我国淡
水资源严重缺乏，而且分布极不均衡，沿海经济发达地区和海岛缺水状况严
峻。例如，广州常年人均水资源占有量仅是全省人均水资源占有量的三分之
一。2020 年 6 月，广州发布了《广州市非常规水资源利用规划（2018—2035）》

[①] 《中－柬联合编制〈柬埔寨海洋空间规划（2018～2023 年）〉》，http://aoc.ouc.edu.cn/
2020/0430/c9829a285744/pagem.htm，最后访问日期：2020 年 12 月 16 日。

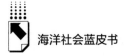

的征求意见稿，对雨水、海水、再生水做出详细规划。① 2020 年 1 月，天津海水淡化与综合利用研究所召开年度工作会议，围绕海水资源利用提出了一系列要求。② 除了水资源制约外，沿海城市发展还面临土地资源利用方式的相对制约。过去，围填海在一定程度上缓解了部分沿海城市土地资源紧张的局面，但是在中央和地方政府明令禁止一般性的围填海项目以后，原有的粗放式填海方式无法继续满足土地资源短缺城市的要求，因此沿海城市的空间规划与实施面临一定程度的挑战。例如 2020 年，海南省对中央生态环保督察组指出的违规围填海项目进行了分类处理，拆除月岛、葫芦岛项目并进行生态修复。③ 以淡水资源和土地资源为代表的资源限制性问题常常不能得到海洋治理主体足够的重视。该类问题的解决通常以技术手段为主，例如上述沿海地区水资源短缺问题可以通过海水淡化和水资源循环利用等方式加以解决。但由于治理主体，如企业、公众等尚未对此类问题有足够深入的认识，治理的合力难以形成，治理效果很难达到预期水平。因此加大此类问题的宣传力度，加深认识程度，提高治理主体对问题的理解水平，有利于就治理目标达成广泛的共识。与资源限制性问题相对应的是制度制约性问题。历次机构改革和调整实际上都是为解决制度制约性问题做的准备。我国海洋管理机构改革有两种趋势，一是集中管理、分散执法，二是集中执法、分散管理。④ 当前机构改革体现了第二种趋势，即海洋环境保护管理、海洋资源管理、渔业渔船管理、海事管理等只能分散在生态环境部、自然资源部、农业农村部、国家海事局等机构之中。国家海洋局海警队伍转隶武警部队，行使公安机关相关执法职能，行使海洋资源利用、环境保护、渔业管

① 《广州将充分利用雨水海水再生水 缓解区域水资源供需矛盾》，http://gd. people. com. cn/n2/2020/0630/c123932 - 34123481. html，最后访问日期：2020 年 12 月 9 日。
② 《天津海水淡化与综合利用研究所召开 2020 年工作会议》，http://ocean. china. com. cn/2020 - 01/24/content_ 75643481. htm，最后访问日期：2020 年 12 月 15 日。
③ 《海南将"一岛一策""一事一策"彻底整改违法围填海项目》，https://baijiahao. baidu. com/s? id =1680962575987260307&wfr = spider&for = pc，最后访问日期：2020 年 12 月 16 日。
④ 王琪、崔野：《面向全球海洋治理的中国海洋管理：挑战与优化》，《中国行政管理》2020 年第 9 期。

理等执法职权。① 当前管理职能分化的趋势有利于明确部门之间权责、细化分工，但不可否认的是，长期以来，我国在海洋总体事务上缺少相对宏观性的战略规划与指导机构，缺少具有"海洋基本法"性质的纲领性文件。目前，国家海洋委员会尚未发挥实质性作用，涉海的经济、环境保护、空间利用"五年规划"分散于不同规划之中，还不能发挥综合协调各个领域海洋政策的作用。建设海洋强国必须建立符合我国海洋管理事业发展的制度体系，提升管理与治理的综合实力；必须不断深化改革，为实现我国的海洋强国目标扫清制度障碍。

（二）促进治理主体关系向协调性和制度化方向转变

海洋管理向治理的转变需要多方主体的共同参与。推动海洋管理向治理转变是为了应对海洋社会日益凸显的矛盾和挑战。这些挑战依靠传统的行政手段难以解决，且成本极高。在疫情防控常态化的大背景下，我国海洋事业的治理主体之间围绕共同目标发挥了作用，起到了良好的示范效应。目前，治理主体之间的关系还存在主动与被动、过多与过少（边界）等矛盾。例如，每年的世界海洋日、全国科普日，各地政府和非政府组织都会举办丰富多彩的教育宣传活动，增强公众的海洋意识、环境保护意识等。但通过主题活动宣传来加强公众的参与意识仍然需要一个接受过程，日常的科普宣传活动与重要海洋成就、事件的感染力相比，其效果有限，而且形式比较被动。此外，我国的海洋非政府组织的影响力仍然有限，吸纳公众参与的能力有限。政府和非政府组织需要积极培育公众主动参与意识，培育公众参与的有序性，增强公众的参与感与获得感，改善治理主体之间的关系，形成高质量的治理合力。治理主体应该以什么样的角色参与海洋治理，需要一种原则性规定。例如社会治理体制可以为治理海洋社会问题提供基本遵循。海洋治理不完全是海洋社会治理，因此在海洋经济、政治、文化等其他领域，还可以

---

① 《全国人民代表大会常务委员会关于中国海警局行使海上维权执法职权的决定》，http://www.npc.gov.cn/zgrdw/npc/xinwen/2018－06/22/content_2056585.htm，最后访问日期：2020年12月6日。

创建适用于海洋问题的治理模式，丰富和完善海洋治理体系。当然，海洋管理向治理转变是一个长期的过程，而且转变并不意味着抛弃管理、只谈治理。以完善行政管理体制促进海洋治理体系发展，以海洋治理体系推动海洋行政管理体制改革将成为我国海洋管理向治理转变的重要方向和途径。在此过程中，推进治理主体之间关系的协调性和制度化将是一个始终伴随的问题。

（三）化解海洋发展中的矛盾

海洋发展与海洋治理之间的矛盾关系长期存在于我国海洋事业之中。随着新发展理念的提出，海洋经济与海洋环境保护协调发展得到了高度重视，并在涉海法律法规、政策和规划的理论与实践中充分展现，在一定程度上缓解了海洋治理领域经济与生态之间的矛盾和冲突，但海洋治理中还存在容易忽视且影响持久的其他矛盾。

首先，海洋经济与海洋文化保护之间存在矛盾。沿海地区、岛屿的开发利用与物质和非物质文化保护看起来是一致的，但不可否认，滨海旅游开发存在过度商业化的现象，这并不利于保护传统海洋文化原真性，破坏了传统文化空间。过度商业化反过来催生千篇一律的文化旅游产品，导致海洋文化特色和内涵不能被深入挖掘，由此形成的恶性循环不仅是物质层面的损失，更是文化产品的浪费。因此要积极促进海洋文化与海洋经济之间的良性互动应追求海洋经济和文化之间的帕累托最优。以海洋文化为海洋经济发展注入动力、以海洋经济推动海洋文化繁荣既是目标，又是挑战。海洋文化产业对海洋经济具有明显的溢出效应。互联网发展及海洋文化产业的活跃度可以刺激海洋经济的发展，但是海洋文化消费无法直接引发海洋文化产业的溢出效应，因此必须要通过创造海洋文化精品来推动海洋文化市场的新消费增长点。[①] 此外，在海洋经济发展中，人们对海洋文化认识的一致性较低。一些

---

① 郝鹭捷、吕庆华：《我国沿海区域海洋文化产业溢出效应研究》，《中国海洋大学学报》（社会科学版）2016 年第 5 期。

沿海城市热衷于建设现代化沿海城市，而未给予传统海洋文化足够的重视，"巨大的认知差异将导致海洋文化资源的永久性流失"[1]。例如，妈祖文化是我国一些沿海城市传统海洋文化的重要代表，但是现在妈祖文化的有形遗产和无形遗产并未得到有效开发利用。[2] 在海洋经济发展的过程中，应当注重文化的管理与发展工作的深入性和多样性，对优秀的传统文化要深入挖掘，对现代海洋文化、中外海洋文化应该兼收并蓄。

其次，单一的海洋经济领域内部也存在结构性矛盾。海洋渔业、海洋交通运输业和滨海旅游业是我国海洋经济的三大支柱型产业，各自形成了规模较大且比较完整的产业链条，但是粗放式经营带来的经济效益并不乐观。海洋经济与陆地经济的产业演进模式还存在一定的差异，海洋第二产业对科学技术水平的要求更高，且海洋工业体系的建设难度更大。破解这一难题的根本方法是发展海洋科技，使传统海洋产业的发展更具集约性和可持续性，战略性新兴产业发展更具前瞻性和自主性。[3] 我国的海洋生物制药产业发展迅速，海洋装备制造、海水淡化、海洋新材料和新能源的利用等方面也取得了初步进展，这将是海洋战略性新兴产业发展的新平台。[4] 此外，结合环境治理的控制型和市场型政策工具背景，加快培育海洋产业创新体系，提高海洋科技创新水平，以实现环境治理与海洋产业升级的协同发展。[5]

最后，海洋管理与海洋社会之间存在一定的矛盾。随着国家海洋事业的发展，涉海主体不断增加、涉海事务纷繁复杂、涉海利益纠纷频发，对海洋管理工作提出了重大的考验和挑战。海洋社会是在人与海洋、人与人的涉海互动过程中形成的组织与联系，其主体具有复杂多元性，包括海洋社会群

[1] 张杰：《加强海洋文化遗产保护政策与路径研究》，《中国社会科学报》2019年1月18日，第6版。
[2] 于涛、刘广东：《论妈祖文化与海洋经济发展——以辽宁省为例》，《大连海事大学学报》（社会科学版）2017年第2期。
[3] 孙久文、高宇杰：《中国海洋经济发展研究》，《区域经济评论》2021年第1期。
[4] 曹艳：《双轮驱动，海洋经济融入"双循环"》，《中国自然资源报》2020年12月8日，第5版。
[5] 杨林、温馨：《环境规制促进海洋产业结构转型升级了吗？——基于海洋环境规制工具的选择》，《经济与管理评论》2021年第1期。

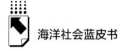
体、海洋区域社会乃至海洋国家等多个层次。① 只有人类社会发展到特定程度，人类开发海洋的能力达到特定水平，我们才可能真正结成海洋命运共同体。② 在现阶段海洋管理语境下，海洋社会要求公平、公正参与，而海洋管理不得不兼顾行政效率，这就需要加快海洋管理制度改革，协调海洋社会中各主体的关系，避免以公平、民主为代价的效率管理，甚至无效管理，推动海洋管理向治理逐步转变，进而实现涉海领域的高效管理与有序参与。

---

① 杨国桢：《论海洋人文社会科学的概念磨合》，《厦门大学学报》（哲学社会科学版）2000年第1期。
② 宋宁而、张聪：《"海洋命运共同体"与"海洋社会"：概念阐释及关系界定》，《中国海洋社会学研究》2020年第8期。

B.5
中国海洋民俗发展报告[*]

王新艳　杨春强[**]

摘　要：　2020年，海洋民俗依旧稳健发展，并呈现以下四个新态势：海洋民俗研究更加重视民俗事象的多元载体及现实关怀；各区域发展趋于均衡，环黄渤海地区的海洋民俗发展成绩突出；疫情防控常态化时期海洋民俗文化保护传承方式不断创新；海洋民俗参与乡村治理的价值得到充分关注。海洋民俗发展虽然呈现积极态势，但仍存在诸多问题与不足，如海洋民俗研究重视"个案深描"，欠缺"全面提炼"，且尚未实现从"俗"到"民"的转向；海洋民俗发展实践存在同质化、庸俗化、文化内涵挖掘不够等。未来海洋民俗的发展应坚持以重大海洋政策为导向，优化海洋民俗文化在乡村治理中的实践；在具体实践中加强海洋民俗研究人才队伍和平台建设，重视培养传承人；在技术上加快数字化发展，加强区域整合。

关键词：　海洋民俗　社会治理　民俗实践

当前我国海洋强国战略持续推进、民众海洋意识不断增强，积极推进海

＊　本报告为王新艳主持的山东省哲学社会科学规划专项项目"山东省海洋民俗资源化发展的路径研究"（17CQXJ17）的阶段性研究成果。

＊＊　王新艳，中国海洋大学文学与新闻传播学院讲师，历史民俗资料学博士，研究方向为民俗学、海洋社会学；杨春强，中国海洋大学文学与新闻传播学院硕士研究生，研究方向为海洋文化、海洋历史。

洋文化发展,深入开展海洋民俗研究意义重大。同时,2020 年是全球深受新冠肺炎疫情影响的特殊一年,其影响波及社会发展的方方面面。海洋民俗的发展基于以上两大背景,在 2020 年呈现新的发展态势和特征。

一 发展态势与特征

总体来讲,2020 年中国海洋民俗的研究及实践活动呈现多元共进、交叉融合的格局。受社会发展新态势的影响,除扎实推进传统领域的各项民俗发展之外,具有年度特色的新动向也凸显出来。

(一)海洋民俗的研究更加重视民俗事象的多元载体及现实关怀

随着海洋民俗研究的不断深入,海洋民俗的内涵不断丰富与发展。2020年,海洋民俗研究不断突破原有的范畴界定,其研究对象突破海洋民俗事象本身,开始转向民俗事象相关文化载体的研究,即摆脱了海洋民俗传统研究"仅仅停留在海洋族群的静态民俗观上"① 的局限,其中作为海洋民俗重要内容的妈祖文化研究表现得尤为突出。从 2020 年发表的妈祖信仰相关研究成果来看,除对传统的妈祖信仰的内涵、流布等继续深入探讨外,妈祖图像、妈祖塑像、妈祖音乐、妈祖文化产品设计、妈祖文化视觉元素、妈祖民俗体育项目等多元化的文化载体成为妈祖研究的新的重要切入点。如林丽芳、王敏结合妈祖文化传承的视野,将妈祖视觉元素同现代艺术设计相结合,进一步扩大妈祖文化的外延,阐释妈祖文化的内涵,推动包括妈祖祭祀在内的民俗实践发展。② 此外,图像与塑像亦是对海神进行具象化的一种艺术呈现形式和独特的有形无声的载体,如徐晓慧从"信俗—图像"的关系角度出发,对比北方地区与妈祖文化发源地福建地区的妈祖图像与塑像的异同,深入

---

① 邓苗:《海洋民间信仰的地方性实践与民俗学思考——兼论沿海地域研究的视角问题》,《唐都学刊》2015 年第 3 期。
② 林丽芳、王敏:《妈祖文化视觉元素在环境艺术设计中的运用研究》,《池州学院学报》2020 年第 6 期。

挖掘图像特点变异的表现与原因，阐释妈祖图像的母题元素和隐喻的信仰、民俗内涵，① 这是对民俗学、图像学与艺术学等多学科交叉研究的学术探索和实践。这种针对妈祖信仰物化载体的研究为妈祖信仰研究提供了新的思路和方法，有利于海洋民俗艺术的发展以及妈祖信俗实践的深入。再者，对以妈祖诗咏为代表的妈祖音乐的关注也是 2020 年海洋民俗研究中值得关注的新现象。

当然，除妈祖研究的外延与内涵进一步扩大和丰富外，对其他海洋民俗事象载体的关注也呈现类似态势。如郦伟山在研究海洋民俗信仰中的如意娘娘信仰习俗时，更多关注其在海峡两岸的空间传播和衍变，而非局限于习俗本身的表现形式。②

除重视海洋民俗事象的多元载体外，2020 年海洋民俗研究对现实问题的关怀热度不减。具体来说集中在两个方面：一是海洋民俗文化资源的开发与利用问题，即海洋民俗与区域发展的关系；二是海洋民俗文化的传承与保护问题，即海洋民俗文化本体与主体的关系。从学术会议来看，"连云港海洋文化与新时代城市发展战略研讨会"（连云港开放大学）、"第十一届中国海洋社会学论坛"（线上会议）、"第五届世界妈祖文化论坛"（福建莆田）、"新时代海洋强国战略与海洋文化前沿问题"学术研讨会（山东青岛）、"海洋文化遗产保护与利用学术研讨会"（广东珠海）等涉及如何在区域发展中充分开发和利用海洋民俗资源的议题。

综上，面对新冠肺炎疫情的影响，2020 年传统的海洋民俗实践受到巨大挑战，更多学者转向海洋民俗文化载体的研究，以期利用活态传承民俗文化的方式，推动非物质文化遗产创新性转化、创造性发展，推动民俗实践新发展。

（二）各区域发展趋于均衡，环黄渤海地区的海洋民俗发展成绩突出

从海洋民俗发展的区域上来讲，与 2019 年及之前相比，2020 年环黄渤海区域尤其是胶东半岛的海洋民俗发展成绩突出，成为继广西北部湾地区、

---

① 徐晓慧：《妈祖图像母题与北传嬗变研究》，《广西民族研究》2020 年第 2 期。
② 郦伟山：《海洋民俗文化的一朵奇葩——海峡两岸如意信俗的传播与衍变》，《文艺报》2020 年 9 月 30 日，第 6 版。

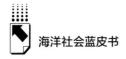

海南潭门等后起之秀的又一亮点。受"上海合作组织峰会"召开、海军成立 70 周年海上阅兵、全球海洋中心城市建设的提出等一系列活动的影响，以青岛为中心，包括烟台、威海在内的胶东半岛海洋文化的影响力逐渐凸显，海洋民俗也得以集中挖掘、开发和利用。

虽然早在 1998 年我国民俗学术界的一次重要学术研讨活动首次"海洋民俗文化学术研讨会"就在位于胶东半岛的青岛召开，但此后很长一段时间内，受经济发展水平影响，胶东半岛海洋民俗的发展整体上落后于沿海的江浙、闽广等区域。不过，这一局面在 2020 年得到了改变，首先，胶东半岛传统海洋民俗文化的变迁与传承在理论上得到系统梳理，胶东半岛传统海洋民俗文化的独特地域特色①得以明确。② 在梳理和挖掘过程中，以海草房、修造船技艺、饮食文化为代表的"东莱文化"受到关注。受新冠肺炎疫情影响，青岛的田横祭海节、荣成渔民开洋谢洋节等节日类海洋民俗活动基本被迫取消，但极具胶东特色的王哥庄大馒馒、烤鱼片、虾酱、腌咸鱼，威海市的花馒馒和喜饼，以及烟台市以海鲜为特色的胶东菜系的影响力随着网络化的发展反而表现出强劲的生命力。其次，胶东地区在开发和利用海洋民俗的实践中也有积极的表现。2020 年，青岛贝壳博物馆、海洋滩涂湿地保护区、唐岛湾公园等陆续对公众开放，烟台市在打造蓬莱阁海边仙境和海滨风景线上持续投入，威海市成山头风景区建设也在加大宣传力度下成效明显；同时，围绕胶东半岛三市的周边渔村开发同样有所突破，如黄岛开口山村提出的建立海洋民俗文化体验型和创意性民宿，莱州三山岛村在推介东海神庙与东莱饮食文化上的努力等。如此一来，南北区域的海洋民俗发展日趋均衡。

（三）疫情防控常态化背景下海洋民俗实践活动方式不断创新

2020 年年初突袭而至的新冠肺炎疫情，是新中国成立以来我国发生的

---

① 地域特色："基于生产劳动形成的民俗是胶东半岛传统海洋民俗文化的一大主体""基于渔民日常生活形成的民俗构成了传统海洋民俗文化的另一主体""海神崇拜是胶东半岛传统海洋民俗中最有思想内涵的民间宗教信仰"。
② 郭沛超：《胶东半岛传统海洋民俗文化的变迁与传承》，《世界海运》2020 年第 7 期。

传播速度最快、感染范围最广、防控难度最大的一次重大突发公共卫生事件。① 面对疫情的传播，依托海洋民俗发展起来的旅游业受到严重打击，以庙会、习俗和传说为主要表现形式的民俗文化事象的推广动力减弱，同时各地在实践中逐渐探索出的以传承人及祭典、庙会等民俗活动为主的民俗文化保护传承模式也遭遇严重打击。

2020 年，民俗实践活动的开展面临宫庙暂停对外开放、民俗活动无法照常举行、民众被动参与等一系列困境。受疫情影响，湄洲妈祖庙所在的湄洲岛国家旅游景区自 2020 年 1 月 25 日起暂时关闭。2020 年 4 月 7 日，根据《莆田市关于实施分区分类差异化疫情防控和推动有序复工复产工作的通知》，湄洲岛露天广场景点才对省内游客、散客等实行每日 2000 人次限流开放，而各殿堂楼阁仍不对外开放。② 随着疫情的缓和，4 月 23 日湄洲岛景区对国内低风险地区采取每日限流的方式向游客开放，但仍不接待团队游客和进香团。其他民俗景点亦纷纷暂时关闭。民俗活动场所的暂时关闭无异于切断了民俗文化传承主体与客体之间的直接联系，从而使文化传承难以进行。③

不仅如此，受新冠肺炎疫情的影响，民俗活动也无法照常举行。按照惯例，农历三月廿三日前后，民众会举办盛大的妈祖庙会以纪念妈祖诞辰。在以往的庙会期间，通常有迎神巡游、演戏酬神、歌舞表演、武术杂耍等活动，观者如潮，热闹非凡。然而 2020 年疫情突袭而至，为了控制疫情，各地纷纷出台各种限制人员聚集的措施，如禁止举行庙会等。这些非常时期采取的非常措施大大降低了民众参与民俗文化传承工作的积极性与可能性。

面对疫情防控常态化时期民俗文化传承出现的境遇，相关民俗机构、团体及地方高校积极应对，适时调整传承手段和方式，推动海洋民俗实践进行

---

① 习近平：《毫不放松抓紧抓实抓细防控工作 统筹做好经济社会发展各项工作》，https：//baijiahao. baidu. com/s? id = 1659335099470981461&wfr = spider&for = pc，最后访问日期：2021 年 4 月 2 日。

② 《妈祖故里湄洲岛对外开放了》，http：//www. mazuworld. com/index. php? m = content&c = index&a = show&catid = 21&id = 11418，最后访问日期：2021 年 4 月 3 日。

③ 王福梅：《疫情下妈祖信俗传承的危机与应对》，《莆田学院学报》2020 年第 6 期。

大的转向。如 2020 年 4 月 13 日，纪念妈祖诞辰 1060 周年庙会启动暨升幡挂灯仪式在妈祖故里湄洲岛举行，现场活动虽然没有嘉宾和观众，但因为是以高清直播的方式进行，反而在更大的范围向世人呈现出活动情况，新华社、央视频、央视新闻＋、百度直播、微博、今日头条等平台对本次活动进行了同步直播。① 2020 年一系列民俗学研究会议，如非物质文化遗产论坛民俗博物馆——物象、景观与文化传承学术研讨会暨第八届"海上风"都市民俗学论坛也通过线上会议的方式进行。同时，各高校利用"互联网＋教育"，在线上举行传承民俗文化的各项活动。如莆田学院马克思主义学院开设的"妈祖文化教育概论"在线开放课程，该课程采用现场直播的方式，带领学生线上参观北港朝天宫、新港奉天宫、大甲镇澜宫等台湾地区的妈祖宫庙，使学生直观地了解了台湾妈祖文化创意产业的现状及其运作情况，吸引了全国 4200 多名学子选修。②

当然，在疫情缓和后，2020 年仍有不少海洋民俗活动结合当地实情、充分利用多种手段得以成功实施。如厦门海普习俗之海洋手工艺技艺体验、玉环闯海节暨海洋民俗体验季、罗源湾海洋世界春节活动、金山海渔文化节、第二十一届海南国际旅游岛欢乐节、厦门第十届厦港"送王船"活动、舟山群岛·中国海洋文化节暨休渔谢洋大典、第七届湛江海洋周活动、第四届南海开渔节、第六届北海民俗祭海节等，充分体现出海洋民俗实践在地域社会活动中的活力及重要性。

总体来说，在疫情防控常态化时期，海洋民俗文化实践活动的开展虽然受到了一定的影响，但疫情在客观上也促使相关主体方积极探索传统海洋民俗文化保护传承的新方法、新模式，充分利用移动互联网、云计算、大数据等现代信息技术手段，在海洋民俗文化的数字化建设、海洋民俗文化主题文创产品的开发、海洋民俗文化慈善公益事业的发展等方面加大投入和探索力度，进而拓展海洋民俗文化传承的空间。

---

① 《庆祝妈祖诞辰 1060 周年　抖音将举行 1060 分钟直播》，http：//m. haiwainet. cn/middle/3544260/2020/0413/content_ 31766403_ 1. html，最后访问日期：2021 年 4 月 3 日。
② 王福梅：《疫情下妈祖信俗传承的危机与应对》，《莆田学院学报》2020 年第 6 期。

（四）海洋民俗参与乡村治理的价值得到充分关注

近年来，国家大力实施乡村振兴战略，创新乡村治理体系。文化振兴作为乡村振兴的重要组成部分，关系到乡村持续发展的内生动力，受到众多民俗学者的关注。2020年党和国家依旧高度重视乡村文化建设，在多次重要会议中对乡村文化振兴做出了重要指示。[1]

2020年，不论在学理上还是实践中，作为渔村文化重要组成部分的海洋民俗积极参与渔村治理，为构建现代乡村社会治理体系提供理论支撑和实践借鉴，成为乡村振兴战略实施的重要推动力量。在学理层面，随着乡村振兴战略的实施，当代民俗学者深入乡村田野，不断夯实乡村软治理的文化基础，形塑乡村软治理的文化价值。2020年8月3日，在乡村振兴战略的实践背景下，"礼俗传统与中国社会建构"论坛暨《田野中国·当代民俗学术文库》学术研讨会在线上召开，研讨会由山东大学儒学高等研究院、齐鲁书社联合主办，学者们分别从民俗学、历史学、社会学、民族学等学科视角出发，谈礼论俗，通过研究中国社会传统的礼俗互动实践，试图揭示中国社会的历史发展面目，解释今天人们的生活。其中张士闪教授开展的"礼俗互动"研究，一方面，从民间"俗"的生活中发现"礼"对"俗"的影响；另一方面，在国家"礼"的变迁中理解国家对"俗"的重视，进而通过"礼俗互动"同构民间自治与国家管理，关照国家乡村治理实践。[2]

不仅如此，2020年，更多的学者通过海洋民俗个案研究为乡村软治理提供了鲜活的样本。如陈晓祎通过对新市古镇传统民俗文化振兴推进乡村软

---

① 2020年2月5日，中央一号文件《中共中央　国务院关于抓好"三农"领域重点工作确保如期实现全面小康的意见》明确提出：在文化振兴方面，着力发掘农村优秀传统文化，充分展现现代文明精神价值的时代特色。2020年6月26日第十三届全国人大常委会第十九次会议对《中华人民共和国乡村振兴促进法（草案）》进行了审议，该草案将文化传承作为重要的环节，提出"各级人民政府应当采取措施保护、传承和发展农业文化遗产和非物质文化遗产，传承弘扬传统建造智慧，保护历史文化名镇名村、传统村落、少数民族特色村寨，整体性保护农村文化生态，挖掘优秀农耕文化的深厚内涵，发挥其在凝聚人心、教化群众、淳化民风中的重要作用"。

② 见《"礼俗传统与中国社会建构"笔谈》，《民俗研究》2020年第6期。

治理的案例分析，梳理了传统民俗文化及其礼俗治理逻辑，厘清了民俗文化在传统乡村社会中的软治理作用。[①] 更有学者直接关注渔村的乡村振兴问题，重点关注沿海渔村转型与产业扶贫的路径实现以及渔村振兴的评价指标体系构建等问题，从而为渔村治理提供学理上的支撑。[②] 在著作方面，何盈聚焦乡村振兴与海岛渔村文化传承的《乡村振兴海岛渔村文化传承》[③] 及宋建晓关于海洋民俗与乡村治理的《闽台妈祖信俗与乡土文化互动发展研究：基于乡村治理视野》[④] 都在学理上为现代乡村社会治理体系的构建提供了理论支撑与实践借鉴。

在实践层面，海洋民俗研究者以乡村振兴为导向，积极进行海洋民俗实践。乡村"不只是专门从事农业产业为主的经济单元，还是一个携带着中华民族五千年文明基因，且集生活与生产、社会与文化、历史与政治多元要素为一体的人类文明体"[⑤]。几百年来，它创造出了包括民间文学、民俗文化、民间文艺、民间工艺等在内的丰富多彩的乡村文化。民俗学者通过田野调查研究，整理并梳理乡村历史文脉和海洋文化资源，深入挖掘海洋礼俗中蕴含的思想文化内涵及产业价值，大力开展非物质文化遗产生产性保护和产业开发，发展海洋文化旅游产业，开发独具地方特色的文化产品，寻找海洋文化与经济的结合点，找到乡村经济的新生长点。[⑥]

总之，通过对海洋民俗文化学理上的挖掘和阐发，以及在海洋民俗实践

---

① 陈晓祎：《民俗文化振兴促进乡村软治理研究——以新市古镇为例》，硕士学位论文，浙江财经大学，2020。
② 廉婧：《离岛渔村的乡村振兴探索——以枸杞岛为例》，《农村经济与科技》2020年第1期；王月欣：《渔村振兴发展路径探讨——对烟台市芝罘岛东口村的思考》，《水产养殖》2020年第12期；阎祥东：《沿海渔民、渔业、渔村转型与产业扶贫衔接：内在联系、困境与实现路径》，《中国渔业经济》2020年第6期；郑世忠、刘广东：《渔村振兴的评价指标体系构建研究》，《河北渔业》2020年第11期。
③ 何盈：《乡村振兴海岛渔村文化传承》，吉林出版集团股份有限公司，2020。
④ 宋建晓：《闽台妈祖信俗与乡土文化互动发展研究：基于乡村治理视角》，人民出版社，2019。
⑤ 于建嵘：《县级政府在乡村振兴中的作用》，《华中师范大学学报》（人文社会科学版）2019年第1期。
⑥ 见《"礼俗传统与中国社会建构"笔谈》，《民俗研究》2020年第6期。

中的创新性活动，民俗学学者从民俗学的角度为构建现代乡村社会治理体系提供了理论支撑和实践借鉴。

二　海洋民俗发展存在的问题

2020 年，海洋民俗的发展虽然呈现积极的态势，但仍存在诸多问题与不足，需要在未来的发展中逐一解决。

（一）海洋民俗研究重视"个案深描"，欠缺"全面提炼"

"当前的海洋民俗研究，大多是基于翔实田野调查的个案研究，即从时空维度选择若干具有代表性的村落民俗事象进行具体、深入的研究，这使得海洋民俗研究走向了精细化和个性化的个案研究时代。"[①] 但强调对特定地域的研究，重视对个案的典型性或代表性的"深描"，使研究不免存在缺少普遍性的不足。从 2020 年的代表性研究成果中可以看出，研究的区域多以"渔村"为界，较少涉及整体区域性的概括，当然这与民俗的地域性特征有一定关系。但这将直接导致海洋民俗研究面临个案研究的理论研究不足的困境，对民俗个案的田野研究，必须超越微观场景，在以小见大中实现理论追求，"从个案研究本身的独特逻辑来思考这个问题，特别是注重理论的角色。扩展个案方法则在分析性概括的基础上再向前推进一步：跳出个别个案本身，走向宏大场景"[②]。总之，面对不同特色的村落，"实证研究并非研究的终点，民俗田野研究也绝不能止步于提供个案的典型性或是代表性，而应该去尽力追求理论所具有的建构性意义，以及建立具有现实借鉴或实践意义的普遍性与借鉴性"[③]。这也要求海洋民俗研究不能仅限于一隅的村落，不要拘囿于行政区域划分，而应从文化本位出发，以文化区域为单位进行研

---

① 见《"礼俗传统与中国社会建构"笔谈》，《民俗研究》2020 年第 6 期。
② 卢晖临、李雪：《如何走出个案——从个案研究到扩展个案研究》，《中国社会科学》2007 年第 1 期。
③ 见《"礼俗传统与中国社会建构"笔谈》，《民俗研究》2020 年第 6 期。

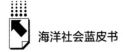

究。如此，才可保证研究成果具有借鉴性。尤其在目前城乡融合发展的社会现实下，海洋民俗研究更应深入探讨渔村之间的关联性和相似性，进行区域性的整体研究，从而为乡村振兴战略下如何更好地推进渔村经济转型与发展提供具有参考价值的成果。

（二）海洋民俗研究尚未真正实现从"俗"到"民"的转向

近年来，"实践民俗学"理论在研究主体上开始强调民众是生活实践的主体，民众与学者具有同样的"主体性"位置。[①]"民俗考察和研究要密切关注'民'，关注当地人的情感、诉求、生存状况、生活愿望等，感受当地人的感受，理解当地人的理解，塑造当地人的民俗形象。"[②] 然而从 2020 年公开发表的海洋民俗研究成果来看，大多数有关海洋民俗的研究更多停留在对海洋民俗事项本身的记录与描述、阐释与分析，而忽视了"民"才是"俗"的真正拥有者，拥有对"俗"无可置疑的言说权利。倘若忽略"民"的"主体性"，则容易造成"理所应当"的理解与误读，难以准确、到位地阐述民俗文化内涵。

因此对海洋民俗的研究，应在记录与描述、阐释与分析海洋民俗事象的同时，更加重视民众，尊重民众在研究中的"话语权"与"参与权"，以"文化共情"的方式贴近民众的日常生活，使学术话语既能进入细节和微观，又能彰显地方色彩，进而实现海洋民俗研究理论方法与当地民俗内部知识的深度融合。

（三）海洋民俗发展实践存在同质化、庸俗化、文化内涵挖掘不足的现象

2020 年海洋民俗的发展虽然在开发利用上有所进步，但整体上仍然存在同质化、庸俗化的现象，根本原因在于在开发过程中，过度关注成本和经济效益，而对民俗事象的文化内涵挖掘不足。比如为了吸引游客、便于游客

---

① 见《"礼俗传统与中国社会建构"笔谈》，《民俗研究》2020 年第 6 期。
② 万建中：《民俗田野作业：让当地人说话》，《民族艺术》2018 年第 5 期。

观赏，如今的"疍家棚"都盖到陆地上来，丧失了疍家居住民俗所蕴含的文化价值。

各地海洋景区开发的旅游产品缺乏创新和完整的体系，直接套用其他地区民俗文化旅游模式的现象也非鲜见。比如北海开发了火把节、篝火宴会等，但却缺少疍民的民俗特色。潭门地区诸多渔村所进行的海洋民俗资源开发的主题和范围大同小异，渔家乐、餐饮、观光等服务没有针对热带特色与耕海文化进行深层次挖掘，与北方的青岛、威海等地区相比，没有突出自身地理位置优势和特色，与省内的三亚等地相比，缺乏独特的渔家民俗，同质化程度较高。

三 趋势与建议

综上所述，2020 年，在乡村振兴战略的实践以及疫情防控常态化的背景下，海洋民俗发展在民俗文化保护传承方式以及乡村治理参与度方面，都有较大的转向和发展。为了在该背景下更好地激活海洋民俗的基因，激发海洋民俗力量，未来的海洋民俗研究必须坚持以重大海洋政策为导向，优化海洋民俗在乡村治理中的实践，在具体实践中加快培养海洋民俗专业性人才和推进平台建设，重视培养传承人，在技术上加快数字化发展，加强区域整合。

（一）坚持以重大战略、政策为导向

近年来，关于 21 世纪"海上丝绸之路"、"人类命运共同体"、"海洋强国"的深入研究层出不穷，"海洋命运共同体"、乡村振兴战略也与其一起成为学者关注的热点。海洋民俗的发掘与研究在海洋强国与乡村振兴等国家重大战略的影响下，已经引起各级地方政府与教育机构的重视，并取得了不错的成果。如 2020 年在莆田举办的主题为"妈祖文化与人类命运共同体构建"的妈祖论坛，其探讨妈祖文化如何为构建人类命运共同体提供深厚历史底蕴以及如何实现妈祖文化在构建人类命运共同体进程中的当代转化。同

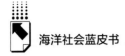

时更有学者从乡村民俗文化发展现状入手，探究乡村振兴战略背景下农村传统民俗文化的传承与创新迎来的新机遇和新挑战，以及如何通过创造性应用助力乡村振兴，推动社会治理等。

政策的导向使海洋民俗研究迎来了史无前例的大好机遇，中国海洋民俗研究应在更宏大的 21 世纪 "海上丝绸之路"、"人类命运共同体"、"海洋强国"、"海洋命运共同体"、乡村振兴战略的背景下，持续探讨海洋民俗如何为 "一带一路" 倡议提供内生动力，以及海洋民俗研究如何为乡村振兴提供内生动力，如何更快更好地将海洋文化资源进行创造性转化等命题。

（二）优化海洋民俗在乡村治理中的实践方式

当下海洋民俗在乡村治理中的参与度不断提高，在渔村振兴中的作用日趋优化，海洋民俗在乡村治理中的实践变得尤为重要。黄永林在《构建中国民俗 "田野学派" 的思考中》对 "田野学派" 的具体实践提出了要求，此要求对海洋民俗实践未来的发展同样适用，即 "应当在更宏大的中国乡村振兴战略和中国乡村在国家发展中的背景下，努力实现'四个同构'，即民众主体与学者主体同构、人文田野与理性研究同构、民间礼俗与国家治理同构，以及民间记忆与国家历史同构"①。

民众主体与学者主体同构主要强调 "民众在场"，即民众和学者具有同样的 "主体性" 位置，避免在当代民间文化资源化和遗产化建构的协商和博弈中，出现文化主体失语现象，影响文化的自然发展；人文田野与理性研究同构则强调海洋民俗研究应将理论与实践相结合，即将深入的理论研究与扎实而有温度的田野实践放在同样重要的地位；民间礼俗与国家治理同构则是要求当代的海洋民俗研究者深入海岛、渔岛和渔村，以当今国家乡村振兴战略为前提，挖掘渔村文化价值，为渔村经济建设、文化建设贡献学术智慧，总结治理规律，为建构现代渔村治理提供案例和思路；民间记忆与国家历史同构则要求研究者充分认识到渔民的口述史对研究中

---

① 见《 "礼俗传统与中国社会建构" 笔谈》，《民俗研究》2020 年第 6 期。

国海洋史的价值，使渔民群体（个体）记忆与国家海洋史书写形成互补与互构。

（三）加强海洋民俗研究人才队伍和平台建设

当前海洋民俗研究虽已成为"中国民俗学中成长较快的领域和专业方向之一"①，然而我国海洋民俗研究现状与海洋大国的客观现实依旧存在较大差距，尚无法满足海洋强国建设对海洋文化研究提出的要求。因此亟须加快培养高层次的海洋民俗专业性人才，加强海洋民俗研究人才队伍建设，推进海洋文化学科体系的建设。应进一步加强跨学科交流与合作，同时鼓励民俗学、历史学、民族学、社会学以及人类学等学科专家特别是青年学者参与海洋民俗研究，为我国海洋民俗研究的队伍注入新活力，集智集力，共同推动海洋民俗在学理上的发展。

针对目前我国的海洋民俗文化传承人已出现"普遍老化"的现象，当地政府应在当地充分挖掘包括海洋民俗文化爱好者、研究者及民间艺人在内的人才资源的基础上，培养具有良好品质和崭新时代理念的新一代海洋民俗文化传承者。

此外，学术平台作为学术研究的重要依托，需要进行更多有益的探索。如中国海洋大学、上海海洋大学、大连海事大学、广东海洋大学、浙江海洋大学、北部湾大学等高校成立了海洋文化研究中心（所），为海洋文化研究及海洋民俗研究人才培养提供了重要保障。同时，相关学术交流活动的顺利开展也离不开平台的建设和努力。因此今后需要更多类似"海洋社会学论坛"（已成功举办十二届）的学术交流平台的出现。

（四）与数字化发展相结合，加强区域整合

2020 年，新冠肺炎疫情突袭而至，依托海洋民俗发展起来的旅游业受

---

① 周星：《海洋民俗与中国的海洋民俗研究》，载曲金良、朱建群编著《海洋文化研究》（2000 年卷），海洋出版社，2000。

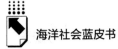

到严重打击，与此同时"现实中国"正渐次向"数字中国"转变，这些转变在很大程度上改变了传统民俗文化的生存境遇和传播、传承机制。如2020年第四届南海（茂名博贺）开渔节，以"文化为媒介、科技为载体、经济为导向"，借助实体店、直播、电商等平台的线上线下同步推广，同时通过"渔业+电商+旅游+网红直播带货+N"营销矩阵模式，进一步宣传博贺千年渔港的独特魅力，全面推动茂名博贺经济、社会、文化多维发展。① 因此，海洋民俗文化的传承应加快数字化发展，以高新科技为导向，注重产业链发展、数据链共享，为海洋民俗文化的数字化增添新的表现样式。同时，面对疫情带来的地域限制，相关部门应完善相应的海洋民俗文化数据库，打造专人咨询平台，定期开展宣传活动，推动海洋民俗文化资源数字化，促进海洋民俗资源的共建共享。

---

① 《2020年第四届南海开渔节刷新海洋魅力》，https：//new.qq.com/omn/20200817/20200817 A094WH00.html？Pc，最后访问日期：2021年4月3日。

B.6
中国海洋法制发展报告

张皓玥　褚晓琳*

摘　要：　2020年以来，海洋立法方面取得的重要进展主要为以下六项：一是颁布了《中华人民共和国海警法》、修订了《中华人民共和国海上交通安全法》；二是多项涉海政策发布，如《全国重要生态系统保护和修复重大工程总体规划（2021—2035年）》《红树林保护修复专项行动计划（2020—2035年）》《海洋生态保护修复资金管理办法》《自然资源部关于规范海域使用论证材料编制的通知》等；三是《全国海洋生态环境保护"十四五"规划》编制全面启动；四是修订了《中华人民共和国渔业法实施细则》；五是《中华人民共和国湿地保护法（草案）》初次提请全国人大常委会会议审议，这是我国首次专门立法保护湿地；六是自然资源部发布了2020年立法工作计划。

关键词：　海洋立法　涉海政策　生态保护

2020年新冠肺炎疫情在全球暴发，在全球化高度发展的今天，这场疫情给世界各国的经济发展和社会治理都带来了巨大的挑战。当今世界正面临百年未有之大变局，全球海洋治理体系正处于革新和调整的关键时期，我国

---

* 张皓玥，上海海洋大学海洋文化与法律学院硕士研究生，研究方向为海岸带管理；褚晓琳，上海海洋大学海洋文化与法律学院副教授，硕士生导师，研究方向为海洋法。

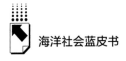

正逐步推进海洋发展战略，加快建设中国特色海洋强国。①

2020 年以来，我国海洋立法工作取得显著进展：颁布了《中华人民共和国海警法》（以下简称《海警法》），修订通过了《中华人民共和国海上交通安全法》（以下简称《海上交通安全法》）；发布了多项涉海政策；《全国海洋生态环境保护"十四五"规划》编制已经启动；修订了《中华人民共和国渔业法实施细则》；发布《中华人民共和国湿地保护法（草案）》，首次专门立法保护湿地；自然资源部发布 2020 年立法工作计划。

一 《海警法》和《海上交通安全法》

（一）《海警法》的颁布

《海警法》于 2021 年 1 月 22 日通过，并于 2021 年 2 月 1 日起施行。法律全文主要包括机构设置、职责划定、海上安全保卫、海上行政执法、海上犯罪侦查、国际合作等 11 个章节。《海警法》建立了规范统一的海警法律制度，将以前分散在不同法律中的条文进行整合，最终形成诸如海上安全保卫制度、海上行政执法制度、器械和武器使用制度等。此外，《海警法》明确了海警机构设置并设立执法原则规范其行为，对我国海警执法具有指导性意义。《海警法》的制定是贯彻党中央的重大战略部署，完善海上维权执法体系建设、维护国家主权及海洋权益、加快建设海洋强国的重要举措。②

（二）修订《海上交通安全法》

《海上交通安全法》于 2021 年 4 月 29 日修订通过，自 2021 年 9 月 1 日

---

① 刘大海、刘芳明：《百年变局下中国的全球化海洋战略思考》，《太平洋学报》2020 年第 4 期。
② 《关于〈中华人民共和国海警法（草案）〉的说明》，中国人大网，http：//www. npc. gov. cn/npc/c30834/202101/e496ce89079c4565aefceeca6ef8b97c. shtml，最后访问日期：2021 年 3 月 29 日。

起施行。新修订的《海上交通安全法》共 10 章 122 条，强化船舶船员管理，构建完善的海上交通安全管理体系，为维护海上秩序、保障航行安全、凸显海洋强国战略建设提供有力支撑。力求从事前预防、事中事后监督管理、编制应急处置预案等方面完善制度设计，主要包括以下内容：一是规范船舶、海上设施和船员管理；二是优化海上交通条件，提供海上交通安全保障；三是制定船舶航行、停泊、作业的规则；四是完善海上搜救机制，健全应急管理制度。

此外，对各类违法行为设定了严格的法律责任，强化责任追究。新增了 8 项法律制度，分别是航运公司安全与防污染管理制度、船舶保安制度、船员在船工作权益保障制度、船员境外突发事件预警和应急处置制度、海上交通资源规划制度、海上无线电通信保障制度、特定的外国籍船舶进出领海报告制度、海上渡口管理制度；充实完善了 6 项法律制度，分别是船员管理制度、货物与旅客运输安全管理制度、维护海洋权益有关法律制度、海上搜寻救助制度、交通事故调查处理制度、法律责任和行政强制法律制度。① 修订后的《海上交通安全法》能更好地保障人民群众生命财产安全和海上交通安全，有利于进一步落实政治体制改革的各项要求，进一步释放市场活力，保障海上从业人员权益。

二 多项涉海政策的发布

（一）《全国重要生态系统保护和修复重大工程总体规划（2021—2035年）》

2020 年 6 月，《全国重要生态系统保护和修复重大工程总体规划（2021—2035 年）》（以下简称《规划》）出台。《规划》分为 5 章，具体包括以下内容：第一，总结了我国生态保护和修复工作所取得的成效及不足；第二，明确指导方针及规划目标；第三，规划重要生态系统布局，涉及森

---

① 《〈中华人民共和国海上交通安全法（修订草案）〉通过国务院常务会议审议》，搜狐网，https://www.sohu.com/a/421044749_467299，最后访问日期：2021 年 3 月 29 日。

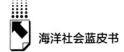

林、河流、湿地、海洋、草原等自然生态系统；第四，明确各重要生态区的保护和修复工程；第五，提出保障措施，强化责任追究，加强制度建设以期对《规划》的实施保驾护航。《规划》的颁布对某些生态区具有建设性意义。例如专门设立章节，对辽宁、河北、天津、山东、江苏、上海、浙江、福建、广东、广西、海南11个省（区、市）的近岸近海区进行规划，以海岸带生态系统结构恢复和功能提升为导向，全面保护自然岸线，促进海洋生物资源恢复和生物多样性保护，这对提升我国海岸带生态系统结构完整性和功能稳定性具有重大意义。① 简言之，《规划》在统筹我国山水林田湖草方面具有里程碑意义。

（二）《红树林保护修复专项行动计划（2020—2025年）》

2020年8月14日，《红树林保护修复专项行动计划（2020—2025年）》（以下简称《行动计划》）正式印发。《行动计划》以生态优先为主要基本原则，保护范围涉及浙江、福建、广东、广西、海南五地。《行动计划》主要针对保护红树林生态系统提出7大行动。首先，以整体保护和生态修复为主，对于红树林的具体修复工作方案要落到实处；其次，在对红树林的资源现状进行充分调研的基础上，划定红树林适宜恢复地，采用自然恢复和适度人工修复相结合的方式实施生态修复；再次，利用科技手段完善红树林监测体系，对红树林区域修复过程实施跟踪评估；最后，积极建设红树林保护修复法律法规和制度体系，并采取资金支持、公众参与等手段为其保障。②

（三）《海洋生态保护修复资金管理办法》

财政部于2020年4月26日印发《海洋生态保护修复资金管理办法》，

---

① 《国家发展改革委 自然资源部关于印发〈全国重要生态系统保护和修复重大工程总体规划（2021—2035年）〉的通知》，中华人民共和国自然资源部网站，http：//gi. mnr. gov. cn/202006/t20200611_ 2525741. html，最后访问日期：2021年3月29日。
② 《自然资源部 国家林业和草原局印发〈红树林保护修复专项行动计划（2020—2025年）〉》，中华人民共和国中央人民政府网站，http：//www. gov. cn/xinwen/2020 – 08/30/content_ 5538506. htm，最后访问日期：2021年3月29日。

以期通过完善海洋生态保护修复资金管理体系，强化海洋生态文明建设，促进资金使用效益和海域的可持续开发利用。资金支持具体范围如下：一是针对海岸带、红树林、海域、海岛等生态系统的自然资源实施保护；二是涉及红树林、海岸线、海岸带、海域、海岛等区域的修复治理及生态功能提升工作；三是有关海域、海岛的监视监管能力建设，海洋生态监测监管能力建设，开展海洋防灾减灾，海洋观测调查等；四是支持鼓励跨区域开展海洋生态保护修复和生态补偿；五是根据国家战略需要统筹安排的其他支出。① 此外，《海洋生态保护修复资金管理办法》还采用因素分配法，通过统筹考虑海洋生态修复情况及财力状况等确定分配因素，将预算执行率和绩效评价效果作为参考要素。

（四）《自然资源部关于规范海域使用论证材料编制的通知》

2021 年 1 月 8 日，《自然资源部关于规范海域使用论证材料编制的通知》（以下简称《通知》）出台。《通知》分为四个部分。第一，总体要求。明确海域使用论证应遵循科学诚信的原则，在充足调研的情况下科学分析论证项目用海的依据。第二，规范海域使用论证报告编制。明确禁止有关单位或个人不得承接论证报告编制工作。第三，加强海域使用论证监督管理。明确论证监督管理的主管部门，并要求其组织建设全国海域使用论证信用平台，对编制主体的失信行为进行大力检查，违者必究，明确海域使用论证报告实行主动公开。第四，对于沿海地方人民政府其他相关部门同样具有参照作用。总之，《通知》明确了加强海域使用论证事中事后监管的措施，包括质量评估、监督检查、信用监管、责任追究等。②

---

① 《财政部关于印发〈海洋生态保护修复资金管理办法〉的通知》，中华人民共和国中央人民政府网站，http：//www.gov.cn/xinwen/2020 - 05/20/content_ 5513221.htm，最后访问日期：2021 年 3 月 29 日。

② 《自然资源部关于规范海域使用论证材料编制的通知》，中华人民共和国自然资源部网站，http：//m.mnr.gov.cn/gk/tzgg/202101/t20210113_ 2598097.html，最后访问日期：2021 年 3 月 29 日。

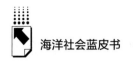

三 《全国海洋生态环境保护"十四五"规划》编制全面启动

2020年3月25日，生态环境部组织召开《全国海洋生态环境保护"十四五"规划》编制试点工作会议。会议明确提出四项原则，即坚持问题导向、强化责任落实、坚持公众参与规划编制、坚持试点总结推广并行。2020年7月30日，生态环境部副部长翟青表示，近年来我国近岸海域环境治理总体向好，但陆源污染物排放仍然严重，近岸海域承受较大的环境压力，而海湾则是近岸海域生态状况的直接体现。基于此，将以"美丽海湾"为出发点全面提升海洋生态环境质量。据介绍，自该规划编制工作启动以来，生态环境部拓宽公众参与渠道、积极听取社会公众意见，约3/4的受访者都表达了对建设美丽海湾的强烈意愿。目前，上海等4个试点城市已经完成规划编制的先行先试，这4个城市的规划已经初步形成。据生态环境部海洋司负责人介绍，在4个城市试点的基础上，全国海洋生态环保"十四五"规划的编制工作将开始全面推进。①

四 修订《中华人民共和国渔业法实施细则》

根据2020年3月27日中华人民共和国国务院令第726号《国务院关于修改和废止部分行政法规的决定》，删去《中华人民共和国渔业法实施细则》第二十二条第一款中的"在'机动渔船底拖网禁渔区线'外侧建造人工鱼礁的，必须经国务院渔业行政主管部门批准"②。2020年11月29日，国务院发布《国务院关于修改和废止部分行政法规的决定》，其中把《中华人民共和国渔业法实施细则》第十六条、第三十六条中的"中外合资、中外合作经营"修改为"外商投资"。

---

① 《海洋生态环保"十四五"规划编制全面启动》，中华人民共和国自然资源部网站，http://www.mnr.gov.cn/dt/hy/202008/t20200807_2537313.html，最后访问日期：2021年3月29日。

② 参见《中华人民共和国渔业法实施细则》第二十二条。

五 《中华人民共和国湿地保护法（草案）》初次
提请全国人大常委会会议审议

2021 年 1 月 20 日，为强化生态文明建设，《中华人民共和国湿地保护法（草案）》初次提请全国人大常委会会议审议。这是我国首次针对湿地保护进行立法，拟从湿地生态系统的整体性出发，建立完整的湿地保护法律制度体系。草案内容主要包括草案适用范围、湿地管理体制、湿地分级管理、湿地名录制度、湿地调查评价及规划、湿地资源动态监测与预警、湿地合理利用、湿地保护和修复等。湿地保护法对我国环境立法至关重要，体现了从单一要素到系统保护的发展趋势，同时对于我国生态文明建设、生态系统保护、增进民生福祉等具有极大意义。

六 自然资源部发布2020年立法工作计划

2020 年 6 月 3 日，自然资源部办公厅印发《自然资源部 2020 年立法工作计划》，其中有关海洋立法工作的主要内容有：一是为贯彻国家关于自然保护区改革的战略部署，界定保护区范围、划定功能分区，改革自然保护区规划管理制度，研究修改《自然保护区条例》；二是为贯彻习近平生态文明思想，建立统筹协调的国土空间保护开发利用等法律制度，由法规司研究起草《国土空间开发保护法》；三是研究修订《铺设海底电缆管道管理规定》，以加强海底电缆管道管理，统筹海底电缆管道铺设和保护管理法律制度。此外，自然资源部将根据统筹自然资源和保护生态系统完整性的需要，积极开展自然资源权属立法研究、近岸海域保护研究、湿地修复管理研究、涉外海洋科学研究、深海海底资源勘探开发许可研究等。①

---

① 《自然资源部办公厅关于印发〈自然资源部 2020 年立法工作计划〉的通知》，中华人民共和国自然资源部网站，http://gi.mnr.gov.cn/202006/t20200604_2524522.html，最后访问日期：2021 年 3 月 29 日。

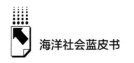

七 结语

2020 年是我国海洋法制建设开启新篇章的一年。以《海警法》和修订后的《海上交通安全法》的颁布为主旋律，多项以海洋生态系统保护为主题的涉海政策同时发布。《中华人民共和国湿地保护法（草案）》初次提请审议，这是我国首次针对湿地保护进行专项立法。另外，还修订了《中华人民共和国渔业法实施细则》以及发布了《自然资源部 2020 年立法工作计划》。总的来看，上述进展以不同方式推动了我国海洋法制建设的进度，其最终目标就是通过完善海洋立法促进海洋治理，建设海洋强国，构建全球海洋命运共同体。未来，我国仍将多维度、深层次地完善海洋法制建设，稳步推进海洋法治。

专题篇
Special Topics

B.7
中国全球海洋中心城市发展报告

崔　凤　靳子晨*

摘　要： 自《全国海洋经济发展"十三五"规划》提出"推进深圳、上海等城市建设全球海洋中心城市"以来，大连、天津、青岛、宁波、舟山、厦门、广州七城也相继提出建设全球海洋中心城市的目标，各省积极出台相关政策，制定了针对海洋经济建设、科教创新发展、生态文明建设、国际影响力增强、管理服务水平提升等一系列发展措施，但由于全球海洋中心城市在中国仍处于建设探索、起步阶段，各省在海洋经济水平、对外开放程度、科技创新水平、资源承载力、文化重视程度、管理体系方面还存在诸多的问题，这些问题正是各城市在建设全球海洋中心城市过程中要逐一解决的。

---

* 崔凤，上海海洋大学海洋文化研究中心主任、海洋文化与法律学院教授、博士生导师，研究方向为海洋社会学；靳子晨，上海海洋大学海洋文化与法律学院2020级硕士研究生，研究方向为渔业资源。

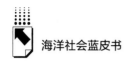

关键词： 全球海洋中心城市 海洋强市 海洋经济

　　2017 年 5 月，国家发展和改革委员会、国家海洋局共同发布《全国海洋经济发展"十三五"规划》，规划提出"推进深圳、上海等城市建设全球海洋中心城市"，"全球海洋中心城市"这一概念首次被纳入国家政策规划文本，该规划的发布标志着中国建设全球海洋中心城市目标的正式提出，中国全球海洋中心城市的建设迈入了史无前例的崭新阶段。截至 2020 年年底，已有深圳、上海、大连、天津、青岛、宁波、舟山、厦门、广州九个城市明确提出要建设全球海洋中心城市，并将建设目标写入"十四五"规划和2035 年远景目标规划纲要中。

一　全球海洋中心城市的引介和含义

　　2012 年挪威国际海事展（Nor-Shipping）和奥斯陆海运（Oslo Maritime Network）首次联合发布了报告 The Leading Maritime Capitals of the World，该报告对 30 多个知名的 Maritime Capitals 进行了排名，被称为"全球领先海事之都"排名。之后中国学者将该报告引介到中国，在引介中为使其更适合中文表意以及更能体现其内涵，将 The Leading Maritime Capitals of the World 翻译成"全球海洋中心城市"，[①] 从此这一概念被正式引介到中国。

　　那么，什么是全球海洋中心城市呢？挪威国际海事展和奥斯陆海运联合发布的"全球领先海事之都"排名自 2012 年始，于 2015 年、2017 年、2019 年又连续发布了三期，虽然每期都会对指标体系进行调整，但总的评价体系框架是不变的。从 2019 年的评价指标体系来看，"全球领先海事之都"是一个综合概念，兼具硬实力和软实力，包括航运中心、海洋金融与法律、海洋科技、港口与物流、城市的吸引力与竞争力五大方面，包含 15

---

① 张春宇：《如何打造"全球海洋中心城市"》，《中国远洋海运》2017 年第 7 期。

个主观指标和 25 个客观指标。[①] 根据这个评价指标体系，可以对"全球领先海事之都"做出如下概括：不仅要具备全球领先的海洋经济和航运服务能力，在海洋相关尖端技术和产品上有绝对优势；同时要在海洋金融、教育、营商环境、服务等方面拥有全球认可的话语权；还应具备宜居宜业的城市环境，能够吸引全球领先的高端海洋产业、企业和人才的集聚。[②] 由此可见，"全球领先海事之都"的评价指标体系虽然具有较强的综合性，但显然是以航运为中心的，而不是以城市为中心的，因此，全球海洋中心城市的内涵和评价指标体系不能完全照搬"全球领先海事之都"的评价指标体系。

国内有学者将全球海洋中心城市狭义地定义为"海洋属性的全球中心城市"，[③] 即全球海洋中心城市可以看作全球海洋发展系统的中枢或世界海洋城市网络体系中的组织结点，是全球城市、中心城市和海洋城市的合集，具有全球城市的国际影响力和对外开放度、中心城市的区域规模效应和辐射带动力，同时也具有海洋城市的特有属性。依据这个定义，借鉴全球城市评价体系和国际中心城市、国际金融中心及国际航运中心等评价体系，可以将全球海洋中心城市评价体系的一级目标设为国际竞争力、国际影响力、国际吸引力，再将一级目标层划分为区域研究中心、区域创新中心、区域文化中心、区域服务中心、区域开放中心、区域海洋中心六大准则层，根据这 6 个指标再细化出 36 个三级指标。[④] 虽然上述关于全球海洋中心城市的定义和构建的评价指标体系尚不完善，并非理想体系，但它超越了"全球领先海事之都"的内涵和评价指标体系，更接近于全球海洋中心城市的内涵。

全球海洋中心城市应该包括三个层面：全球城市、中心城市、海洋城市。全球城市意味着城市必须深度融入全球化，全面对外开放，具有

---

① 李娜、夏文：《全球海洋中心城市的发展状况与特点》，载屠启宇主编《国际城市发展报告（2021）》，社会科学文献出版社，2021。
② 深圳市政协人资环委课题组：《推进深圳全球海洋中心城市建设》，《特区实践与理论》2020 年第 2 期。
③ 周乐萍：《全球海洋中心城市之争》，《决策》2020 年第 12 期。
④ 周乐萍：《全球海洋中心城市之争》，《决策》2020 年第 12 期。

极强的全球竞争力、影响力和吸引力。中心城市意味着城市要有纵深广阔的腹地，要有超强的辐射力和带动力。海洋城市意味着城市发展要以海洋资源为基础，充分利用和开发海洋资源并实现资源的可持续利用和开发，海洋生态良好、海洋科技领先、海洋教育发达、海洋意识强烈、海洋文化繁荣。

在中国，全球海洋中心城市建设实践才刚刚开始，理论研究也刚起步，对全球海洋中心城市内涵的理解还没有达成一定的共识，所以关于全球海洋中心城市的评价指标体系就无法构建出来。不过，随着全球海洋中心城市建设实践的展开，相应的理论研究也会跟上，科学完善的评价指标体系也会逐步构建出来并应用于实践。

二　全球海洋中心城市建设目标的提出

从名称来看，"全球海洋中心城市"应兼具海洋城市和中心城市的综合特征，一个城市是否具有建设全球海洋中心城市的潜力，首先要衡量其城市定位是否是海洋城市，其次再衡量这座城市是否具有成为中心城市的条件，最后再考量该城市的全球影响力强弱。海洋城市是在城市功能基础上增加海洋功能的城市，[1] 城市的建设、经济发展都依托于海洋，因海而建、因海而兴。中国的改革开放最早是从沿海城市开始的，因而沿海城市最先享受到了改革开放带来的政策优势。同时这类城市由于临海靠海，与一些内陆城市相比拥有着广阔的海域面积，地理位置优越，腹地优势显著，海洋资源丰富，自然条件优渥。且海洋城市海上交通便利，在港口建设方面更具有独一无二的优势，这使海洋类城市在城市发展方面更易于与国际接轨，易于发展对外贸易，外向型经济在海洋城市发展中尤为显著。海洋对于城市建设与发展可谓起到了至关重要的推动

---

[1]　陆杰华、曾筱萱、陈瑞晴：《"一带一路"背景下中国海洋城市的内涵、类别及发展前景》，《城市观察》2020 年第 3 期。

作用。已经提出建设全球海洋中心城市的九个城市,都与海洋有着深厚的渊源,而这些城市目前的发展成就也都离不开海洋这个因素。海洋产业及其相关产业带来的经济效益为海洋城市的综合发展奠定了雄厚的基础。比如上海,上海早期只是一个小渔村,但其地理位置优越,城市内部的黄浦江与长江两大河流连通大海,东临东海,水陆交通都十分发达,加之海运河运相比陆运成本更低、运载量更大、时效更高,可以依靠海洋大力发展港口外贸等海洋相关产业,因此,海洋所带来的经济效益直接带动了整个城市的发展。再如深圳,深圳的政策优势十分明显,深圳是中国改革开放的前沿窗口,也是中国第一个经济特区,以开放促发展是深圳拥有的第一个优势;同时深圳的区位优势也非常突出,深圳是中国南部海滨城市,位于珠江三角洲东岸,毗邻香港,优越的地理位置给深圳带来了无数的发展机遇,深圳口岸贸易发达,开放型经济明显,因此深圳这座城市的兴起也与海洋有着千丝万缕的联系。还有舟山,其可谓真正的依海而建、因海而生,舟山是中国第一个以群岛建立的地级市,东临东海,西靠长江入海口和杭州湾,背靠上海、杭州等大中型城市和长江三角洲,腹地辽阔,被海洋包围的舟山所拥有的海洋资源更是极其丰富,因此海洋也为舟山城市整体发展带来了经久不息的活力。因此,不论是上海、深圳、舟山,还是其余的六个城市,其城市的发展与壮大都离不开海洋的"推波助澜",海洋为城市的发展注入了持续的、经久不息的活力,是城市可持续发展的重要战略空间和发展基础。

长期以来,海洋承载的经济、贸易功能都是世界经济增长的主要推力,中国海洋经济还处于起步与发展阶段,其发展前景不可估量。"十二五"时期是加快海洋经济发展方式转变的重要阶段,在这期间,中国海洋经济发展成效显著,整体呈现稳步上升、全面向好的发展势态。根据自然资源部公布的中国海洋经济公报来看,"十二五"时期(2011 ~ 2015 年)全国海洋生产总值呈稳步上升趋势,总体经济实力明显增强(见表1)。

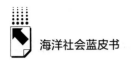

表1 2011～2015年全国海洋生产总值

单位：亿元，%

年份	全国海洋生产总值	同比上年增加	海洋生产总值占国内生产总值比重
2011	45570	10.4	9.7
2012	50087	7.9	9.6
2013	54313	7.6	9.5
2014	59936	7.7	9.4
2015	64669	7.0	9.6

资料来源：根据中华人民共和国自然资源部中国海洋经济公报整理。

"十二五"时期中国海洋经济虽然在可持续发展方面取得了显著成就，但是在发展中仍然面临着许多问题以及新的形势。由于同时期世界经济结构仍处于深度分化调整期，中国海洋经济在对外投资以及拓展海洋发展空间等领域存在诸多不确定因素。中国经济发展进入新常态后，海洋经济发展不平衡、不协调、不可持续问题依然存在，海洋经济发展布局有待优化，海洋产业结构调整和转型升级压力加大，部分海洋产业存在产能过剩问题，自主创新和技术成果转化能力有待提高，海洋生态环境承载压力不断加大，海洋生态环境退化，陆海协同保护有待加强，海洋灾害和安全生产风险日益突出，保障海洋经济发展的体制机制尚不完善等，这些因素仍制约着中国海洋经济的持续健康发展。① 党中央、国务院高度重视海洋经济发展，将海洋作为中国经济社会发展的重要战略空间，党的十八大做出了建设海洋强国的重大战略部署。

在党的十八大报告中，将"五位一体"总体布局和"四个全面"战略布局全面部署与推进，坚持创新、协调、绿色、开放、共享的新发展理念，积极树立海洋经济全球布局观，推动"海洋强国"战略和21世纪"海上丝绸之路"建设的贯彻落实，这足以表明中国海洋战略地位的上升。我国以往只是注重陆地发展，现在则是将发展重心从陆地转向海洋，

---

① 《全国海洋经济发展"十三五"规划》，https://www.ndrc.gov.cn/fzggw/jgsj/dqs/sjdt/201705/P020190909487471217145.pdf，最后访问日期：2021年3月30日。

或者说兼顾海洋，齐头并进，注重海陆统筹发展。因此，要建设海洋强国，就要制定一系列的发展战略举措，而建设"全球海洋中心城市"就是其战略举措之一。

2017年5月，国家海洋局发布《全国海洋经济"十三五"规划》，首次提出"推进深圳、上海等城市建设全球海洋中心城市"。在该规划发布之后，深圳和上海便开始积极落实全球海洋中心城市相关建设规划。

2018年1月，《上海市人民政府办公厅关于印发〈上海市海洋"十三五"规划〉的通知》对外发布，按照总体目标要求，到2020年年底，初步形成与国家海洋强国战略和上海全球城市定位相适应的海洋经济发达、海洋科技领先、海洋环境友好、海洋安全保障有力、海洋资源节约集约利用、海洋管理先进的海洋事业体系，全市海洋生产总值占地区生产总值的30%左右，形成以海洋战略性新兴产业和现代海洋服务业为主的现代海洋产业体系，按照建设"全球海洋中心城市"的要求，进一步提升对外开放水平和国际影响力。① 2021年1月，《上海市国民经济和社会发展第十四个五年规划和二〇三五年远景目标纲要》正式发布，纲要制定了"十四五"时期经济社会发展的主要目标：锚定2035年远景目标，综合考量全市发展实际，到2025年，贯彻落实国家重大战略任务取得显著成果，城市数字化转型取得重大进展，国际经济、金融、贸易、航运和科技创新中心核心功能迈上新台阶，人民城市建设迈出新步伐，谱写出新时代"城市，让生活更美好"的新篇章。② 纲要还进一步提出上海要"提升全球海洋中心城市能级，发展海洋经济，服务海洋强国战略"。

2018年，深圳市出台《关于勇当海洋强国尖兵 加快建设全球海洋中心城市的决定》及实施方案，方案确定了深圳市三个阶段的发展目标：到

---

① 《上海市海洋"十三五"规划》，http：//www.shanghai.gov.cn/nw43279/20200824/0001－43279_55212.html，最后访问日期：2021年3月30日。

② 《上海市国民经济和社会发展第十四个五年规划和二〇三五年远景目标纲要》，http：//www.shanghai.gov.cn/nw12344/20210129/ced9958c16294feab926754394d9db91.html，最后访问日期：2021年3月30日。

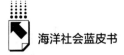
2020 年，先为全球海洋中心城市建设奠定坚实基础；到 2035 年，基本建成全球海洋中心城市；力争到 21 世纪中叶，全面建成全球海洋中心城市，成为彰显海洋综合实力和全球影响力的先锋。[①] 2019 年 2 月，中共中央、国务院印发《粤港澳大湾区发展规划纲要》，纲要提到支持深圳建设全球海洋中心城市，将大力发展海洋经济，坚持陆海统筹、科学开发，加强粤港澳合作，拓展蓝色经济空间，共同建设现代海洋产业基地。[②] 2019 年 8 月，中共中央、国务院印发《关于深圳建设中国特色社会主义先行示范区的意见》，明确支持深圳加快建设全球海洋中心城市，按程序组建海洋大学和国家深海科考中心，探索设立国际海洋开发银行。[③] 2020 年 8 月，深圳发布《关于勇当海洋强国尖兵　加快建设全球海洋中心城市实施方案（2020—2025 年）》，方案提出"十四五"期间，深圳将夯实"四梁八柱"，并规划五年建设目标，到 2025 年全面夯实全球海洋中心城市建设各项基础，建成一批标志性、代表性、关键性项目，成为中国海洋经济、海洋文化和海洋生态可持续发展的标杆城市，以及对外彰显"中国蓝色实力"的重要代表。[④] 2020 年 12 月，《中共深圳市委关于制定深圳市国民经济和社会发展第十四个五年规划和二〇三五年远景目标的建议》第六点第 29 条提出"建设全球海洋中心城市。坚持陆海统筹，全面提升海洋资源开发保护水平，推动从近海到远海、从浅海到深海、从海洋资源浅层次利用到深度开发和海洋环境综合治理并重转变"[⑤] 等一系列建设措施，表明全球海洋中心城市建设目标在深圳市"十四

---

① 《关于勇当海洋强国尖兵　加快建设全球海洋中心城市的决定》，http：//www. mnr. gov. cn/dt/mtsy/201812/t20181230_ 2384524. html，最后访问日期：2021 年 3 月 30 日。

② 《粤港澳大湾区发展规划纲要》，http：//www. gov. cn/gongbao/content/2019/content_ 5370836. htm，最后访问日期：2021 年 3 月 30 日。

③ 《关于深圳建设中国特色社会主义先行示范区的意见》，http：//www. gov. cn/zhengce/2019 – 08/18/content_ 5422183. htm，最后访问日期：2021 年 3 月 30 日。

④ 《〈关于勇当海洋强国尖兵加快建设全球海洋中心城市的实施方案（2020—2025 年）〉印发实施》，http：//stic. sz. gov. cn/gzcy/msss/xgzc/content/post_ 8186598. html，最后访问日期：2021 年 3 月 30 日。

⑤ 《中共深圳市委关于制定深圳市国民经济和社会发展第十四个五年规划和二〇三五年远景目标的建议》，http：//www. sz. gov. cn/cn/ydmh/zwdt/content/post_ 8386937. html，最后访问日期：2021 年 3 月 30 日。

五"时期整体发展目标中的地位进一步提高。

继 2017 年《全国海洋经济"十三五"规划》提出上海、深圳要建设全球海洋中心城市之后，大连、天津、青岛、宁波、舟山、厦门、广州七个城市也相继明确提出要建设全球海洋中心城市。

2017 年 12 月，《广东省海岸带综合和保护与利用总体规划的通知》对外发布，该通知提出，要将"广州、深圳建设成为全球海洋中心城市，将珠海、汕头、湛江建设成为区域性海洋中心城市，打造一批海洋特色小镇和特色渔村，初步建成海洋优质生活圈"①。

2018 年 4 月，山东省委、省政府印发《山东海洋强省建设行动方案》，方案中提到"发挥青岛海洋科学城、东北亚国际航运枢纽和沿海重要中心城市综合优势……加快建设国际先进的海洋创新中心、海洋发展中心和具有全球影响力的国际海洋名城，打造海洋强省建设主引擎"②。青岛在 2020 年 5 月举行的经略海洋攻势推进情况质询会议上首次提出创建全球海洋中心城市的目标，对青岛市海洋经济高质量发展提出了更高的要求。③ 2021 年 3 月，青岛印发《青岛市国民经济和社会发展第十四个五年规划和 2035 年远景目标纲要》（以下简称《纲要》），以《纲要》来看，山东省"十四五"期间将全力支持青岛建设全球海洋中心城市，其中一节专门针对建设全球海洋城市，不仅如此，《纲要》还锚定 2035 年远景目标：展望 2035 年，高水平基本实现社会主义现代化，建成具有较强影响力的开放、现代、活力、时尚的国际大都市，以全球海洋中心城市昂首挺进世界城市体系前列。④

① 《广东省海岸带综合和保护与利用总体规划的通知》，http：//www. gd. gov. cn/gkmlpt/content/0/146/post_ 146486. html#7，最后访问日期：2021 年 3 月 30 日。
② 《山东海洋强省建设行动方案》，http：//nongye. yantai. gov. cn/art/2018/5/14/art_ 20529_ 1877824. html，最后访问日期：2021 年 3 月 30 日。
③ 《突破平度莱西攻势、"双招双引"攻势、高校青岛建设攻势、经略海洋攻势、乡村振兴攻势咨询答辩会议举行》，http：//rdcwh. qingdao. gov. cn/n8146584/n31031326/n31031341/210125095929302686. html，最后访问日期：2021 年 3 月 30 日。
④ 《青岛市国民经济和社会发展第十四个五年规划和 2035 年远景目标纲要》，http：//www. qingdao. gov. cn/zwgk/xxgk/bgt/gkml/gwfg/202103/t20210301_ 2991102. shtml，最后访问日期：2021 年 3 月 30 日。

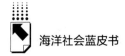

2020年12月，中共天津市委、天津市人民政府印发《关于建立更加有效的区域协调发展新机制的实施方案》，该方案提出："推动陆海统筹发展。落实海洋强国战略，优化配置与海洋相关的产品、服务和资源，推动海洋经济跨越发展，构建海洋科技创新体系，凸显海洋城市文化特色，提升海洋综合管理能力，积极参与海洋治理，建设全球海洋中心城市。"①

2020年4月，大连市出台了《大连市加快建设海洋中心城市的指导意见》，明确大连建设海洋中心城市的两大阶段性目标：到2025年，建成中国北方重要的海洋中心城市，海洋经济增加值比2018年翻一番；到2035年，建成东北亚海洋中心城市，形成以海洋战略性新兴产业和现代海洋服务业为支撑的现代海洋产业体系。② 2020年5月，大连市第十六届人民代表大会第三次会议审议并同意了大连市人民政府提出的《大连2049城市愿景规划》，规划提出大连要建设成为"三大中心城市"的总目标：面向亚太地区的国际航运中心城市、具有全球影响力和产业示范价值的科技创新中心、大气磅礴兼具时尚浪漫气质的海洋中心城市。③ 2020年11月，《中共辽宁省委关于制定辽宁省国民经济和社会发展第十四个五年规划和二〇三五年远景目标的建议》正式公布，明确大连将建设全球海洋中心城市。④

2020年1月，浙江省在《政府工作报告》中提出：谋划建设全球海洋中心城市，深入推进舟山群岛新区和海洋经济发展示范区建设，建设甬台温

---

① 《中共天津市委、天津市人民政府印发关于建立更加有效的区域协调发展新机制的实施方案》，http：//www.tj.gov.cn/sq/tztj/tzzc/202005/t20200521_2613640.html，最后访问日期：2021年3月30日。

② 《市发展改革委解读〈大连市加快建设海洋中心城市的指导意见〉》，https：//www.dl.gov.cn/art/2020/5/13/art_490_320499.html，最后访问日期：2021年3月30日。

③ 《大连2049城市愿景规划总报告》，https：//www.doc88.com/p-99939759880514.html，最后访问日期：2021年3月30日。

④ 《中共辽宁省委关于制定辽宁省国民经济和社会发展第十四个五年规划和二〇三五年远景目标的建议（2020年11月27日中国共产党辽宁省第十二届委员会第十四次全体会议通过）》，http：//www.laobian.gov.cn/003/003007/20201207/0ca29e98-3c5d-4612-87d9-7b469cd58821.html，最后访问日期：2021年3月30日。

临港产业带，力争海洋经济增加值增长 8% 以上。① 同年 3 月，浙江省《2020 年海洋强省建设重点工作任务清单》出炉，该清单强调，浙江重点谋划建设海洋经济发展新格局，2020 年，将朝着"建设全球海洋中心城市"发力，由宁波、舟山分别启动推进全球海洋中心城市规划建设，加快宁波舟山港朝着世界一流强港转型，发挥其对全省海洋经济可持续发展的核心引领作用。② 2020 年 11 月，中共浙江省委对外公布《中共浙江省委关于制定浙江省国民经济和社会发展第十四个五年规划和二〇三五年远景目标的建议》，该建议提出要"大力建设海洋强省，深化舟山群岛新区、海洋经济发展示范区建设，推进港产城融合发展，支持宁波舟山建设全球海洋中心城市"③。

2020 年 11 月，厦门举办厦门国际海洋周开幕式暨海洋发展大会，会议提到厦门市将坚定"蓝色信念"，建设"高素质、高颜值"的国际特色海洋中心城市：2025 年之际力争建成海洋强市，2035 年之际建成具有国际特色的海洋中心城市，更好地服务海洋强国和"一带一路"建设。④

综上所述，从国家层面提出建设全球海洋中心城市的目标是在 2017 年的《全国海洋经济"十三五"规划》中，而建设任务交给了深圳和上海两个城市。到了 2020 年年底，正值"十三五"规划收官，制定"十四五"规划和 2035 年远景目标之际，大连、天津、青岛、宁波、舟山、厦门、广州七个城市也提出了要建设全球海洋中心城市的目标，并且包括深圳和上海在内的各个城市均将建设目标写入了"十四五"规划和 2035 远景目标纲要之中，建设全球海洋中心城市成为各个城市未来五年直至 2035 年的长远发展战略目标之一。

---

① 《权威发布：2020 年浙江省政府工作报告》，http://www.zj.gov.cn/art/2020/1/17/art_1545482_41741369.html，最后访问日期：2021 年 11 月 8 日。
② 《2020 年海洋强省建设重点工作任务清单》，http://zrzyt.zj.gov.cn/art/2020/3/18/art_1289955_42321255.html，最后访问日期：2021 年 3 月 30 日。
③ 《中共浙江省委关于制定浙江省国民经济和社会发展第十四个五年规划和二〇三五年远景目标的建议》，http://www.zj.gov.cn/art/2020/11/22/art_1229325288_59046929.html，最后访问日期：2021 年 3 月 30 日。
④ 《扬帆蓝色航程 建设海洋强市》，http://www.xm.gov.cn/xmyw/202011/t20201124_2497441.htm，最后访问日期：2021 年 3 月 30 日。

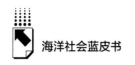

三　各城市建设全球海洋中心城市的措施及成效

自《全国海洋经济"十三五"规划》提出深圳、上海要建设全球海洋中心城市以来，各城市也都积极响应，争先恐后地积极发展海洋产业，大力提升海洋经济水平，不但要争得"全球海洋中心城市"的名号，也积极提升自身水平以配得上这个称号，因此各个城市纷纷出台了许多明确的措施来推动全球海洋中心城市建设。

（一）上海与深圳的全球海洋城市建设

上海和深圳提出建设全球海洋中心城市的目标相对较早，在"十三五"时期，积极响应政策号召，截至 2020 年年底，上海和深圳在建设全球海洋中心城市进程中措施相对明确，成效已相对显现。海洋经济建设方面，上海在《上海市海洋"十三五"规划》中提出将拓展蓝色经济空间，优化海洋产业空间布局，加快培育特色明显、优势互补、聚集度高的"两核三带多点"① 的海洋产业功能布局。目前上海市海洋产业已基本形成"两核三带多点"布局。2018 年 12 月，长兴岛所在的崇明区获批国家级海洋经济发展示范区，成为上海推进世界级海洋装备创新发展和建设全球海洋中心城市的核心承载地区。② 2019 年 8 月，国务院发布《中国（上海）自由贸易试验区临港新片区总体方案》，此方案的发布标志着上海自贸区临港新片区正式揭牌，目前，中国（上海）自由贸易试验区临港新片区已成为上海市"两核三带多点"海洋产业布局中的重要一"核"，即"临港海洋产业发展

---

① 两核是指临港海洋产业发展核、长兴岛海洋产业发展核；三带是指杭州湾北岸产业带、长江口南岸产业带和崇明生态旅游带；多点则是指推进海洋产业多点发展，包括海洋工程建设、海洋交通运输业、航运服务业及海洋特色产业等。
② 《上海长兴：打造世界级海洋装备岛》，http://www.mnr.gov.cn/dt/hy/202010/t20201014_2564773.html，最后访问日期：2021 年 3 月 30 日。

核"。① 为调整海洋产业结构，上海"十三五"规划还提出将建设中国邮轮旅游发展实验区（宝山、虹口）。2019 年 10 月，中国首个邮轮旅游发展示范区在上海宝山正式揭牌，此示范区的设立将推动邮轮发展制度创新及国际合作平台的搭建，对于助力未来宝山高质量发展也将起到推动作用。《上海市海洋"十三五"规划》提出为推动海洋科技协同创新，将依托临港海洋高新基地和长兴海洋科技港等平台，打造海洋高新技术产业集群。为此，上海长兴岛积极打造世界级海洋装备岛，并利用其自身优越的土地及岸线资源，分别规划建设了海洋经济创新发展和海洋高新科技产业，探索出了独具特色的科技创新服务模式，形成了与海洋装备研发—实验—测试—生产相配套的科技创新服务体系。② 2019 年 8 月，中国（上海）自由贸易试验区出台了"50 条"特殊支持政策来推动自贸区的发展，自贸区如今已建成集智慧办公、人才培养、科技创新、产业孵化、展示交易于一体的现代化智慧创新社区——上海临港海洋高新技术产业化基地。针对海洋生态环境保护，上海市的策略是加大入海污染防治力度，持续加强陆源入海污染控制，全市基本消除劣 V 类水体；推进海洋生态保护和整治修复，加快推进海洋自然保护区建设；对海洋环境监测监管能力、海洋环境监测站布局等进行优化升级，并将建设海洋环境监测实验室。③ 综观上海市"十三五"海洋生态环境保护成效，目前已经取得的成绩有：水源保护区排污口的调整全面完成；苏州河环境综合整治四期工程已启动；"一河一策"政策顺利实行；2018 年年底3158 条段河道全面消除黑臭；2020 年年底 4.73 万个河湖基本上消除劣 V 类。④ 为提升城市吸引力，加强国际交流，上海从 2015 年开始举办以"对

① 《助力临港新片区打造"海洋硅谷"海立方科技园三期项目今开工》，https://www.lgxc. gov. cn/contents/9/24119. html，最后访问日期：2021 年 3 月 30 日。

② 《上海长兴：打造世界级海洋装备岛》，http://www. mnr. gov. cn/dt/hy/202010/t20201014_2564773. html，最后访问日期：2021 年 3 月 30 日。

③ 《上海市海洋"十三五"规划》，http://www. shanghai. gov. cn/nw43279/20200824/0001 –43279_ 55212. html，最后访问日期：2021 年 3 月 30 日。

④ 《市政府新闻发布会介绍"十三五"生态环境保护规划完成情况和"十四五"规划思路》，http://www. shanghai. gov. cn/nw9822/20210114/85e3e8a31ff14ee8a99391c0788ff4be. html，最后访问日期：2021 年 3 月 30 日。

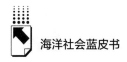
接国家战略，发展海洋经济"为主题的临港海洋节，目前已经连续举办了五届，该节事意在强化海洋意识，展现临港对接国家战略发展海洋经济的决心。

为实现深圳建设全球海洋中心城市三个阶段性目标，深圳制定了"十二个一"重点工程，其中包括：探索设立国际海洋开发银行、建设国际金枪鱼交易中心、组建海工龙头企业集团、壮大海洋产业发展基金、加快建设海洋新城五项与海洋经济建设相关的工程规划等。① 在项目落实过程中，深圳市积极配合自然资源部制定设立国际海洋开发银行的初步框架方案；积极建设国际金枪鱼交易中心，该项目已落地大鹏新区，新区还印发了《大鹏新区土地整备重点项目集中攻坚行动方案》。2018 年深圳市面向全球进行城市设计国际咨询，海洋新城在 2019 年深圳海博会上首次揭开神秘面纱：位于珠江口东岸，深圳大空港半岛区，规划面积约 7.44 平方公里，对标世界三大湾区，按国际一流标准进行规划建设。自规划以来，海洋新城构建了"2 + 3 + 2"产业体系②，倾力打造"湾区海洋门户""蓝色创新海湾"，致力于将海洋新城建设成引领国家海洋战略的前沿平台、汇聚国际要素的湾区创新引擎和深圳建设全球海洋中心城市的产业中心。③ 在科技教育方面，深圳"十二个一"工程和《中共中央　国务院关于支持深圳建设中国特色社会主义先行示范区的意见》（以下简称《意见》）都提到将打造深圳海洋大学。为加速海洋大学项目落地，深圳市政府正加快推进海洋大学组建的前期调研论证工作，重点围绕深圳海洋产业发展需求和积极参与全球海洋治理两方面设置学科专业，同时与国家深海科考中心一体建设、融合发展，着力把

---

① 《我市将投千亿元加快建设全球海洋中心城市》，http：//www. sz. gov. cn/cn/xxgk/zfxxgj/zwdt/content/post_ 1423839. html，最后访问日期：2021 年 3 月 30 日。
② "2 + 3 + 2"产业体系，即以海洋高端智能设备和海洋电子信息两大产业为核心亮点；以海洋专业服务、海洋文化旅游和海洋高端会务三大产业为基础支撑；以海洋生态环保和海洋新能源两大产业为潜力储备。
③ 《宝安海洋新城将亮相 2019 海博会　多活动聚焦海洋产业发展》，http：//www. sz. gov. cn/cn/xxgk/zfxxgj/gqdt/content/post_ 1439225. html，最后访问日期：2021 年 3 月 30 日。

深圳海洋大学打造成为世界一流的国际化、综合性、研究型海洋大学。① 深圳市发布的"十四五"规划也提到2021年将重点推进海洋大学的前期建设工作。另外"十二个一"工程中的其中一项为推动设立中国海洋大学深圳研究院，2019年10月，深圳举行共建中国海洋大学深圳研究院框架协议签约仪式，未来将建设"三实验室＋一中心＋一智库"② 运行模式，这也是深圳为建设全球海洋中心城市所迈出的重要一步。为落实《意见》中"按程序组建国家深海科考中心"，深圳市规划局和自然资源局表示：深海科研不仅是我国国家战略，也是深圳承担国家使命、建设全球海洋中心城市的必然要求。③ 截至"十三五"收官之年，深圳已建在建的海洋领域各创新平台34个，其中包括2个省级重点实验室、8个省级工程技术中心、7个市级重点实验室等，汇聚海洋领域高级研究人员近千名。④ 同时也已经建成深海油气资源勘探开发及装备研究/生产基地、深海海洋装备试验和装配基地、深圳蛇口海洋工程装备制造基地等一批海洋基地。为增强海洋国际影响力，深圳市将"十二个一"重点工程之一定为举办海博会，打造"中国海洋第一展"。2019年，由自然资源部和广东省人民政府共同主办，深圳市人民政府承办的中国海洋经济博览会在深圳成功举办，而这次海博会的举办也表明了国家支持粤港澳大湾区建设是支持深圳建设全球海洋中心城市的一项务实举措。作为"中国海洋第一展"，海博会聚焦海洋、聚焦创新，展示了新中国成立70年来中国海洋经济的发展成就，"深海一号""蛟龙号""天鲲号"等一批国之重器亮相海博会，吸引了来自世界各国450余家企业和参展机构。在海洋生态保护方面，深圳市积极提升海洋生态环境质量，严格落实海

---

① 《两座全球海洋中心城市都有新动向！》，https：//www. sohu. com/a/355504679_ 120051692，最后访问日期：2022年1月3日。
② "三个实验室＋一中心＋一智库"即海洋生物资源、海洋高端仪器装备、海洋生态环境三个实验室，一个智能海洋大数据中心和一个蓝色智库。
③ 《我市加快建设全球海洋中心城市》，http：//www. sz. gov. cn/cn/xxgk/zfxxgj/zwdt/content/post_ 1425806. html，最后访问日期：2021年3月30日。
④ 《深圳市政府新闻办新闻发布会（2020中国海洋经济博览会）》，http：//www. sz. gov. cn/cn/xxgk/xwfyr/wqhg/20200930/，最后访问日期：2021年3月30日。

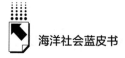

洋生态红线管理制度,研究并制定海洋生态补偿制度。按照陆海统筹理念,深圳在全国率先编制了《深圳市海岸带保护与利用规划》《深圳市海洋环境保护规划》,初步划定陆海衔接的生态保护红线,确立海洋生态保护整体格局。① 值得一提的是,不管是《粤港澳大湾区发展规划纲要》还是《意见》,都明确指出中央大力支持深圳建设全球海洋中心城市,《意见》中更是指出,要"支持深圳加快建设全球海洋中心城市","加快"一词体现了党中央、国务院对深圳建设全球海洋中心城市的肯定及态度,也表现出对于深圳发展所寄托的殷切希望。在 2020 海博会开幕式上广东省政府有关领导表示,广东围绕"海洋强省"建设目标,将牢固把握"双区"建设机遇,全力支持深圳加快全球海洋中心城市建设,打造沿海经济带,持续推动海洋经济高质量发展。② 可见无论是中央还是广东省,对深圳建设全球海洋中心城市都给予了极大的支持,对于粤港澳大湾区建设全球海洋中心城市的任务,深圳所承担的责任要大于广州。

"十三五"期间上海和深圳积极创建全球海洋中心城市,2019 年两个城市海洋生产总值都交出了理想的成绩单。2020 年 6 月 8 日,上海市海洋局发布最新信息,上海海洋经济总量持续保持平稳增长,海洋生产总值在 2016~2019 年从 7463 亿元增长到 10372 亿元,占全市地区生产总值的 27.2%,占全国海洋生产总值的 11.6%,③ 位居全国前列。2020 年 9 月,深圳市政府新闻办召开 2020 中国海洋经济博览会专题新闻发布会,公布了深圳建设全球海洋中心城市成绩单:2019 年深圳海洋生产总值猛增至约 2600 亿元,同比增长约 8%,海洋生产总值占全市地区生产总值的比重约为 10%。海洋第一、第二、第三产业增加值占海洋生产总值的比重分别约为

---

① 《深圳市政府新闻办新闻发布会(2020 中国海洋经济博览会)》,http://www.sz.gov.cn/cn/xxgk/xwfyr/wqhg/20200930/,最后访问日期:2021 年 3 月 30 日。
② 《深圳全面加速全球海洋中心城市建设》,http://gd.people.com.cn/n2/2020/1228/c123932-34498249.html,最后访问日期:2021 年 3 月 30 日。
③ 《上海海洋经济总量位居全国前列》,http://www.xinhuanet.com/fortune/2020-06/08/c_1126089007.htm,最后访问日期:2021 年 3 月 30 日。

0.2%、30.6%和69.2%，呈"三二一"的稳定产业结构。① 可以看出，2019年深圳市海洋经济增速较快，产业结构也在不断优化，蓝色经济已经成为深圳十分重要的一个经济增长点。

（二）七城市的全球海洋中心城市建设

综观上海和深圳，其在建设全球海洋中心城市的征程中已初见成效，而其余七个城市在明确建设全球海洋中心城市的目标后，在"十三五"向"十四五"迈进的关口，也相继出台各种建设规划，以实际建设措施来推动全球海洋中心城市建设。

1. 拓展蓝色经济空间，发展现代海洋经济

天津市主要以落实海洋强国重要战略，优化配置与海洋发展相关资源、服务，推动海洋经济高质量发展为重点。2019年经天津市政府批准，天津市正式启动临港海洋经济发展示范区建设，制定建设实施期为2019~2020年，长远发展期为2021~2025年，将重点建设36个海洋产业项目，天津临港海洋经济发展示范区将对未来滨海新区以及全市海洋经济发展起到重要的推动作用。② 除此之外，天津积极编制海洋经济发展规划，2021年1月，初步评审通过《天津市海洋经济发展"十四五"规划》，接下来将继续对其进行完善，为天津市发展海洋经济推波助力。同年2月，天津市人民政府申报建立"国家海洋与港口环境监测装备产业计量测试中心"，拓展蓝色经济空间，改善海洋与港口环境监测装备产业计量基础薄弱、产业体系难以构建的现状，大力发展海洋现代经济产业。③ 大连在建设全球海洋中心

---

① 《深圳市政府新闻办新闻发布会（2020中国海洋经济博览会）》，http：//www. sz. gov. cn/cn/xxgk/xwfyr/wqhg/20200930/，最后访问日期：2021年3月30日。

② 《临港海洋经济发展示范区建设启动：重点建设36个海洋产业项目 计划总投资244亿元》，http：//www. tj. gov. cn/sy/tjxw/202005/t20200520 _ 2557229. html，最后访问日期：2021年3月30日。

③ 《天津市人民政府关于申报建立国家海洋与港口环境监测装备产业计量测试中心的函》，http：//www. tj. gov. cn/zwgk/szfwj/tjsrmzf/202102/t20210219 _ 5359504. html，最后访问日期：2021年3月30日。

城市方面提出了五大核心任务，出台了 21 项具体任务措施，包括提升东北亚国际航运中心能级，大力发展航运和物流产业，提升航运服务水平，优化综合服务环境等。① 2019 年 12 月，大连市政府发布《大连市推进东北亚国际航运中心建设条例》，助力大连全球海洋中心城市建设，大连将全面贯彻落实该条例，健全优化航运服务产业链，提高航运增值服务能力。② 2021 年 2 月，在大连市政协十三届十六次常委会议上，《关于以创建全球海洋中心城市为目标　推动东北亚国际航运中心建设走深走实的提案》被确定为市政协十三届四次会议"一号提案"，该提案深入分析了大连国际航运中心的建设现状，并从提升"双枢纽"覆盖能力、发展高端航运服务业、强化制度机制创新、加快形成发展合力等方面提出建议。③ 浙江为创建全球海洋中心城市，在《2020 年海洋强省建设重点工作任务清单》中提出重点谋划海洋经济发展"一城、一港、两区、两带"④ 新格局的建设。2020 年浙江启动海洋经济重大项目建设计划，将滚动推进约 200 个重大项目的建设，提出计划建成沿海万吨级以上泊位 10 个，并将梅山集装箱 9 号泊位的建设提上议事日程。⑤ 8 月 25 日，在宁波梅山湾新城发布会上《梅山湾新城总体策略研究及概念性城市设计》对外发布，该设计描绘了从滨海港区向海洋新城跨越的蓝图愿景，助力宁波打造全球海洋中心城市。⑥ 2020

---

① 《加快推进大连海洋中心城市建设》，http：//js. dl. gov. cn/portal/news/1d31af0a7b530cf17b 3f87e2c7947cc3，最后访问日期：2021 年 6 月 16 日。

② 《〈大连市加快海洋中心城市建设的指导意见〉摘录大连市加快建设海洋中心城市的 21 项具体任务措施》，《东北之窗》2020 年第 5 期。

③ 《市政协"一号提案""发力"全球海洋中心城市建设》，https：//www. dl. gov. cn/art/ 2021/2/7/art_ 3413_ 525318. html，最后访问日期：2021 年 3 月 30 日。

④ "一城"是指中宁波、舟山分别启动推进全球海洋中心城市建设；"一港"指的是加快宁波舟山港向世界一流强港转型，发挥对全省海洋经济发展的核心引领作用；"两区"则指的是加快深化推进浙江海洋经济发展示范区和舟山群岛新区 2.0 版建设；"两带"指的是创新推进台温临港产业带和生态海岸带。

⑤ 《千帆竞发启新程——浙江〈2020 年海洋强省建设重点工作任务清单〉出炉》，http： zrzyt. zj. gov. cn/art/2020/3/18/art_ 1289955_ 42321255. html，最后访问日期：2021 年 3 月 30 日。

⑥ 《梅山湾新城规划发布　助力宁波打造全球海洋中心城市》，http：//www. ningbo. gov. cn/ art/2020/8/26/art_ 1229099763_ 55256190. html，最后访问日期：2021 年 3 月 30 日。

年9月，宁波市政府发布市发展改革委 2020 年工作要点，其中提到"推进海洋经济发展示范区建设，构建海洋绿色发展模式；加快推动大型海工装备等 15 个标志性项目建设。启动宁波全球海洋中心城市谋划"①。同年9月，浙江自贸试验区宁波片区获批落地，为宁波建设全球海洋中心城市助力。宁波市政府于 2020 年 8 月发布《推进宁波舟山一体化发展 2020 年工作要点》，提出将高质量建设全球海洋中心城市，推动同城化发展，加快推动 10 项标志性工程和 40 个重点任务的建设进程，争取使甬舟一体化发展能够取得更大突破。② 浙江省"十四五"规划在对建设全球海洋中心城市的表述中，同样提到支持宁波、舟山建设全球海洋中心城市。由此可见，中央对于浙江省宁波、舟山双核城市协同发展，共建全球海洋中心城市的大力支持。厦门市海洋局表示，为加快厦门海洋强市建设步伐，将推动"两港一区"③ 载体建设，为此厦门市通过《渔港经济发展管理条例》立法调研，促进渔港的规范化管理和海洋经济的可持续发展；加快欧厝对台渔业基地建设，推动翔安区加快编制欧厝对台渔业基地总体规划，争取将其升级为国家中心渔港等。④ 推进高崎渔港"渔市游"产业提升，在保留避风坞和水产品批发功能的基础上，打造集吃、住、游、购于一体的现代化渔业休闲娱乐品牌。2020厦门高崎渔港海鲜节盛大开幕，本次节事对延长厦门海洋新兴产业链和建设全球海洋中心城市起到了巨大的推动作用。⑤ 2021 年 1 月厦门市政府发布《厦门市国民经济和社会发展第十四个五年规划和二〇三五年远景目标的建

---

① 《市发展改革委 2020 年工作要点》，http：//www. ningbo. gov. cn/art/2020/9/16/art _ 1229096009_ 3648059. html，最后访问日期：2021 年 3 月 30 日。

② 《宁波市人民政府　舟山市人民政府关于印发推进宁波舟山一体化发展 2020 年工作要点的通知》（甬政发〔2020〕50 号），http：//www. ningbo. gov. cn/art/2020/9/24/art_ 1229338982_ 58563985. html，最后访问日期：2021 年 3 月 30 日。

③ "两港一区"是指通过高崎中心渔港、欧厝渔港建设提升和推动欧厝渔港以东形成海洋高新产业聚集园区，形成海洋经济发展的平台载体。

④ 《厦门市海洋发展局 2020 年工作要点》，http：//www. xm. gov. cn/zwgk/xwfbh/xmshyfzj/ 202004/t20200428_ 2443259. htm，最后访问日期：2021 年 3 月 30 日。

⑤ 《2020 厦门高崎渔港海鲜节昨盛大启幕　打造一站式"吃购游"旅游新地标》，http：// news. xmnn. cn/xmnn/2020/11/22/100814024. shtml. 最后访问日期：2021 年 3 月 30 日。

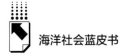

议》，将以建成国际海洋中心城市为总目标，加快打造海洋强市，建设厦门
国家海洋经济发展示范区，使示范区将来可以成为促进全国海洋经济发展的
重要增长极。2019 年，青岛建成投产全球领先、亚洲首个集装箱自动化码
头，生产效率位列沿海集装箱港口第一位，① 大大提高了青岛海洋经济发展
的增速。除此之外，同年青岛建成全球最大吨位"海上石油厂"并正式交
付。青岛在经略海洋的征途中创下了不少辉煌战绩。2020 年 10 月，胶州湾
第二隧道工程在青岛开工，据悉，该隧道将成为世界第一长公路海底隧道，
此项工程也将为青岛建设全球海洋中心城市助力。② 2021 年 2 月，青岛召开
海洋发展工作会议，会议回顾总结了 2020 年度青岛在海洋工作中的成绩。
2020 年，青岛市海洋系统凝心聚力打好经略海洋攻势，全市 134 个涉海重点
项目建设稳步推进，全年完成投资高达 479 亿元，达到了年度计划投资的
110%；全市海洋领域新签约项目 102 个，总投资额、项目数相比 2019 年分别
增长 46.6 个、12.1 个百分点；全市涉海固定资产投资增速高达 9.3%。③

2. 推进科技创新发展，全面振兴海洋文化

广东省 2019 年启动实施省重点领域研发计划"海洋高端装备制造及资
源保护与利用"专项，主动对接"深海关键技术与装备"和"海洋环境安
全保障"等国家重点研发计划项目，使其到广东省深化研发转化落地。④
2020 年 8 月，广东省自然资源厅在《广东省自然资源厅关于省政协十二届三次
会议第 20200748 号提案答复的函》中正式回复，将全力支持深圳打造全球海洋
中心城市，加快协助筹建海洋大学；海洋科技方面，将以南方海洋科学与工程
广东省实验室为龙头，推动海洋科学实验室、产业示范基地等科技创新平台建

① 《闪电深 1 度 | 目标明确！到 2035 年，青岛将以全球海洋中心城市挺进世界城市体系前列》，http://news.iqilu.com/shandong/yaowen/2021/0111/4750333.shtml，最后访问日期：2021 年 6 月 14 日。
② 《重磅！刚刚，胶州湾第二隧道开工 青岛迎来"双隧时代"！》，http://news.qingdaonews.com/qingdao/2020-10/29/content_22415839.htm，最后访问日期：2021 年 6 月 14 日。
③ 《青岛集中推进 110 个涉海重点项目建设》http://www.mnr.gov.cn/dt/hy/202103/t20210302_2615590.html，最后访问日期：2021 年 3 月 30 日。
④ 《广东省自然资源厅关于省政协十二届三次会议第 20200748 号提案答复的函》，http://nr.gd.gov.cn/zwgknew/jytabljg/content/post_3066280.html，最后访问日期：2021 年 3 月 30 日。

设。大连将建设海洋科技创新高地，完善海洋科技创新体系，加强重点海洋科技攻关，提升企业自主创新能力，集聚海洋科技创新资源。[1] 2019 年 6 月，大连市政协十三届二次会议《关于我市海洋科技创新平台建设的提案》（第0041 号）答复意见中明确表示将推进海洋科技平台建设，对海洋领域科技创新平台建设、科研成果转化、企业研发等予以支持，[2] 促进海洋科技创新和产业发展。浙江在《2020 年海洋强省建设重点工作任务清单》中提出要着力推进浙江省智慧海洋大数据中心、国家智慧海洋舟山群岛区域试点示范工程、一流"国土空间（海洋大数据平台）"等重点工作的建设，并将全面建设浙江省智慧海洋工程，建设智慧海洋创新体系，带动相关海洋产业发展。另外，在科技方面，浙江将筹备建设省海洋生态综合实验室，建设院士工作站，建设浙江省高水平海洋科学院，同步构建海洋空间资源、海洋生态环境、海洋信息技术三大核心创新平台，并加快对国际化海洋人才的引进。[3] 厦门市政府在其出台的《厦门市关于促进海洋经济高质量发展的若干措施》中明确提出要加大海洋新兴产业科技投入，同时整合科研机构以及涉海院校等创新资源，加快组建福建省的海洋类大学，打造综合性的国际化海洋科研教育平台，着力支持厦门涉海科研机构，补短板增长处，同时还将创建海洋生态环境与资源福建省实验室；在未来"十四五"发展中，将推进"丝路海运"品牌建设，建设面向"丝路海运"沿线国家和地区通达便捷的交通网络；同时还将推进厦门南方海洋研究中心及研发基地等平台建设，拓展海洋科技、海洋管理方面的国际化合作，并大力提升"厦门国际海洋周"的影响力。[4] 2020 年

① 《〈大连市加快海洋中心城市建设的指导意见〉摘录大连市加快建设海洋中心城市的21 项具体任务措施》，《东北之窗》2020 年第 5 期。

② 《市政协十三届二次会议〈关于我市海洋科技创新平台建设的提案〉（第0041 号）答复意见》，https：//www. dl. gov. cn/art/2019/6/12/art _ 3625 _ 212556. html，最后访问日期：2021 年 3 月 30 日。

③ 《千帆竞发启新程——浙江〈2020 年海洋强省建设重点工作任务清单〉出炉》，http：//zrzyt. zj. gov. cn/art/2020/3/18/art _ 1289955_ 42321255. html，最后访问日期：2021 年 3 月 30 日。

④ 《中共厦门市委关于制定厦门市国民经济和社会发展第十四个五年规划和二〇三五年远景目标的建议》，http：//www. xm. gov. cn/xmyw/202101/t20210104_ 2510147. htm，最后访问日期：2021 年 3 月 30 日。

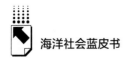

青岛开展了胶州湾外围水域水下考古工作并获得重大发现，在海洋文化方面取得巨大收获。除此之外，上海海事大学研究院落地青岛，并推动中国海洋大学等3所高校增设了5门海洋相关专业，① 这将有效促进青岛海洋知识及文化的传播。

3. 保护海洋生态环境，建设海洋生态文明

天津市强调保护与开发协调发展，与北京、河北生态建设对接，在滨海新区与中心城区之间建设绿色生态屏障，实施七里海、大黄堡、北大港等湿地保护修护工程。同时计划编制海岸线保护与利用规划，实行"一河一策"，全面消除入海河流劣V类水质，促进海岸地区绿海一体化生态保护和整治修复。② 大连在《大连市加快建设海洋中心城市的指导意见》中明确了建设全球海洋中心城市五项任务之一：完善海洋规划体系，加强对海洋污染综合防治以及生态文明建设，彰显海洋文化特色。③ 浙江省在《2020年海洋强省建设重点工作任务清单》中提出为让海洋生态持续向好，将开展海洋生态红线评估调整，做好蓝色海湾一期项目的验收及二期项目的持续推进，并将继续落实海岸线整治修复三年行动相关任务的推进。④ 厦门"十四五"发展规划中提出将建立生态保护红线制度，加强重要生态功能保护区，推动海洋全域修复，严格海岸线分类管控，加快海岸带生态修复，同时计划实施"蓝海工程"，建立湾滩长制，强化厦门湾综合治理，健全海洋生态环境保护、修复及补偿机制。⑤ 2019年以来，青岛开展了排污口的全面排查，加大

---

① 《全球海洋中心城市建设力争5年初见成效！经略海洋攻势质询答辩实录来了》，http://news. bandao. cn/a/457888. html，最后访问日期：2021年3月30日。

② 《关于建立更加有效的区域协调发展新机制的实施方案》，http://www. tj. gov. cn/sq/tztj/tzzc/202005/t20200521_2613640. html，最后访问日期：2021年3月30日。

③ 《市发展改革委解读〈大连市加快建设海洋中心城市的指导意见〉》，https://www. dl. gov. cn/art/2020/5/13/art_490_320499. html，最后访问日期：2021年3月30日。

④ 《千帆竞发启新程——浙江〈2020年海洋强省建设重点工作任务清单〉出炉》，http://zrzyt. zj. gov. cn/art/2020/3/18/art_1289955_42321255. html，最后访问日期：2021年3月30日。

⑤ 《中共厦门市委关于制定厦门市国民经济和社会发展第十四个五年规划和二〇三五年远景目标的建议》，http://www. xm. gov. cn/xmyw/202101/t20210104_2510147. htm，最后访问日期：2021年3月30日。

了对入海口排污的执法检查力度，并争取在"十四五"期间完成对全市重点河流工程项目的建设，加快推进全市渔港环境综合整治。另外，2020年11月青岛市出台了《青岛市推进海洋牧场与休闲旅游融合发展实施方案》，这一方案的出台不仅能推动青岛海洋旅游产业的发展，展现海滨城市在海洋旅游方面的建设优势，同时也将促进海洋牧场的发展；两者相互融合相互带动，也能对推进青岛海洋经济整体发展起到积极的作用。2019年，广东出台《广东省海岸带综合保护与利用总体规划》，推动建设了一批海岸带综合示范区，实现了对海岸带的精细化管理。

4. 加大海洋国际交流力度，提升对外吸引力

青岛市为了扩大海洋对外交流，提升自身海洋吸引力，积极承办海洋相关节事。2020年8月，世界海洋科技论坛暨2020海洋学术（国际）会议在青岛成功举办，该论坛的举办将加强国际海洋科技领域的交流，吸引更多全球海洋高端人才聚集，同时彰显青岛的海洋发展优势，也能够为青岛带来更多发展机遇。为建设海洋强市，厦门市举办了2020厦门国际海洋周开幕式暨海洋发展大会，会议汇聚国内外专家学者、知名企业，加强对海洋的认识，巩固蓝色伙伴关系，为发展新时代海洋经济助力。本次会议为厦门带来了更多的发展机遇。在大会上，自然资源部与厦门市签约合作共建厦门市海洋国际合作中心，双方通过整合在厦海洋国际合作资源，打造具有重要国际影响力的合作交流平台。其中厦门市25个海洋产业项目现场集中签约，总投资高达291亿元。[①] 为促进海洋经济交流合作，2019年天津市成功举办首届中国（东疆）航运产业周及第五届中国海事金融（东疆）国际论坛等国际海洋活动。大连是东北亚重要的对外门户城市，是东北振兴的战略支点，有着显著的机遇优势。为提高城市吸引力，增强发展动力，大连在《大连2049城市愿景规划》中提出了建设目标：建设面向亚太地区的国际航运中心城市，打造具有全球影响力和产业示范价值的科创中心城市，以及大气磅

---

① 《扬帆蓝色航程 建设海洋强市》，http：//www. xm. gov. cn/xmyw/202011/t20201124_2497441. htm，最后访问日期：2021年3月30日。

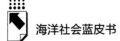

礴兼具时尚浪漫气质的海洋中心城市。① 在《大连市加快建设海洋中心城市的指导意见》中，大连还提出将全面推进大连东北亚国际航运中心、国际物流中心建设。

5. 健全海洋管理体系，提升公共服务水平

大连将全面贯彻落实《大连市推进东北亚国际航运中心建设条例》，健全优化航运服务产业链，提升东北亚国际航运中心能级与航运服务能力。大连是东北亚对外开放高地，为发挥其现代服务业发展优势，大连将加快建立蓝色经济合作机制，打造参与全球海洋治理的战略平台。另外大连还将深入参与"一带一路"建设，与"一带一路"沿线港口建设、资源开发等项目进行合作，以此增进在海上的经贸往来。大连还将全力打造面向东北亚的国际物流分拨中心，主动参与北极东北航道建设，推进"辽海欧""辽满欧""辽蒙欧"海上国际交通运输通道建设，打造具有大连特色的中欧班列品牌。② 2020 年 12 月，青岛市"十四五"规划和 2035 年远景目标建议正式公布，在"十四五"开局之时，将全力部署，加快全球海洋中心城市建设。为加快提升海洋综合治理能力，青岛积极推进《青岛市海岸带及海域空间专项规划》编制，深入实施"湾长制"，推动胶州湾湾长制管理信息系统投入试运行，推进"蓝色海湾"综合整治项目，目前青岛全球海洋中心城市建设相关战略部署都在积极推进中。为助推海洋经济高质量发展，厦门市海洋发展局出台了《促进海洋经济高质量发展的若干措施》《海洋与渔业发展专项资金管理办法》等一系列政策举措，着力推动海洋新兴产业落地，③ 进一步建立健全招商体制机制，推进海洋招商工作和海洋产业链发展的结合。

---

① 《大连 2049 城市愿景规划总报告》，https：//www.doc88.com/p - 99939759880514.html，最后访问日期：2021 年 6 月 18 日。

② 《海洋中心城市，大连要这样建》，http：//www.ln.gov.cn/ywdt/qsgd/dls/202004/t20200416_ 3831996.html，最后访问日期：2021 年 6 月 14 日。

③ 《厦门："筑巢引凤"激发海洋产业聚集效应》，http：//www.mnr.gov.cn/dt/hy/202102/ t20210226_ 2615411.html，最后访问日期：2021 年 6 月 14 日。

四 全球海洋中心城市建设中存在的主要问题

虽然在短短的几年内，各城市都确定了建设全球海洋中心城市的目标，也出台了一系列措施，并取得了一定的成效，但各城市在建设全球海洋中心城市的过程中，依然存在一些问题。

海洋经济活力方面，部分城市经济总量不足。上海市海洋经济总量遥遥领先，据统计，2019年上海海洋生产总值率先突破万亿元，达到10372亿元，占该市地区生产总值的27.2%。[①] 上海还拥有最多的涉海上市企业，其中半数企业市值超百亿元，[②] 其涉海传统产业经济基础可见一斑。另外，上海港是中国最大的港口，港口优势也给上海海洋经济发展带来了更多机遇与活力。青岛在海洋生产总值上与上海相比可能还不够领先，但是青岛腹地广阔，人口压力小，且所拥有涉海单位数量大，每万人拥有的涉海主体数量多，那么这也就意味着青岛在海洋发展方面不缺少劳动力。[③] 另外，青岛涉海市场主体规模显著，且规模足够大、足够完善。据了解，青岛拥有国家统计局分类标准中的全部20个海洋行业，在《全国海洋经济发展"十三五"规划》明确重点发展的9个海洋产业集群中，青岛拥有其中的7个产业。[④] 但青岛海洋相关的基础性研究多、应用性研究少，基础性产业占比大，高端海洋金融产业方面的发展尚不够完备，产业优势不明显且发展不平衡，这可能会对青岛海洋经济整体发展造成一定阻碍。深圳和广州海洋经济活力指标排名紧随其后，深圳、广州同处在粤港澳大湾区发展的核心区域，外向型经济明显，在发展海洋经济方

---

① 《上海海洋生产总值破亿万元 占全国总值的11.6%》，http://ocean.china.com.cn/2020-06/09/content_76141933.htm，最后访问日期：2021年3月30日。

② 《中国城市海洋发展指数：上海先发优势显著，广州领跑南部海洋经济圈》，http://www.sfccn.com/2020/10-24/1OMDE0MDVfMTYwMDE1OQ.html，最后访问日期：2021年6月14日。

③ 《中国城市海洋发展指数发布 上海先发优势显著》，http://www.hellosea.net/Economics/1/79053.html，最后访问日期：2021年6月16日。

④ 李德荃：《国家中心城市与全球海洋中心城市：济南与青岛规划建设的新定位》，《山东国资》2020年第10期。

面也有较大的优势。虽然具有位置上的优势，但两者的海洋经济发展仍存在产业基础薄弱、结构发展不平衡等问题。深圳在 2020 年全球金融中心指数排名中位列第十一，前六名分别为纽约、伦敦、东京、上海、新加坡、香港。① 与排名靠前的这些城市相比，深圳金融方面的实力还存在较大差距，且深圳的海洋产业基础薄弱，海洋生产总值占全市地区生产总值比重不大。广州市主要以传统海洋产业为主，层次较为低端，海洋产业结构发展不平衡，有待进一步优化。另外，广州在海洋经济方面存在区域经济发展不平衡的问题，广州和深圳都处在粤港澳大湾区，但目前从国家及地方政府对这两地建设全球海洋中心城市的关注度和投入度来看，广州似乎没有得到应有的重视，从广东省发布的全球海洋中心城市建设的相关文件中，可以看到几乎都是大力支持深圳创建全球海洋中心城市的政策。对厦门和大连来讲，海洋经济活力方面的指标优势相对不太明显，且这两个城市都有一些共同的劣势，就是整个海洋产业结构不够完善、海洋产业聚集效应不显著。厦门的主要问题在于海洋新兴产业规模不够大，可以在全国产生足够影响力的龙头企业、支柱产品不够多，海洋产业园区匮乏，且在经济方面对产业扶持力度有限。② 另外，厦门腹地偏小，由于在地理位置上与广州、深圳相邻，发展受这两地压制，因此在海洋经济发展方面受到一定限制。大连经济增速主要是靠第二产业，其海工装备及造船业在国内处于领先水平，但重工业过重。作为一个滨海旅游城市，其重工业发展和海洋经济发展存在矛盾。天津拥有中国北方地区最大的保税港区，也是中国北方地区最大的港口城市，是环渤海地区的经济中心，地理位置得天独厚，同时也是中国第五个获批海洋经济科技发展示范区的试点地区，在 2020 年中国港口货物吞吐量排名中位次也相对比较靠前。但是由于天津市海洋经济产业结构过于低端，高端产业数量不足，且目前所发展的海洋经济及龙头企业基本都属于劳动密集型企业，技术

---

① 《第27期"全球金融中心指数"深圳发布　前十排名变化较大》，https：//www. gd. chinanews. com/2020/2020 - 03 - 26/407540. shtml，最后访问日期：2021 年 6 月 14 日。

② 《厦门建设全球海洋中心城市，底气何来?》https：//www. sohu. com/a/434617472 _ 120051692，最后访问日期：2021 年 3 月 30 日。

附加值较低，高端技术产业尚处在发展初期阶段，[1] 加上目前的海洋产业链并不完善，经济结构有待优化，因此其海洋经济发展优势并不是十分明显。

海洋对外开放程度有待提高。在对外开放方面，优势最明显的当属上海、广州、深圳。上海位于中国东部长三角洲入海口处，是长江经济带、东部沿海经济带以及"一带一路"交汇的世界级中心城市，连接了中国南北海岸，同时也是沪宁杭工业区的中心，这样优越的区位优势使上海的对外开放程度非常之高，对外交流范围非常之广。作为国际化的大都市，2020年上海市进出口总额将近 35000 亿元，机场游客吞吐量将近 6164.21 万人次，国际旅游入境人数高达 128.62 万人次，上海港货物吞吐量为 71104 万吨，国际标准集装箱吞吐量为 4350.34 万 TEU。[2] 深圳市地处南海之滨，东临大鹏湾，西连珠江口，南邻香港，北与东莞、惠州相邻，背靠产业链极其完善的珠江三角洲，也是连接粤港澳大湾区的重要门户和通道，同时，深圳是我国海上丝绸之路的战略要冲以及我国距南太平洋最近的一个经济中心城市，国际化优势突出，作为中国改革开放建立的第一个经济特区，深圳的对外开放程度在全球海洋中心城市建设中也具有不可比拟的核心竞争力。广州是广东省的省会，也是广东政治、经济、科技、教育和文化的中心，毗邻香港、澳门，南临南海，位于珠江三角洲最北端，是华南区域性中心城市，被称为祖国的南大门。其优越的区位优势使广州对外开放程度居于全国前列。据统计，2020年广州市商品进出口总额高达 9530.06 亿元，机场旅客吞吐量为 4376.81 万人次，海外旅游者人数将近 210 万人次，港口货物吞吐量高达 63643.22 万吨，集装箱吞吐量为 2350.53 万 TEU。[3] 除此以外，深圳、广州外向型经济特色十分明显。依傍粤港澳大湾区，使这两城在提高对外开放水平上有据可依，未来深圳、广州涉海进出口贸易和旅游业国际化的动能也将

① 付浩杰：《天津市海洋经济发展的产业化分析——基于 SWOT 分析法》，《经济研究导刊》2019 年第 9 期。
② 《2021 年上海市统计局、国家统计局上海调查总队统计数据信息发布》，http：//tjj. sh. gov. cn/sjfb/index. html，最后访问日期：2021 年 3 月 30 日。
③ 《2020 广州统计年鉴》，http：//112. 94. 72. 17/portal/queryInfo/statisticsYearbook/index，最后访问日期：2021 年 3 月 30 日。

随着粤港澳大湾区内跨海、跨境通道的进一步完善而不断增强。2020 年全国港口货物吞吐量前二十榜单显示，宁波舟山港以 117240 万吨排名第一，[①]虽然在年初受到疫情与国内外经济下行的双重压力影响，但宁波舟山港靠着"一带一路"、长江经济带枢纽节点等区位优势，以及主动适应以国内大循环为主体、国内国际双循环相互促进的新发展格局，一举拿下 2020 年国内港口货物吞吐量第一的好成绩（见表 2）。与北上广这三个城市相比，宁波、舟山虽然在港口货物吞吐量和集装箱吞吐量方面在众多城市中数一数二，但总体对外开放程度不足以名列前茅，整体海洋经济与海洋城市影响力与其他城市相比还存在差距。其城市能级较低、影响力不足以及国际知名程度不够高，使得宁波舟山对外开放这张名片并不足够亮眼。青岛市港口航线数量多、密度大，在北方城市中稳居第一位，加上拥有上合示范区、自贸区青岛片区等平台优势，对外也显现出了较强的吸引力，对外开放程度在几个城市中也居于前列。厦门海洋对外开放程度也不高，原因在于与其他几个城市相比厦门综合实力稍显逊色、区位优势不够明显、产业链也不够完善，且海上交通不够发达。诸多因素导致厦门在吸引外来投资上吸引力较弱，不够抓人眼球，自然也没有更多机遇。同样地，大连、天津这两个城市的地缘优势与北上广这几个城市相比不明显，大连海洋产业链相对低端，高新技术产品比重不高，没有很强的产业集群，企业"走出去"缺乏国际竞争优势，在对外开放程度方面成绩也并不突出。

表 2　2020 年港口货物吞吐量排名

单位：万吨，%

全国排名	港口	货物吞吐量	同比涨幅
1	宁波舟山港	117240	+4.7
2	上海港	71104	-0.8
4	广州港	61239	+1.0
5	青岛港	60459	+4.7

---

① 交通运输部官网，https://www.mot.gov.cn/tongjishuju/，最后访问日期：2021 年 6 月 14 日。

续表

全国排名	港口	货物吞吐量	同比涨幅
7	天津港	50290	+2.2
11	大连港	33401	-8.8
16	深圳港	26506	+2.8
23	厦门港	20750	-2.8

资料来源：交通运输部官网。

部分城市仍面临海洋科教创新水平低下的问题。青岛、上海、广东涉海专业院校数量位居前列。其中青岛汇聚了国内一流的海洋大学及科研院所，拥有得天独厚的技术支持、海洋类人才基础以及相当完善成体系的海洋科研力量，且拥有国内首屈一指的海洋特色高科技研发和产业聚集区——青岛蓝谷高新技术开发区，对青岛海洋科技创新起到了巨大推动作用。虽然青岛科研力量雄厚，但其在海洋科技成果和产业需求匹配上还存在一定差距，科研成果落地转化率低。有科研人才基础，但人才结构不合理，基础研究人才多，应用型、管理型、复合型人才相对少；人才分布不合理，集中在高校、研究所多，产业化人才严重不足；人才环境未完全形成一套科学评价机制，存在重学历、轻能力等现象，[1] 且缺乏创业领军人才。另外，青岛多海洋产业基础性、前沿性研究，但高新技术产业开发力度小，新兴产业占比少，自主创新能力弱。在高端装备制造领域，青岛与上海、天津等城市相较还是存在一定差距。上海、广州由于坐拥上海交通大学、同济大学、中山大学等多所涉海顶尖院校，人才基础雄厚。且上海作为国际知名大都市，综合实力较强，其他如金融服务、国际影响力等方面的实力对于上海海洋科创方面起到促进作用，上海海洋科技力量领先，科创指标遥遥领先。广州在2019年全球科研城市排名中位列第14名，综合科创实力非常强劲，其拥有国家和省属涉海科研院所17所，省部级海洋重点实验室、重点学科25个，在涉海科

---

① 《"15个攻势"答辩：开局精彩，尽锐出战》，http://www.dailyqd.com/epaper/html/2019 - 04/23/content_ 247049. htm，最后访问日期：2021 年 6 月 14 日。

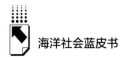

研人才培养、学术研究、产研转化等方面均有着深厚的发展基础。① 天津市在海洋科创方面的实力也不容小觑，其涉海高校及涉海专业数、海洋科研机构数、涉海人员数、涉海课题数等方面都具备明显优势。但近几年天津市发展海洋经济的核心技术较多被国外企业所垄断，创新成果产出率不高，本土企业的创新能力需要进一步释放。② 厦门作为一座知名沿海城市，没有海洋大学，涉海专业院校和科研院所相对较少，且海洋类学科和专业分布较为分散，各机构之间并未形成合力，所以整体优势尚不明显。同时在科技发展创新方面，企业的创新主体地位不突出，人才引进力度也不够到位，海洋科技成果转化激励机制尚且不完善，因此与其他几个海洋中心城市相比，厦门在海洋科创及教育领域发展水平低，成果不突出。深圳毗邻香港，是距离南海最近的特大型城市，区位优势明显，虽然海洋发展总体势头较为优先，但在海洋科技领域，深圳并没有专业类海洋大学，也缺少大型海洋科研机构以及海洋类研究所。此外人才吸引力度不够大，科创人才储备欠缺，也是深圳在海洋科技创新方面显现出明显短板的主要原因之一。

海洋资源承载力较弱，海洋生态破坏问题亟待解决。大连市区位优势突出，三面环海，岸线资源丰富。大连黄渤两海岸线总长度约2211公里，其中大陆海岸线长度约1371公里，岛屿岸线长度约840公里，是全国海岸线最长的城市，③ 海洋资源非常优越。但在近几年开发利用过度，导致开发程度大大超出资源承载能力，海洋生态环境压力逐渐上升；在港口资源方面，开发利用率低，区域开发不平衡问题突出。天津拥有的海洋资源也十分丰富，有约153.3公里的海岸线、中国著名的海盐产区长芦盐场以及渤海和大港两个国家重点开发的油气田。丰富的海洋资源为天津海洋经济产业化发展奠定了基础，给天津带来了经济利益，但同时由于开发利用过度，工业用

① 《中国城市海洋发展指数发布　上海先发优势显著》，http：//www. hellosea. net/Economics/1/79053. htl，最后访问日期：2021年3月30日。
② 付浩杰：《天津市海洋经济发展的产业化分析——基于SWOT分析法》，《经济研究导刊》2019年第9期。
③ 《中国大陆海岸线最长的十大城市　全国海岸线最长的城市排名》，https：//www. maigoo. com/top/419875. html，最后访问日期：2021年6月16日。

海、填海造地过度，陆源污染物排放没有标准，近几年天津市海洋生态环境弱化，生态承载力持续下降。深圳市拥有 1145 平方公里的海域面积和超过 260 公里的海岸线，[①] 但由于海洋意识薄弱，近年来发展过于注重经济效益的提升，发展工业向海洋要地过多，海洋开发利用过度，缺乏保护意识，围海造陆建设过于频繁，导致环境污染、生态破坏问题日趋严重，深圳市红树林大大减少甚至消失。正因如此，深圳出台了针对生态环境和红树林的保护政策，但是却用力过度，以保护的名义遏制了正常的发展。不仅如此，在《2018 年中国海洋生态环境状况公报》发布的 61 个沿海城市中，有 8 个城市近岸海域水质极差，其中就包括深圳。[②] 总体来说，深圳是有海洋资源基础的，但是海洋资源利用率低，没有发挥出等价的效益。上海市虽然海洋方面综合实力较强，但就海洋资源来说，上海却没有多大的优势，其海岸线资源匮乏，大陆海岸线仅约 172 公里，近海海域面积也不大，海洋资源也相对比较稀缺，资源承载力较弱，因此海域和海洋资源方面发展空间不大、不占优势。厦门虽然地理位置相对优越，但是腹地较小，海洋资源环境承载压力大，人均岸线占有率较低，陆源入海污染物总量难以控制，海洋环境质量的提升空间十分有限。[③]

对海洋文化的重视程度不足，海洋文化特色不明显。深圳虽然在外部关注度和吸引力方面相对具有优势，但由于深圳属于一座相对较年轻的城市，海洋文化底蕴不够深厚丰富，因此对海洋文化的重视以及开发相对欠缺，针对这一点，深圳需要加大建设力度，增强公众的海洋意识，举办海洋文化节事提升城市影响力。厦门的海洋文化内涵有着深厚的历史，闽南地区包括厦门长期与海共存共生形成了鲜明的海洋文化特色，如妈祖文化，厦门地区民众长期信奉妈祖，将其奉为海上保护神；厦门至今还保留的航海大发现、海

① 《2019 中国海洋经济博览会在深开幕》，http：//www. sz. gov. cn/cn/xxgk/zfxxgj/zwdt/content/post_ 1424257. html，最后访问日期：2021 年 6 月 16 日。

② 《2018 年中国海洋生态环境状况公报》，http：//hys. mee. gov. cn/dtxx/201905/P020190529532197736567. pdf，最后访问日期：2021 年 3 月 30 日。

③ 《厦门建设全球海洋中心城市，底气何来?》https：//www. sohu. com/a/434617472 _120051692，最后访问日期：2021 年 3 月 30 日。

上丝绸之路时期的海洋文化足迹等。① 这对于彰显厦门独特的海洋文化风俗都具有代表性。不过虽然厦门的海洋文化具有十分鲜明的特色，但是对海洋文化的宣传力度不足、对海洋文化历史发掘不够深，加之以文化促发展意识薄弱等问题的存在，使厦门在海洋文化方面的经济产值并不突出。宁波、舟山虽然在媒体关注度及承办大型海洋活动方面稍微逊色，但是海洋文化条件十分优越，与厦门不同的是，宁波、舟山凭借其独特的海洋文化，在游客关注度上，反而拔得头筹，这些独特的海洋文化也成为宁波、舟山吸引游客别具一格的旅游名片。但相对来说，宁波、舟山的旅游吸引力更多源于海洋自然资源，其对于海洋文化的建设和海洋文化资源的打造力度仍远远不够。大连在海洋文化发展领域，虽然具备建设海洋文化方面的现实基础，但由于对海洋文化重视程度不够，观念落后，加之缺乏专门研究海洋文化方面的人才，研究程度不够深入，也没有将已有的海洋文化内涵做出最大限度的展示，所以大连并没有将自身独有的海洋文化特色发挥出明显的作用。天津自古是京畿门户，也是农耕文明和海洋文明的交汇点，京杭大运河天津段奠定了天津市海洋发展地位。但是与上述几个城市相同的是，虽然天津拥有的海洋文化不少，但在海洋产业发展中，天津市对于海洋文化的挖掘程度以及拓展程度并不够深，举办海洋类相关活动会事次数寥寥，未有效发挥海洋文化软实力在促进海洋经济发展中的作用。另外就是对于公众的海洋文化知识普及不到位，重视程度不够，天津市海洋文化底蕴并没有发挥等价经济效益。

管理体系不够完善，管理能力有待提升。中国海洋管理机制在20世纪60年代左右才开始发展，在海洋管理方面一直存在海域自然特征的整体性与部门管理的分割性之间的较强张力，目前几个城市在海洋领域尚未形成上下联动、职责分明的跨区跨部门协同机制及科学的海洋综合管理制度，② 在海洋资源开发利用、环境治理等方面仍存在很大提升优化空间，

---

① 林瑞才：《厦门海洋文化建设的思考》，《厦门科技》2008年第2期。
② 宁波市自然资源和规划局：《加快建设海洋中心城市　全力增强大湾区核心功能》，《宁波通讯》2019年第11期。

且还存在管理职能空壳化、管理职责模糊化等问题。在海洋公共管理、海上安全、海事服务、海上搜救、海洋减灾防灾、海洋执法等领域管理体系还不够完善、监管执法力度不足。除此之外，目前在建设全球海洋中心城市管理方面还存在的一个问题是缺乏一个特定的议事协调机构或机制。由于海洋具有流动性，目前的海洋管理体制并不能实现独立部门的管理，往往需要多个部门互相配合，涉及跨区域、跨领域的海洋问题需要多部门联合行动来解决，因此在梳理好各类涉海管理机构权责的基础上，仍需要特定的议事协调机构或机制。[①]

全球海洋中心城市内涵不清晰，综合评价指标体系没有建立起来，对建设成效的评估缺乏科学依据。全球海洋中心城市在国内还是一个新鲜事物，相应的研究也没有跟上，从而导致各个城市在对全球海洋中心城市内涵的把握上出现差异，甚至出现将以往城市定位改头换面后重新包装成全球海洋中心城市的情况，这会严重阻碍各个城市全球海洋中心建设规划的制定和实施，从而延缓建设目标的实现。这也使对全球海洋中心城市建设成效的评估缺乏可靠的科学依据，难以在各个城市之间进行比较，也难以与国际上的各个城市进行比较。

五　政策建议

目前在已经明确提出要建设全球海洋中心城市的九个城市中，一部分已经出台了详细的发展计划及规划措施，但仍有一些城市还处在谋划、探索阶段，没有出台明确的建设举措。建设全球海洋中心城市意义很大，彰显的是一个城市经略海洋、发展海洋的潜力与能力。在全球海洋中心城市的建设过程中，在目标的提出到行动的展开过程中，这些城市可谓任重而道远。

---

① 董兆鑫、刘梦雪：《中国海洋管理发展报告》，载崔凤、宋宁而主编《海洋社会蓝皮书：中国海洋社会发展报告（2020）》，社会科学文献出版社，2020。

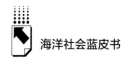

（一）提高海洋经济发展综合实力

综合经济实力是各城市建设全球海洋中心城市的基本保障，提升综合经济实力可以带来更多资金上的支撑，也更能彰显城市的综合实力。在海洋经济建设方面，首先，作为海洋城市，航运业是发展海洋经济必不可少的一项产业，地方政府应当加大对于港口基础设施建设的资金投入力度，在建设港口的定位上，应清楚港口建设方向，是主打运输还是主打服务。其次，要着重提升港口能级，沿海城市中，经济往来、贸易服务更多的是依靠港口，港口带来的经济效益在城市的整体经济效益中占有极高的比例，因此应打造具有自身特色的国际化海港，提升港口、航道等的基础设施服务能力，加强国内外港口贸易往来。最后，要加快港口向智慧化、绿色化方向发展，提升整体效率及效益。

大力拓展蓝色经济空间，重点发展战略性新兴产业和现代化服务业，扩大海洋金融服务范围，建设可以彰显自身实力的特色海洋支柱产业，打造具有地方海洋发展特色的品牌。且各城市应当在发展海洋基础性产业的同时加大对于海洋高端产业的研发力度，完善海洋产业链，不能"偏科"，要均衡发展。特别是大连、深圳、厦门等海洋经济发展综合实力较弱的城市，更应该找准发展定位，夯实基础产业，挖掘特色产业，拓展高端新兴产业。

（二）着力提升城市能级和走出国际化道路

建设全球海洋中心城市，就要着力提升城市的能级以及核心竞争力，提高对外开放程度，这是城市发展的普遍规律，也是迈向更加卓越的全球海洋城市的必然之举。目前中国九个城市都在争创全球海洋中心城市，势必应打造属于自身特有的，不可复制、不可替代的海洋特色产业。以舟山为例，其游客关注度高，海洋旅游产业经济增速快，海洋文化底蕴深厚，因此舟山可以就海洋旅游方面的发展加大投入力度，打造特色旅游业，以海洋旅游产业带动其他海洋产业的发展，举办国际海洋旅游、文化活动，吸引不同城市、不同国家的游客，带动海洋经济增长。厦门市电子信息产业是带动厦门经济发展的支柱产业，在发展海洋、经略海洋的过程中，厦门市可以以自身支柱产业为基础，发展海洋信息产业，打造国际海洋智慧平台，建设智能化港口港湾以及海洋大数据监测平台，加强国际海洋信息产业相关交流与合作，以此提升自身实力，提高国际知名度。另外粤港澳大湾区城市广州、深圳，可以利用自身独特的区位优势，加强与周边城市及国家海洋交流，拓展海洋相关产业市场。

（三）不断提升科创教育水平

建设全球海洋中心城市，必须要有科技、教育力量的支持。科技创新与发展教育是永恒的主题，随时代发展更加凸显，因此应该有计划地建立并完善海洋教育、科学研究相关体系。综观已经明确提出建设全球海洋中心城市目标的几个城市，综合实力靠前的城市在科技创新能力以及教育水平方面都具备显著的优势。

教育方面，应在中小学教育中普及海洋知识，增强中小学生的海洋意识，增强中小学生对于建设、保护海洋的认同感；积极创建海洋类专业高等院校，创办大型海洋科研研究院，政府部门应当加大相关建设资金支持力度，支持和引导海洋类高等院校相关学科及海洋研究院的发展建设，提升教育水平，鼓励高等院校人才进行海洋相关领域的深入研究；同时可以定期举办海洋相关领域高级学术研讨会，促进不同国家不同省份之间海洋专业类人才之间的交流探讨。

科创方面，目前大部分城市存在的问题主要是有一定水平的科研基础，但一般以基础性研究为主，对于高端装备制造业的研究相对较少，且科研成果转化率得不到提升。首先，政府应当为其提供政策上以及资金上的支持，加大对相关科研项目的支持力度，为相关研究者提供良好的科创环境，制定相应的人才吸引政策，优化人才稳定利用机制，增加人才储备，不仅能引进人才还要能留住人才；其次，应该完善对于海洋性人才的培养与科研成果产出激励机制，提高人才、企业、科研院所等相关研究者的科创积极性，制定科研成果市场化、应用化、商业化导向机制，提高科研成果转化效率，加速科研成果转化落地速度；最后，瞄准海洋前沿科技，推动海洋科技协同创

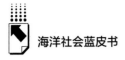

新，加快培育海洋工程技术研究中心和相关领域重点实验室，为其提供完备完善的技术支持。

科教水平发达，就能夯实发展中的软、硬实力，同时科教方面的实力也可以彰显城市的整体发展建设水平。从这几个城市来看，尤其是深圳、厦门等科教创新能力薄弱的城市，更应该积极推进海洋科教方面的建设，为建设全球海洋中心城市提供坚实的科技力量及人才基础。

科教水平还取决于大学的建设，各城市政府应该大力支持海洋类大学或涉海类大学的建设，如重点建设大连海洋大学、大连海事大学、中国海洋大学、上海海洋大学、上海海事大学、浙江海洋大学等，为全球海洋中心城市建设培养人才、提供科技创新成果。

（四）保持海洋生态活力和资源可持续利用

建设全球海洋中心城市的首要前提就是必须依托海洋，健康良好的海洋生态环境是发展经济的基本保障，保持海洋生态长久活力、资源可持续利用，才能提供更多经济发展方面的支撑，因此保护海洋生态环境质量、保持海洋资源数量就尤为关键。各省应积极编制与海洋环境保护有关的管理法规，加强海洋环境监测方面的建设，建立海洋环境通报制度，将海洋生态环境状况纳入政府工作报告。推动海洋环境保护相关法律建设，使其对于海洋生态资源破坏行为产生有效的法律约束，构建海洋生态环境、资源评估体系。加大陆地污染防治力度，积极开展污水入海防治工作，对于需要排入海洋的废水污水，在排入前进行严格有序的消毒处理净化工作，建立入海排口分类管理体系，加强河口海口生态环境整治工作。

合理开发利用海岛、海岸带资源，针对海岸带资源的建设利用制定合理精细的管控措施，加强对滨海沙滩、湿地等独特海洋资源的保护。此外，可以开发海岸海岛特色海洋旅游项目，开展浅海海洋体育活动事项，举办海洋特色文化节日。其一，可以对这类海洋资源集约利用；其二，可以保持海洋生态环境的经济活力；其三，海洋文化资源可以彰显一个地方独有的海洋文化底蕴，显示地方独特的海洋精神。

海洋资源的合理开发与利用对于建设全球海洋中心城市带来的经济效益不容小觑。从目前这九个城市来看，海洋资源丰富、海洋生态环境优越、海洋文化资源独具特色且合理利用这些海洋资源的城市，在发展旅游业吸引游客方面，都显示出了强劲的吸引力，海洋旅游业的收入在整个海洋产业中占比最大，这些宝贵的海洋资源不仅带动了海洋旅游产业的发展，也给整个海洋经济发展注入了长久活力。同时统筹保护与开发协调发展，也将给海洋领域永续发展留下足够的空间。

（五）加强海洋精神文化建设

海洋文化彰显的是一座海洋城市的精神底蕴，文化是城市长远发展、可持续发展的精神支撑，提高文化软实力可以为经济建设提供正确的方向。在建设全球海洋中心城市过程中，对于海洋文化建设各省都存在一定程度的忽视。政府应给予一定的政策倾斜，加大对海洋文化人才梯队建设的力度，以提升海洋文化挖掘、研究、建设水平，鼓励各省及各省相关人员进行海洋文化研究建设。另外，建议在中小学开设海洋相关科学课程，增强海洋意识、普及海洋文化。对于海洋文化的建设发展，不能只以海洋为本，应加强海洋文化建设，海陆统筹发展，架构起具有中国特色的海洋文化理论体系和海洋文化发展模式，彰显中国海洋城市独特魅力。除此之外，对于以上九个城市来说，应该找准自身海洋文化发展定位，挖掘地方海洋文化特色，将海洋文化特色打造成可以彰显专属自身的海洋精神底蕴名片，依据自身所拥有的海洋文化制定海洋文化发展规划方案，推动海洋文化建设和传承。各城市应积极举办海洋文化相关节事活动，加强地方群众对于本地海洋文化的认识，增强公众的海洋文化意识，增强大众对海洋文化的认同感；或以海洋文化为主题创办国际海洋体育赛事，将地方海洋文化特色以及海洋文化精神打出国际知名度。

（六）健全海洋综合管理体系

健全海洋综合管理体系是实施"海洋强国"战略，建设全球海洋中心

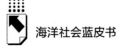

城市的重要保障。近年来，中国海洋领域的发展速度如此之快，成果如此之显著，正是因为海洋管理制度日益完善，但是，在探索建设全球海洋中心城市的征途中，依然还或多或少存在一些管理缺陷，管理体系还有很大的完善空间。应持续推进"海洋基本法"立法，完善海洋法律法规体系，把海陆兼顾、协调发展作为政策法规制定的重要原则，提高各类专项政策的适用性，编制海洋发展规划，开展全球海洋治理。强化海洋管理机构职责，完善责任制，加大海洋督察力度，优化管理职能。各城市建设全球海洋中心城市任重道远，只有健全海洋综合管理体系，才能使发展海洋、经略海洋有最基本的保障。

（七）加强全球海洋中心城市专项研究

加强对全球海洋中心城市的专项研究，是厘清全球海洋中心城市理念，制定全球海洋中心城市建设规划，建立科学的全球海洋中心城市综合评价指标体系的必然要求。有条件的城市可以设立全球海洋中心城市研究机构，开展全球海洋中心城市基本理念、发展历程、综合评价指标体系、城市比较等研究，为全球海洋中心城市建设提供理论和智力支撑。

B.8
中国海洋非物质文化遗产发展报告[*]

徐霄健　赵　缇　陈　慧[**]

摘　要： 2020年，新冠肺炎疫情突袭而至，面对严峻的形势，2020年全国各地都在始终如一地加强疫情防控工作，部分海洋非物质文化遗产（以下简称"海洋非遗"）的部署和工作开展有所推迟。但从总体上看，"海洋非遗"的建设保持稳中向好的基本态势，诸多项目循序渐进地开展，采取的保护和发展措施也初显成效。本报告对2020年我国"海洋非遗"的发展现状、发展成效和存在的客观问题进行了梳理和总结。综合来看，2020年既是脱贫攻坚收官之年，也是全面建成小康社会的关键之年。在助力脱贫攻坚的时代背景下，"海洋非遗"助力脱贫工程取得了新进展，为全面建成小康社会增砖添瓦。2020年，各沿海省市更加强调"文化＋旅游"的发展模式，海洋文化产业更是带动沿海经济发展的重要产业。此外，在疫情影响下，很多"海洋非遗"文化活动和文化产品逐渐探索出了一种"海洋非遗＋电商"的新发展模式。这无疑是助推"海洋非遗"传播与发展的一项新探索，更是实现海洋文化创新发展的新举措。

* 本报告为徐霄健主持的2020年度山东省"传统文化与经济社会发展"项目"传统海洋文化资源实现价值整合与产业化创新的'山东样板'研究"（项目编号：ZC202011005）的阶段性成果，以及赵缇主持的青岛农业大学博士基金项目"我国海洋民俗传承制度变迁的驱动机制分析"（项目编号：1119723）的阶段性成果。
** 徐霄健，曲阜师范大学马克思主义学院助教，硕士，研究方向为海洋社会学；赵缇，青岛农业大学人文社会科学学院讲师，博士，研究方向为海洋社会学；陈慧，曲阜师范大学马克思主义学院思想政治教育专业2018级在读本科生，研究方向为思想政治教育。

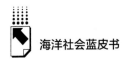

关键词： 海洋非遗 "海洋非遗名片" 数字化"海洋非遗" 文化
空间

中国海洋事业的发展先后经历了"十一五""十二五""十三五"规
划。每一个规划都是以上一阶段的规划为基础，结合新的形势，对新时期的
海洋事业发展进行全面部署。在面临新时期挑战时，"海洋非遗"的发展始
终全面贯彻党的十八大和党的十八届三中、四中、五中、六中全会精神，深
入贯彻落实习近平总书记的系列重要讲话精神，紧紧围绕统筹推进"五位
一体"总体布局和协调推进"四个全面"战略布局，扎实落实好保护与开
发工程。截至 2020 年，我国已经初步形成了"海洋非遗"层面的发展新格
局。其中，2020 年 9 月，青岛成功举办了东亚海洋合作平台青岛论坛，会
上专家学者聚焦海洋经济发展"十四五"规划，集中探讨了海洋领域国际
合作、涉海金融创新、数字信息化推动海洋产业发展等方面内容，强调海洋
文化是助推海洋经济发展的重要部分，实现海洋文化发展的重要性。① 2020
年海洋文化的发展在沿海各地新一轮的"十四五"规划中也普遍加速酝酿。
在此背景下，地方性"海洋非遗"的保护与发展工作也在加速推进。本报
告对 2020 年我国部分重点"海洋非遗"项目的保护工作和最新进展进行了
系统的梳理和总结，以及时、全面地呈现我国"海洋非遗"的建设情况、
发展规律和工作动态。

一 2020 年中国"海洋非遗"整体发展的基本情况

2020 年我国"海洋非遗"的发展速度相较于之前来说较为缓慢，但是
也呈现出新的发展思路和方向。在探索数字化"海洋非遗"发展之路的过

---

① 《2020 东亚海洋合作平台青岛论坛 9 月 21 日至 22 日在青岛西海岸新区举办》，半岛网，
http：//news. bandao. cn/a/408244. html，最后访问日期：2021 年 3 月 19 日。

程中，我国"海洋非遗"逐渐突破了地理空间的限制，找到了"海洋非遗 + 电商"的新发展模式，并形成了相对稳定的发展机制。另外，中央和地方性"海洋非遗"的保护措施也不断细化，我国"海洋非遗"项目的保护越来越强调规范化和制度化的要求。

（一）初步探索并形成了数字化"海洋非遗"的新发展模式

2020 年 12 月 28 日，文化和旅游部第四季度例行新闻发布会召开，会上介绍了新冠肺炎疫情对文化产业和旅游业的冲击，很多文化和旅游企业面临经营困难，面对这一现状，文化和旅游部产业发展司副司长马峰表示，要坚决贯彻党中央、国务院关于统筹推进疫情防控和经济社会发展的决策部署，在做好"六稳""六保"、推动复苏方面，主要采取了以下五项措施：一是积极争取纾困政策；二是指导地方用足用好政策；三是抓好项目建设；四是推动产业创新发展；五是加大金融对产业高质量发展的支持力度。[①] 正是在这一背景下，"海洋非遗"项目建设工程开启了新发展和新探索之路。一方面，在疫情影响下，为了让"海洋非遗"有看点、有视点、有亮点，一些文化公司或个人希望通过互联网这一平台，拓展"海洋非遗"产品传播与发展的新路径。可以看出，"非遗 + 旅游 + 互联网"既是一项新的时代课题，也是一股新的发展潮流。另一方面，在新媒体时代下，通过互联网、物联网、大数据、人工智能、5G 技术等推动"海洋非遗"的发展越来越成为拉动经济增长的新趋势和新动力，当然这也是打造数字化"海洋非遗"和推动其产业转型与升级的迫切需要。

综合来看，2020 年，我国沿海各地在推动"海洋非遗"与旅游业深度融合的基础上开始探索"线上"发展之路，希望通过互联网技术来大力推广"海洋非遗"精品。总体来说，2020 年我国"海洋非遗"的保护与发展已经初步进入新的转型期，很多沿海城市已经在更高水平上推进了

---

① 《文旅部：采取五方面措施　推动文旅产业复苏》，人民网，http://travel.people.com.cn/n1/2020/1228/c41570 - 31981690.html，最后访问日期：2021 年 3 月 19 日。

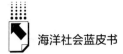

"海洋非遗"项目的创新与发展。"海洋非遗"的传统发展模式逐渐被打破，适应市场多样化需求的"海洋非遗"项目建设工程逐步实现了新探索和新发展。

（二）中央和地方性"海洋非遗"的保护措施逐渐完善

2020年，我国对"海洋非遗"的保护与传承工作继续秉承"保护为主、抢救第一，合理利用、传承发展"的方针，重视程度也进一步提高。通过梳理我国部分海洋城市政府出台的关于海洋文化发展的文件可以看出"海洋非遗"建设方面的基础性成就和创新性成果丰硕。2020年，我国"海洋非遗"的建设在诸多方面开启了新的起点。首先，五年一评的非遗传承人新规正式实施。自2020年3月1日起，《国家级非物质文化遗产代表性传承人认定与管理办法》正式施行，该办法从多个方面对"海洋非遗"的代表性传承人认定条件做了细化规定，还明确了下一步开展国家级"海洋非遗"项目代表性传承人的认定工作和资格审查任务。[①] 其次，"海洋非遗"保护工作的地方性法规和条例也在陆续出台和制定过程中，如《厦门经济特区闽南文化保护发展办法》的颁布与实施。2020年4月22日，厦门市第十五届人大常委会第三十三次会议表决全票通过了《厦门经济特区闽南文化保护发展办法》。[②] 该办法进一步规范和明确了闽南文化（包含"海洋非遗"项目在内）保护、传承与发展的具体内容。

二 2020年中国"海洋非遗"保护工作的开展情况

基于我国对非物质文化遗产保护工作的重视，2020年，我国诸多沿海省市在两会精神的指导下，纷纷采取新举措，开展"海洋非遗"的传承

---

① 《国家级非物质文化遗产代表性传承人认定与管理办法》，人民网，http：//nx. people. com. cn/GB/n2/2020/0309/c192474–33860264. html，最后访问日期：2021年3月9日。
② 《厦门经济特区闽南文化保护发展办法》，厦门网，http：//news. xmnn. cn/xmnn/2020/04/23/100710303. shtml，最后访问日期：2021年1月11日。

活动、文化活动、学术交流会和研讨会，一些沿海城市也在积极筹备和跟进"海洋非遗"的申报工作。另外，对"海洋非遗"抱有研究兴趣的学者也不断增加，他们围绕不同的研究议题，不断开拓"海洋非遗"的新研究领域。此外，针对我国"海洋非遗"传承人老龄化突出、文化素质普遍不高以及后继乏人、人亡艺绝的问题，有关政府部门通过政策支持的方式及时弥补传承体系中存在的短板与漏洞。需要看到的是，2020 年我国"海洋非遗"的国际传播力和影响力在逐渐增强。在全球化背景下，我国"海洋非遗"的发展走上了国际化轨道，各国间海洋文化的交流与互动也日益加强。

（一）我国"海洋非遗名片"建设取得了新进展

产业发展是带动"海洋非遗名片"建设的"第一动力"，也是实现"海洋非遗"文化价值最大化的"助推器"。2020 年，我国虽然一直处于防控疫情的严峻形势下，但沿海地区的"海洋非遗"文化旅游活动在遵守防疫规定的前提下有序开展。例如，2020 年第六届琼海潭门赶海节于 8 月 16 日上午在潭门中心渔港开幕，此次赶海节将人文风情、海鲜美食、渔业体验、消费扶贫等元素进行了整合，这不仅是千年渔港潭门新风貌的展现，而且也是"海洋非遗"产业创新的新探索。潭门的赶海节，不仅能够将赶海文化推广出去，让更多人了解南海渔耕文化，而且还能带动潭门镇旅游经济的发展。① 另外，2020 年，我国部分沿海城市也在陆续开展具有地方特色的海洋文化节目表演和"海洋非遗"项目展示等"文化名片"推介活动，并取得了新进展。例如，2020 年 12 月 31 日，北海市非遗中心助力"海上丝绸之路北海史迹"申报世界文化遗产工作取得了新进展。值得关注的是，2020 年 12 月 27 日，广西壮族自治区人民政府公布的第八批自治区级非物质文化遗产代表性项目名录中，北海市有 6 个项目入选，北海开海习俗和北海海上

---

① 《2020 年第六届琼海潭门赶海节开幕》，中新网，http：//www.hi.chinanews.com/hnnew/2020－08－17/4_124822.html，最后访问日期：2021 年 3 月 5 日。

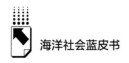

扒龙船习俗位列其中。① 由此可见，海洋文化产业的发展是新时代背景下实现"海洋非遗"传统价值向现代化转变的有效途径。

"海洋非遗名片"建设不仅需要依托地方文化产业的发展，而且还需要有效的规范化管理。为此，2020年山东省为促进本省海洋文化产业的高质量发展，出台并实施了《山东省重点文化产业项目、重点文化企业、重点文化产业园区认定管理办法》，集中组织开展了第六批山东省重点文化产业项目、重点文化企业、重点文化产业园区推荐评选活动。其中，中国海洋非遗文创基地项目（威海威高兴源文化创意有限公司）、东方贝壳文化博览园项目（青岛贝壳博物馆）、蓬莱八仙过海旅游有限公司等多个与"海洋非遗"有关的项目和企业进入拟入选名单。② 由此可见，对于"海洋非遗"项目建设的规划明确清晰和有组织的管理是促进"海洋非遗名片"建设必不可少的环节，也是对"海洋非遗名片"建设定位高度重视的重要体现。

除了产业发展方式能够带动我国"海洋非遗名片"建设之外，科学研讨也是促进"海洋非遗名片"建设的重要方式。2020年，我国部分沿海城市也举办了一些以"海洋非遗"或海洋文化为主题的学术论坛和研讨会。这些会议多数以发展中国优秀传统海洋文化为核心，以充分展现其时代风采为目的，集中探讨新时代海洋文化的传承、利用与创新机制。例如，为做好妈祖文化和旅游国际传播，讲好中国故事，进一步提升妈祖文化和旅游国际交流与合作水平，2020年11月1日，"2020妈祖文化和旅游国际传播论坛"在莆田市湄洲岛举办。③ 又如，2020年10月29日，福建宁德市霞浦县举办了"中国·霞浦海洋文化研讨会"，会议就中国海洋文明

① 《第八批自治区级非物质文化遗产代表性项目名录发布》，新华网，http://www. gx. xinhuanet. com/2021 - 01/27/c_ 1127029962. htm，最后访问日期：2021年3月3日。
② 《第六批山东省重点文化产业项目、重点文化企业、重点文化产业园区拟入选名单公示》，鲁网，http://sd. sdnews. com. cn/yw/202012/t20201216_ 2838095. htm，最后访问日期：2021年3月13日。
③ 《2020妈祖文化和旅游国际传播论坛在莆田湄洲岛举办》，央广网，http://news. cnr. cn/native/city/20201103/t20201103_ 525318067. shtml，最后访问日期：2021年3月14日。

起源、古代海上丝绸之路、福建海洋文明贡献等议题进行了深入研讨。① 该会议聚焦"一带一路"倡议和福建加快建设21世纪海上丝绸之路核心区，集中强调了深入开展海洋文化研究的重要历史意义和现实价值。这种以研讨会形式推动"海洋非遗"项目的传播与创新，不仅可以集中智慧打造更多更好的"海洋非遗"精品，还可以充分挖掘"海洋非遗"的历史底蕴，从而将"海洋非遗"的发展推向一个新的高度。另外，海南热带海洋学院承办的海南兄弟公海洋文化与海洋非遗保护研讨会于2020年11月28～29日在琼海博鳌举行。60多名来自海南省内各高校的研究者和学者、市县非遗工作者和非遗传承人参加了会议，并从海南兄弟公与海神信仰文化研究、兄弟公信仰与海洋文化研究、兄弟公文化与民俗文化研究等方面进行了深入交流和探讨，② 为海南海洋文化与海洋非遗保护工作出谋划策。

（二）沿海各地"海洋非遗"惠民工程建设广泛开展

促进海洋文化的繁荣兴盛是引领和谐海洋事业发展的重要组成部分。新时期繁荣"海洋非遗"建设，不仅是我国海洋文化事业发展的必然要求，也是推进我国社会主义先进文化建设的时代课题。综观2020年，沿海各地海洋文化馆、展览馆的建设，不仅有利于促进"海洋非遗"建设项目在新时期的保护与传承，而且还能让"海洋非遗"建设的发展成果惠及广大人民。其中，惠东渔歌作为惠州沿海地区古老的海洋文化，于2008年入选国家级非物质文化遗产名录。2020年，政府与民间机构不断探索在新时代下促进渔歌焕发新活力的途径，从而逐渐找到了千年渔歌与现代审美需求相融的契合点。2020年8月29日，惠东渔歌文化展览馆合江楼开馆仪式暨惠州市志愿者联合会联络处、惠东县青年企业家联合会惠州联络处揭牌仪式在合

---

① 《中国·霞浦海洋文化研讨会举行》，台海网，http：//www.taihainet.com/news/fujian/nide/2020－10－30/2441732.html，最后访问日期：2021年3月1日。

② 《转发海南热带海洋学院关于邀请海南省各高校参加"海南兄弟公海洋文化交流研讨会"的函》，海南经贸职业技术学院网站，http：//kyc.hceb.edu.cn/culture/1222.html，最后访问日期：2021年3月1日。

江楼盛大举行。① 这标志着作为广东传统民间艺术、惠州非遗文化瑰宝的惠东渔歌已经慢慢走出小县城，唱响全国，进入了大众的视野。惠东渔歌文化展览馆正式开馆，也标志着渔歌文化的推广和发展又迈进了坚实的一步。

文化基础设施建设是实现"海洋非遗"文化惠民的一项重要任务。为此，在2020年，各沿海城市陆续开展"海洋非遗"项目建设。在有关地方政府的领导下，各地方文化和旅游局持续深化文化旅游融合发展，全面加快重大文旅项目建设，全力克服疫情带来的不利影响，形成了全要素深度融合、全业态多元发展、全流程品质升级的"海洋非遗"全域发展大格局，这标志着"海洋非遗"建设迈入了快速发展的新阶段。坚持文化保护先行，深化文旅融合发展，提升"文化北海"建设工程，是为了推动"海洋非遗"资源的有效开发与利用。北海市出台了《北海市关于推进博物馆城市建设的指导意见》，支持民间文化场所、私人展馆等创建博物馆，加快建设博物馆城市。其中，积极打造了《海丝首港·水与火之歌》全景交互式旅游演艺项目，② 这不仅是激活北海海洋文化元素活态化的重要举措，也是文化与市民生活深度融合的体现，更是北海市"海洋非遗"建设的一大创新。

（三）"海洋非遗"资源的保护与开发逐渐实现规范化

近年来，我国对"海洋非遗"的保护进入了规范有序的制度化轨道，这也为今后出台法律和制定一系列相关的方针政策奠定了重要基础。2020年5月21～22日，全国两会在北京召开，会议推进了我国出台非遗新政策的进程。2020年的全国人大三次会议将目光聚焦在非遗的异地传

---

① 《惠东渔歌文化展览馆在惠州水东街合江楼五楼开馆》，惠东县人民政府网站，http://www.huidong.gov.cn/hdxwz/zwgk/zwdt/zwyw/content/post_4024491.html，最后访问日期：2021年3月3日。
② 《北海市旅游文体局2020年绩效工作亮点展示》，北海市人民政府门户网站，http://xxgk.beihai.gov.cn/lywtj/qtzyxxgk_84966/jxzszl_88912/202012/t20201211_2343705.html，最后访问日期：2021年3月1日。

承与保护上。① 为此，很多沿海城市的地方政府针对当地"海洋非遗"的发展情况，制定了相关政策和法规，在出台的文件中做出了相应的规定。2020 年青岛市政府工作报告指出，要加快文化强市建设，加强地方优秀文化挖掘和阐发，打造海洋文化、历史文化、红色文化、对外交流文化等青岛文化品牌。② 另外，蓬莱市在《2020 年政府工作报告》中，也明确强调要传承弘扬八仙文化、海洋文化，办好"蓬莱八仙文化旅游节"，展现蓬莱风情，讲好蓬莱故事，展示文化魅力；围绕争创国家全域旅游示范区，抓重点、补短板、塑特色，聚力打造三大板块，全面提升旅游服务质量和水平。③ 此外，2020 年中国与马来西亚合力完成了"送王船"申遗项目。联合申报期间，中、马两国成立了"中马送王船协同保护工作组"，在两国政府非物质文化遗产主管部门的支持下，双方共同制定了《送王船联合保护行动计划（2021—2026 年)》，在此基础上中、马两国政府将成立"双边工作委员会"，建立联合保护共同协作机制，支持"中马送王船协同保护工作组"开展工作，并以此为契机推动双方关于联合保护非物质文化遗产合作协议的签署，使文化遗产成为实现人类持久和平的交流资源。④《送王船联合保护行动计划（2021—2026 年)》的出台和实施，意味着两国将加强"海洋非遗"层面的国际合作。"海洋非遗"跨国联合保护协作机制的建立为国内其他"海洋非遗"项目的国际层面建设和探索国际联合保护措施与行动提供了典范。

---

① 《【两会非遗声音】孙艳玲：多方合力促"非遗异地传承"实现破局》，中国非物质文化遗产网，http://www.ihchina.cn/news_ 1_ details/20866.html，最后访问日期：2021 年 6 月 13 日。

② 《青岛市人民政府 2020 年政府信息公开工作年度报告》，青岛政务网，http://www.qingdao.gov.cn/zwgk/xxgk/bgt/gzbg/202103/t20210309_ 3002785.shtml，最后访问日期：2021 年 3 月 3 日。

③ 《2020 年蓬莱市政府工作报告》，蓬莱市人民政府网站，http://www.penglai.gov.cn/art/2019/12/31/art_ 45326_ 2618709.html，最后访问日期：2021 年 3 月 11 日。

④ 《送王船的申遗故事》，人民网，http://ip.people.com.cn/n1/2020/1228/c136655－31981162.html，最后访问日期：2021 年 6 月 13 日。

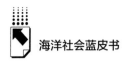

三 2020年中国"海洋非遗"项目建设的创新成果

一个国家的兴盛与海洋事业密不可分。实现中华民族伟大复兴的中国梦，必然要建成海洋强国。海洋强国的建设是经济、社会、文化、生态的全方位建设。因此，海洋事业发展要坚持海洋经济、海洋政治、海洋文化、海洋社会和海洋生态五方面的全面协调建设。其中，经济是基础，是决定政治、文化的根本因素。2020年我国沿海各地逐渐形成了以海洋文化推动海洋经济发展的新策略，坚持建设海洋文化与发展海洋事业并举。当前，以"海洋非遗"为载体和纽带的市场、技术、信息、教育等合作日益紧密。中国提出共建"21世纪海上丝绸之路"倡议，就是希望促进海上互联互通和各领域务实合作，推动蓝色经济发展，推动海洋文化交融，共同增进海洋福祉。

（一）从"海洋非遗"的"传家宝"到"致富路"的发展转变

长期以来，我们党强调社会主义精神文明建设，并高度重视思想政治教育工作，这为"海洋非遗"的发展建设提供了强有力的政治保障；加强建设有理想、有道德、有文化、有纪律的"海洋非遗"文化工作者队伍，为"海洋非遗"的传承与发展提供了人才保障。新冠肺炎疫情突袭而至以来，各地根据本地区的实际情况有序推进"海洋非遗"文化建设保护工程，其中在海洋文化发展中，长海县大长山岛镇小泡村当属模范村。2020年，小泡村在紧抓疫情防控的同时，丝毫没有放松海洋经济发展和文化建设。董义章曾在日记本里写下了这样一句话："从今天起，我要做一名'长海号子'的喊海人，带领乡亲们耕耘播海，强岛富村。"经过多方面的调查研究，董义章在第一次村"两委班子"会议上，提出了把"靠海吃海"变为"靠海养海"、把"靠天吃饭"变为"靠海致富"的发展思路。另外，每年正月十三，是长海县渔家的传统习俗海灯节。过去，渔民们都是烧香祈福拜海神娘娘，把村里的环境搞得乌烟瘴气。针对这一不好的旧习俗，董义章在村民代表大会上提出："我们祈福奔小康，要讲文明小康生活，要天蓝蓝、海蓝蓝，不能把渔村折腾成脏兮兮的样子，让老祖宗骂我们败家子。"他建议，要办个"海神娘娘文化旅游节"，搞健康向上的、富有渔家新时代新生活特点的新文化习俗。① 依托"长岛渔号"这一文化资源建设渔村的经济，不仅可以让当地办更多的"渔家乐"和家庭饭庄，还可以有效促进海洋文化的传播。

（二）依托"海洋非遗"走出海洋文旅融合发展的新道路

文旅融合已经成为推动"海洋非遗"传承、利用和创新发展的新模式，并受到各沿海省市的高度重视。在文化和旅游深度融合的背景下，2020 年 9 月 22 日下午，在青岛市人民政府主办、青岛西海岸新区管委承办的 2020 东亚海洋文化和旅游发展论坛上，《东亚海洋城市文旅发展指数报告（2020）》（以下简称《指数报告》）正式发布。《指数报告》指出，2020 年国际游客人数将下降 58% ~ 78%，国际旅游有望在 2021 年下半年恢复。② 对此，有专家认为，开展东亚海洋文旅发展指数研究，对于推进海洋城市的文旅融合发展具有重要意义，有利于促进东亚及东盟国家的文化和旅游交流，而且还能够有效促进城市的高质量发展。为了激发"海洋非遗"传承与保护的内生动力，促进非遗与旅游业的融合发展，威海市文化和旅游局在 2020 年 12 月 21 日组织开展了威海市非遗旅游体验基地创建工作。③ 此次非遗旅游体验基地创建工作有利于增强当地"海洋非遗"的吸引力和影响力，可以让更多的游客体验到"海洋非遗"的历史底蕴和文化魅力。

文化生态保护与旅游产业发展是一种相融相盛的互利关系。很多沿海城市正是立足于对海洋渔文化全域保护，才实现了对旅游资源的开发和利用。

---

① 《做一名"长海号子"的喊海人》，大连长海党建网，http：//www. dlchdj. com/show. aspx? cid = 204&id = 46572，最后访问日期：2021 年 1 月 2 日。

② 《〈东亚海洋城市文旅发展指数报告（2020）〉发布》，光明网，https：//difang. gmw. cn/qd/2020 – 09/22/content_ 34212275. htm，最后访问日期：2021 年 3 月 1 日。

③ 《威海 8 家非遗旅游体验基地出炉　推动非遗活态传承》，中国山东网，http：//weihai. sdchina. com/show/4583501. html，最后访问日期：2021 年 3 月 13 日。

其中，象山县全新谋划"象山北纬 30 度最美海岸线"文旅 IP 形象，推动非遗和旅游各领域、多方位、全链条深度融合。当地依托一批"海洋非遗"项目建设了蟹钳港景区等一批海洋渔文化研学旅游基地，设计推出赶海扬帆、渔港风情等 6 条海洋渔文化体验产品线路。此外，当地还组织民宿和非遗传承人开展"联姻"，朝山暮海、沙塘静湾等 13 家民宿成为首批"非遗民宿"创建试点；以非遗传承人为主体设立 17 个非遗体验基地，其中 5 个在旅游景区。① 由此可见，在促进中华优秀传统文化创造性转化和创新性发展的大背景下，大力推进"海洋非遗"建设势在必行。同样可以看到，"海洋非遗"已经探索出了文旅融合发展的新思路、新模式。

（三）开创了"海洋非遗 + 电商"的新发展模式

当前，不少人都意识到，以"非遗 +"为文旅融合突破口、切入点、增长面，可以开展传承实践、提升传承能力和改善传承环境，进一步推动非遗元素融入现代生产生活、融入文化旅游城市建设，以非遗创意基地及其开发能力建设推动非遗项目创造性转化、创新性发展，从而丰富城市优秀传统文化内涵。同样，"海洋非遗 + 电商"的发展模式是深入探索传统艺术与网络技术有机融合的有效方式。近几年，人们不断探索"海洋非遗 + 电商"跨界融合发展的新模式，以更好地促进"海洋非遗"产品的传播与销售。其中，在各大电商平台举办的"非遗购物节"逐渐成为疫情防控常态化背景下"海洋非遗"的最新发展趋势。

2020 年 6 月 13 日是我国第四个"文化和自然遗产日"。为弘扬海洋文化，聚焦非遗在人民大众健康生活中所发挥的重要作用，增强人民群众文化遗产保护意识，传承、弘扬中华优秀传统文化，营造文化遗产保护的良好社会氛围，助推"复工复产"，促进文旅消费，当地以线上和线下相结合的活动方式，开展丰富多彩的"文化和自然遗产日"系列活动。其中，当地

---

① 孙建军：《全力推进海洋经济快速发展！象山海洋渔文化生态保护区建设成效凸显》，澎湃网，https：//www.thepaper.cn/newsDetail_ forward_ 10668861，最后访问日期：2021 年 3 月 5 日。

5~6 月举办了"非遗购物节"活动，活动内容包括东海贝雕艺术博物馆的淘宝直播，非遗淘宝天猫、拼多多等。[①] 2020 年，浙江省部分地区也积极开拓新的发展渠道，联合淘宝、拼多多等电商平台举办了首届"非遗购物节"。其中，定海区广泛发动贝雕、船模等非遗项目传承人及相关企业参与其中，他们通过线上售卖瀛洲海产、舟山船模等多种具有本地特色的"海洋非遗"产品，拓宽了"海洋非遗"文化传播的范围和发展"钱景"。[②] 此外，2020 年北海市旅游文体局工作取得了重大绩效，多个亮点突出。例如，北海市举办了 2020 年"文化和自然遗产日"非遗宣传展示活动暨北海首届非遗直播购物节。其中，涠洲岛成为全国海岛民宿重要集聚地，借助自媒体平台的宣传，一批高品位特色民宿变身为众多游客眼中的"网红"。[③] 由此可见，在疫情防控常态化时期，互联网平台对"海洋非遗"衍生品的传播和销售起到了至关重要的作用。这种通过抖音等新媒体打造非物质文化遗产销售平台的方式，可以全方位将"海洋非遗"带入大众视野。另外，这种方式不仅可以培养和激起年轻一代对"海洋非遗"的兴趣，而且还可以在新时代语境下进一步发掘"海洋非遗"的传统价值和时代价值。

还需要看到的是，"海洋非遗+电商"的新发展优势能够直接拉近"海洋非遗"产品与消费者之间的距离，让"海洋非遗"真正融入人们的日常生活，从而成为一种体验、享受和依托。所以，借助电商平台来推广、销售兼具美学价值和实用价值的"海洋非遗"产品，更好地实现了"海洋非遗+电商"的经济和社会双重效益，因为，这种方式可以将海洋文化资源进行有效整合，通过筛选、加工和处理，以实现对"海洋非遗"产品的优化和塑造，从而吸引大批年轻人成为"海洋非遗"的主要消费群体。由此

---

① 《非遗传承 健康生活丨2020 年洞头区"文化和自然遗产日"系列活动将全面启动》，搜狐网，https://www.sohu.com/a/400732052_801868，最后访问日期：2021 年 3 月 3 日。

② 《深入探索传统艺术与新兴技术有机融合 定海"非遗+"赋予传统工艺新生》，舟山网·大海网，http://www.zhoushan.cn/newscenter/zsxw/202009/t20200902_984995.shtml，最后访问日期：2021 年 3 月 5 日。

③ 《我市举办 2020 年"文化和自然遗产日"非遗宣传展示活动!》，搜狐焦点网，https://beihai.focus.cn/zixun/e04dd7aacc960464.html，最后访问日期：2021 年 3 月 13 日。

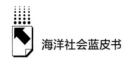

可见，在如今这个网络信息技术高度发达的社会，当传统与现代碰撞在一起时，会产生新的发展理念和思路，这样便可为打造"海洋非遗"发展的新高地创造条件。

（四）将"海洋非遗"传统价值与现代需求相结合的新探索

非遗文创，可在保留其外在文化符号和内在文化底蕴的前提下，解码"非遗"本身的时代基因，创造属于当下的具有非遗特色的产品。[①] 2020 年 6 月，威海威高民俗文化邨，致力于将园区打造为经典文化振兴名片与融合创新发展高地，创建了"中国海洋非遗文创基地"，坚持多维联动、多措并举、多元增效。[②] 该基地的打造可以有效促进"海洋非遗"的保护与传承。2020 年 12 月 31 日，浙江舟山群岛渔民画作品展在浙江展览馆举办。如今，人们越来越认识到将传统文化与现代审美相结合的重要性，在作品展上，除了海洋文化作品，还有诸多衍生品，如渔民画丝巾、渔民画书签、渔民画鼠标垫、渔民画拖鞋等。[③] 由此可见，我国部分"海洋非遗"已逐渐走进了大众视野，并且走出了一条可以满足人们日常生活需要的新发展之路。另外，在 2020 年，永福妈祖文化节由于受疫情影响，其庆典时间由农历三月二十日至二十三日推迟到八月七日至九日，庆典从简举行。不久之后，第十二届广州南沙妈祖文化旅游节于 10 月 30 日在南沙天后宫景区开幕。在这次文化旅游节中，南沙人民推陈出新，让人们看到了丰富多彩的妈祖文创产品。伴随新一届广州南沙妈祖文化旅游节的到来，除了原来的默妃香云纱、妈祖平安水、妈祖福酒等产品之外，南沙天后宫景区还推出了妈祖乘龙伞、全家福

① 《点亮非遗之光——2020 首届中国非物质文化遗产论坛大会在黄山胜利召开》，祖国网，http：//www.zgzzs.com.cn/index.php/Article/detail/id/70020.html，最后访问日期：2021 年 3 月 13 日。
② 《威海威高民俗文化邨：打造经典文化振兴名片》，新浪网，http：//k.sina.com.cn/article_2620088113_9c2b5f3102000vwvw.html，最后访问日期：2021 年 3 月 13 日。
③ 《以美术作品诠释大海精神与情怀 浙江舟山群岛渔民画作品展展出》，杭州网，https：//hznews.hangzhou.com.cn/wenti/content/2021 - 01/07/content_7888095.html，最后访问日期：2021 年 3 月 13 日。

T恤、萌妈抱枕、恭喜发财酒等商品。① 上述这些产品在新的市场环境中逐步延长和扩大了南沙妈祖文化IP的文化产业链和文化产业空间，从而为进一步打造南沙特色的活态文化提供了物质基础。从供需方面来看，这些新产品的出现，既是"海洋非遗"项目实现从受众"普遍化"到"个性化"需求的转变，也是"海洋非遗"项目实现创造性转化与创新性发展的有效实践和充分体现。

四 结语

综观2020年我国"海洋非遗"整体发展状况，一方面，表现为初步探索并形成了数字化"海洋非遗"的新发展模式；另一方面，表现为中央和地方性"海洋非遗"的保护措施正逐渐完善。另外，2020年我国"海洋非遗"保护工作在"海洋非遗名片"建设方面取得了新进展，沿海各地"海洋非遗"惠民工程建设任务也在普遍开展，"海洋非遗"资源的保护与开发逐渐实现了规范化的管理。此外，2020年我国"海洋非遗"项目建设的创新成果表现为四个方面的"突破"，即"海洋非遗"逐渐开启了将传统价值与现代需求相结合的新探索，开创了"海洋非遗+电商"的新发展模式，依托"海洋非遗"自身优势走出了海洋文旅融合发展的新道路，并逐渐实现了从"海洋非遗"的"传家宝"到"致富路"的发展理念的转变。上述我国"海洋非遗"建设方面取得的成功和最新实践探索的经验，值得我们从理论层面进一步阐释和研究，以更好地形成关于"海洋非遗"发展方面的建设规律。需要看到的是，2020年我国"海洋非遗"的发展成果虽然很丰硕，但也存在基础设施建设薄弱、创新性内容欠缺、发展动力不足、保护与传承理念定位不清等问题。如果这些短板和漏洞不能及时补齐，将会影响"十四五"时期我国"海洋非遗"的发展前景和发展空间。

---

① 《2020年永福妈祖文化节》，美篇网，https://www.meipian.cn/336x7vsl，最后访问日期：2021年3月12日。

B.9
中国海洋文化发展报告

宁 波　金童欣*

摘　要： 海洋文化理论探索与建构已有数十年历史，但作为专门理论体系的主体性存在，迄今并未得到学术界认可。作为中国海洋文化发展报告，有必要就2020年海洋文化的学科主体性困境与突破予以专题论述。海洋文化究竟是学科还是领域，是知识集合还是理论体系，在学界颇有争议。海洋文化学科主体性构建，遭遇传统学术思维惯性的挑战、经世致用思想的挑战、研究对象范畴模糊的挑战和研究方法个性缺失的挑战。关于如何直面挑战，走出理论建构困境，实现理论主体性突破，本报告认为需要坚持"人海主体"的理论建构，坚持"人海和谐"的价值取向，坚持"人海依存"的研究范畴，坚持"人海互动"的研究方法。如此，方能逐步确立和强化海洋作为学科体系的主体性，使海洋文化研究成为助推"中国梦"的文化软实力，成为建设海洋强国的思想基础、理论自觉与行动方向。

关键词： 海洋文化　理论主体性　文化软实力

海洋文化理论探索与建构些有年矣。然而，作为中国海洋文化发展报

---

* 宁波，上海海洋大学经济管理学院硕士生导师，海洋文化研究中心副主任，副研究员，研究方向为渔文化、海洋文化、文化经济等；金童欣，上海海洋大学经济管理学院2021届硕士研究生，研究方向为渔业经济管理。

告，有必要就 2020 年海洋文化的学科主体性困境与突破予以专题论述，且报告之目的正在于把握现状与趋势。这不仅有助于深入海洋文化研究的学理反思，同时有助于今后海洋文化研究的理论建构与发展。现以 2020 年作为报告时间节点，可知自 1953 年杨鸿烈出版《海洋文学》算起，海洋文化已有 67 年发展史；若从曲金良 1999 年出版《海洋文化概论》算起，则海洋文化研究已有 21 年历史。然而，尽管数十年已足够一个学科的创立、积淀与相对成熟，但是作为专门理论体系存在，即理论主体性存在，海洋文化迄今并未得到学术界广泛认可。本报告试图就海洋文化理论主体性构建做一番分析探讨，以期能引起海洋文化研究界重视，以抛砖引玉，继往开来。

一 海洋文化的学科主体性问题

（一）是学科还是领域

中国的海洋文化研究，经过数十年积累已逐步成长为一个独立的知识系统，然而海洋文化理论体系的地位和学科属性，截至 2020 年仍未得到学术界广泛认可。这一方面是人们囿于中国哲学与人文社科学术传统的思维惯性，对海洋文化这一新事物缺乏认识和了解；另一方面或许恰恰是"海洋文化"概念在社会上走热，使这一领域集聚了哲学、历史学、文艺学、政治学、军事学、民俗学、社会学、人类学、旅游学、传播学等领域的众多学者，百家争鸣、百花齐放，以致影响了海洋文化自身理论体系的主体性建构。海洋文化，究竟是作为历史学、社会学、民俗学等学科的研究对象而存在，还是有自身独特的学科属性、理论体系和研究方法。换言之，海洋文化是"学科"还是"知识领域"？这犹如对教育学学科的质疑。美国著名教育史学者埃伦·康德利夫·拉格曼（Ellen Condliffe Lagemann）在《一门捉摸不定的科学：困扰不断的教育研究的历史》一书中曾经感慨："许多人认为教育本身不是一门学科。的确，教育既没有独特的研究方法，也没有明确划定的专业知识内容，且从来没有被视为是一种分析其他科目的工具……但是，我把教育看成是受到其他许多学科和跨学科影响的一个研究领域与一门专业领域。"① 由此可见，海洋文化与教育学极其类似，犹如"难兄难弟"，在理论主体性建构方面"捉摸不定"且"困扰不断"。

（二）是知识集合还是理论体系

2021 年 5 月 1 日，以"海洋文化"为关键词在中国知网总库进行主题检索，显示 1964 年 1 月 1 日至 2020 年 12 月 31 日，共有 5881 篇文献（见表 1）。

表 1　1964~2020 年中国知网海洋文化文献数量年度分布情况

年份	文献篇数	年份	文献篇数	年份	文献篇数	年份	文献篇数
1964	2	1990	2	2001	32	2012	445
1967	3	1991	4	2002	55	2013	534
1975	1	1992	4	2003	59	2014	479
1976	1	1993	3	2004	78	2015	439
1977	1	1994	6	2005	142	2016	463
1978	1	1995	11	2006	121	2017	417
1979	3	1996	12	2007	206	2018	350
1985	1	1997	13	2008	228	2019	463
1986	3	1998	28	2009	196	2020	387
1988	3	1999	31	2010	287		
1989	4	2000	16	2011	347		

在以上 5881 篇文献中，有众多文献是以历史遗产视角挖掘海洋文化遗产，重新审视海洋文化，从而确立中华海洋文化应有的历史和地位；还有众多文献是通过田野调查方法摸排海洋文化现状，给出民族志式的"照相式"记录与类型提炼；另外有为数不少的文献是结合国家大政方针，对海洋文化方面的政策进行解读，并提出真知灼见或决策咨询建议。此外，还有为数不

---

① 〔美〕拉格曼：《一门捉摸不定的科学：困扰不断的教育研究的历史》，花海燕等译，教育科学出版社，2006，第 10 页。

少的其他视角的研究，在此从略。然而，尽管有杨国桢、曲金良、张开城、时平、韩兴勇、王颖、刘家沂等学者的不懈努力，但是海洋文化究竟是一种知识集合的存在，还是理论体系的存在，至少到 2020 年依然悬而未决。即便 2014 年 12 月，曲金良等出版《中国海洋文化基础理论研究》，在该书中系统回答了中国海洋文化在世界海洋文化体系中的地位、基本内涵、特点特性、历史积淀、价值和功能、发展现状等问题，试图宣示海洋文化基本理论体系的建立，然而遗憾的是依然未得到学术界的普遍接受和认可。[1] 这与高等教育学面临的困境如出一辙。"高等教育学作为一门学科的合理身份，在学术共同体内部一直存在分歧，争议不断。"[2]

二 海洋文化学科主体性构建的挑战

（一）传统学术思维的惯性

西方的学术传统，产生于古希腊哲学；中国的学术传统，则来自历史学。中国历史学的研究比较重视训诂和引经据典。受此影响，中国的海洋文化研究被赋予较浓的历史学色彩，而且在现实中，历史学者也确乎是海洋文化研究的主要群体之一，以至于海洋文化作为历史学的研究对象的意义，远远超过海洋文化作为一门独立学科的意义。即使有众多学者试图就海洋文化，给出一个明晰、简洁、易懂的定义，但终究限于海洋文化小学术圈，未能在这厚重的学术传统中得到普遍认同。除了历史学中的海洋文化，在近代以来引入中国的西方哲学、民俗学、社会学、人类学、人文地理学等学科中，海洋文化也多作为一个研究对象而存在。因此丁希凌认为，海洋文化学是一门综合性学科，涵盖哲学、社会、自然、科技等，包

---

[1] 赵娟：《追寻蓝色海洋文化的深厚底蕴——评〈中国海洋文化基础理论研究〉》，《海洋世界》2015 年第 10 期，第 76～77 页。
[2] 付八军、龚放：《学科标准的审思与学科政策的突围——化解高等教育学学科危机的两个向度》，《高等教育研究》2021 年第 3 期，第 54～59 页。

括社会、自然和技术科学三大门类，而其中每一门类又可以形成多层次学科群。① 这与其说界定了海洋文化的学科属性，不如说是未厘清理论要害的不得已的妥协。由上推论，与其说海洋文化因为研究热度而自成体系，更像是以上各理论体系的补充和延伸，是众多学科围绕海洋文化的百家争鸣。

（二）经世致用思想的影响

中国学术界多沿袭儒家经世致用的治学思想，海洋文化研究亦然，即理论为服务实践而生，理论为指导现实而新。1978 年中国实行改革开放，"海上丝绸之路"研究应运而生。北京大学陈炎在 1982 年第 3 期《历史研究》上发表《略论海上"丝绸之路"》一文，吹响了"海上丝绸之路"研究的号角。他饱含激情地写道："一条连接亚、非、欧、美的海上大动脉连汇而成。这条海上大动脉的流动使得这些古代文明互相交流并绽放异彩。"② 不管有意还是无意，"海上丝绸之路"研究从古代海上丝绸之路的历史遗产中，为改革开放提供了历史、思想和理论依据。随着海洋世纪的到来、"一带一路"倡议和"海洋命运共同体"的提出，海洋文化同步兴起研究热潮，处处彰显学术界为治国理政献计献策的强烈意愿。然而，或许受经世致用情怀影响至深，以致对海洋文化形而上的理论探索相对不足，在一定程度上影响了海洋文化自身理论体系的构建与完善。"无用之用，方为大用。"海洋文化迫切需要形而上的超然、淡定、独立、深刻的理论思考和构建。

（三）研究对象范畴的模糊

海洋文化理论主体性模糊，与研究对象范畴模糊不清有很大关系。综览

---

① 丁希凌：《海洋文化学刍议》，《广西民族学院学报》（哲学社会科学版）1998 年第 3 期，第 61 ~ 62 页。

② 陈炎：《略论海上"丝绸之路"》，《历史研究》1982 年第 3 期，第 161 ~ 177 页。

海洋文化研究，有不少成果是借海洋文化研究之名，行对外交流研究之实；还有不少成果言海洋文化，其实所论为渔文化。对此不一而足。曲金良提出海洋文化研究五个值得探讨的方向：海洋文化基础理论，海洋文化史，中外海洋文化的互相传播、影响及其比较，海洋文化田野作业以及海洋文化与社会发展综合研究。① 陈国栋认为海洋文化研究可以分为七大范畴，即渔场与渔捞；船舶与船运；海上贸易与移民；海岸管理、海岸防御与海军；海盗与走私；海洋环境与生态（海洋的利用与关怀）；海洋人文与艺术活动。② 在这些探讨中，对海洋文化研究对象的认识存在很大弹性，因人而异、因时而异、因地而异。这恰恰佐证了海洋文化研究对象的模糊性与主观性，从而影响了海洋文化理论主体性构建。

（四）研究方法个性的缺失

回首海洋文化研究，其多借用历史学方法、民俗学和人类学田野调查方法、文化比较法、数据分析法等，似乎缺少自己独特的研究方法。如同教育学、高等教育学一样，由于过于依赖心理学、社会学等研究方法，以至于其学科主体性至今受到质疑③。相比历史学有历史学研究方法，社会学有社会研究方法，人类学有田野调查方法，经济学有规范和实证研究，心理学有实验方法等，海洋文化研究迄今缺少自身独特的研究方法。这一方面与海洋文化学科发展历史仍相对比较短有关；另一方面与众多哲学与人文社会科学学科都在研究海洋文化，却缺少海洋实践背景，使海洋文化研究呈现方法多元向度特点，而理论与实践结合却相对薄弱有关。由外而内分析，海洋文化自身特色其实格外鲜明，这意味着海洋文化也应该存在自身独特的研究方法，只不过尚未在众多现有研究方法中显现，成为普遍接受且卓具特色的主流。

---

① 曲金良：《海洋文化与社会》，中国海洋大学出版社，2003，第35页。
② 陈国栋：《海洋文化研究的多元特色》，《海洋文化学刊》2017年第3期，第17页。
③ 丁钢：《教育学学科问题的可能性解释》，《教育研究》2008年第2期，第3～6+32页。

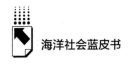

三 海洋文化理论建构主体性的建立与突破

（一）坚持"人海主体"的理论建构

海洋文化要确立理论建构的主体性，需要坚持"人海主体"的理论建构，即理论建构应基于人与海之间的关系，基于此所创造的物质与财富总和，以及人们因为海所形成的独特生产与生活方式。2018 年，由江泽慧、王宏主编的《中国海洋生态文化》（上、下卷），创造性地探讨了中国海洋生态文化主题，是海洋文化理论主体性建设的重要成果，开辟了我国海洋生态文化研究新领域。[①] 显然，先树立"人海主体"意识，才有海洋文化理论的自身主体性。如果只是将海洋文化作为一时的研究对象，却并无"人海主体"的深刻理解，那也就谈不上海洋文化理论的主体性，顶多是某某学科就海洋文化所形成的研究成果与学术文献。

（二）坚持"人海和谐"的价值取向

建构海洋文化理论，需要坚持"人海和谐"的价值取向。就像儒家追求经世致用，哲学追寻"我是谁，我从哪里来，我往哪里去"这一价值导向和终极关怀，海洋文化研究需要坚持"人海和谐"的价值取向。只有坚持"人海和谐"的价值取向，其理论创新才能助力海洋可持续发展，推动"一带一路"倡议和"海洋命运共同体"建设，构建人类面向海洋的价值追求与生活方式，否则可能会产生理论建构异化，导致人们对海洋的错误实践与开发，最终戕害人类自身的可持续发展。

（三）坚持"人海依存"的研究范畴

海洋文化研究需要坚持"人海依存"的研究范畴。对于海洋文化的研

---

① 江泽慧、王宏主编《中国海洋生态文化》（上、下卷），人民出版社，2018。

究对象是什么，迄今依然缺少普遍认知。其实，海洋文化本身已经给出了明确解答。余秋雨说："文化是一种养成了习惯的精神价值和生活方式。"[①] 顾名思义，海洋文化是一种精神价值和生活方式的独特存在，它源自"人海依存"的历史实践，发展于"人海依存"的实践创新。因此，海洋文化研究需要紧紧扣住"人海依存"范畴，即理论与实践紧密结合。那种仅仅从书本到书本、从论文到论文，缺少对海洋本身的实践经验的研究可以终结，而代之以基于海洋实践的深度理论分析和研究。其中值得注意的是，不能以内陆思维束缚海洋文化研究，而应以海洋思维[②]调查分析"人海依存"的海洋文化的现象与本质。

（四）坚持"人海互动"的研究方法

海洋文化的研究方法，诚然可以采纳、借鉴历史学、民俗学、社会学、经济学、人文地理学等学科的研究方法，然而始终要坚持自身"人海互动"的调查研究方法。所谓"人海互动"，就是在调查研究对象时，除了调查人本身，还应该就调查对象的"人海互动"方法与途径予以调查和体验。比如，一位日本年轻女学者为了研究福建疍民的生活，除了学习参考以往文献，与疍民访谈开展田野调查，还认一对疍民夫妇为义父母，一起在船上生活了两年，体味了原汁原味的疍民文化。当然，限于时间、精力和经费等，如此深度的研究无法简单复制，然而在调查分析中，除了调查者、被调查者，海洋作为第三者不可或缺。在以往文献中，有的研究文献梳理广泛、论证缜密、数据分析严谨，唯独缺少海洋体验，以致在一些具体细节上凸显"实践经验不足"的问题，从而影响了总体说服力。比如对习惯于历史文献研究的学者而言，很容易通过历史文献的文本简单地得出失之偏颇的结论。这样的例子为数不少。比较典型的是不少研究根据明清文献，从字面上对明

---

① 余秋雨主讲，李月宁整理《中华文化的民族性与时代性》，《新华日报》2010 年 10 月 27 日，第 B07 版。

② 宁波、郭新丽：《海洋教育重在传习海洋思维》，《宁波大学学报》（教育科学版）2021 年第 2 期，第 13～17 页。

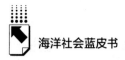

清海禁进行了夸张与放大。实际当时虽行海禁，但官方海洋贸易未曾受到很大影响，民间海洋贸易也始终禁而不绝，否则就无法解释大量茶叶、瓷器等的出口。近些年通过海洋考古发现，南海明清海商沉船数量非常之多，亦反证了海禁的间歇性和局部性。有些哲学与人文社会科学学科，或可在书斋里冥思顿悟，但海洋文化研究需要体验海洋、了解海洋、理解海洋。

如今，在习近平新时代中国特色社会主义思想指导下，在"加快建设海洋强国"、推进"一带一路"倡议和"海洋命运共同体"建设背景下，中国海洋文化研究需要传承创新，加强理论主体性建设，提高研究内容的显示度，凸显研究方法的独特性，从而逐步确立和强化海洋文化作为学科的理论主体性，让海洋文化成为助推"中国梦"的文化软实力，成为建设海洋强国的思想基础、理论自觉与行动方向。

B.10
中国海洋生态文明示范区建设发展报告[*]

张 一 安晋蓉^{**}

摘 要： 海洋生态文明示范区建设是审视我国海洋生态文明发展的一个重要窗口，示范区建设中存在的各种问题也能直接反映我国在海洋生态文明发展战略中的缺陷。2020年是很多海洋生态文明示范区规划建设的关键节点，但受到新冠肺炎疫情影响，示范区建设在海洋经济发展、海洋资源利用、海洋生态保护、海洋文化建设、海洋管理保障五个方面都没有达到预期效果。同时在疫情的影响下，示范区建设在海洋产业优化、海洋管理制度、对外海洋合作等领域还暴露出很多不足之处。但海洋生态文明示范区建设也呈现出某些特点，如经济建设与生态文明建设同步化、文化建设与经济建设交融化、海洋执法建设突出等。未来海洋生态文明示范区建设应该牢牢把握信息技术以及经济回温的大趋势，在海洋产业优化、落实海洋管理工作的责任、加强与其他国家的海上合作等方面逐步改革，力图打造一个有国际影响力的海洋生态文明示范区。

关键词： 海洋生态文明 示范区建设 海洋经济 海洋管理

---

* 本报告为2020年国家社科青年项目国家海洋督察制度的运行机制及其优化研究（20CSH078）的阶段性研究成果。

** 张一，中国海洋大学国际事务与公共管理学院副教授，社会学博士，硕士生导师，研究方向为海洋社会学、社会治理；安晋蓉，中国海洋大学国际事务与公共管理学院硕士研究生，研究方向为海洋督察。

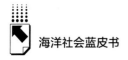

海洋生态文明建设是海洋开发总布局中的关键环节。习近平总书记在中国海洋经济博览会的贺信中强调要高度重视海洋生态文明建设，加强海洋环境污染防治，保护海洋生物多样性，实现海洋资源有序开发利用，为子孙后代留下一片碧海蓝天。[①] 我国作为一个陆海统筹的发展中海洋大国，承载着来自陆地和海洋的双重污染以及资源开发的压力。根据最新的海洋环境监测的数据，我国所面临的海洋环境污染问题仍然较为严峻，尤其是废水直排海的排放量居高不下，再加上无度无序的海洋开发利用、居高不下的陆源污染物入海排放等已经严重威胁到我国的海洋生态安全，制约了我国的海洋生态文明建设进程。[②] 海洋生态文明示范区建设是在沿海地区推进海洋生态文明建设的重要实践，也是将海洋生态文明建设融入海洋经济发展的重要环节。近几年，海洋生态文明示范区建设已经初具规模，但相关领域的建设仍然存在很多问题，沿海政府仍在不断探索行之有效的政策工具。在复杂的海洋环境之下有效地开展海洋生态文明示范区建设，从而有效推进我国的海洋生态文明建设工程，不仅需要国家对海洋生态文明示范区建设进行有力的引导，各个示范区也应该更加有针对性地创新海洋生态文明示范区建设的相关工作。

一 问题的提出

进入 21 世纪之后，人类开始大规模开发和利用海洋，我国作为世界第二大经济体，已经转变为高度依赖海洋的开放性经济大国。加快发展海洋经济，有效利用海洋资源，全力修复海洋生态等都是建设海洋强国的重要内容。党的十九大报告指出要将和平、合作、共赢作为建设海洋强国的基础，

---

① 《习近平致 2019 中国海洋经济博览会的贺信》，"新华社"百家号，https：//baijiahao. baidu. com/s？ id＝1647440566152458687&wfr＝spider&for＝pc，最后访问日期：2021 年 3 月 5 日。

② 《海洋科普系列之十：海洋生态文明》，搜狐网，https：//www. sohu. com/a/363666578_711964，最后访问日期：2021 年 3 月 5 日。

保护海洋生态环境始终是义不容辞的责任。因此，在中国海洋强国建设的实践中，海洋生态文明建设的理念已经从顶层设计、制度保障覆盖到政策执行全过程。

2015年，国家海洋局印发《国家海洋局海洋生态文明建设实施方案》（2015—2020年），这是首个关于海洋生态文明建设的专项方案，提出了10个方面31项主要任务，并计划在五年内完成20项重大工程项目，例如"生态海岛"保护修复工程、"蓝色海湾"综合治理工程等。2017年，国家发改委印发了《全国海洋经济发展"十三五"规划》，要求在新一轮的科技革命和产业变革中，我国海洋经济发展能够抓住重大机遇，到2020年的时候，实现海洋经济发展领域进一步扩大，海洋生态文明建设进一步推进，海洋综合实力和国际地位进一步提升。2018年，国家海洋局印发《全国海洋生态环境保护规划（2017年—2020年)》，要求相关单位高度重视海洋生态环境保护，深入推进海洋生态文明建设的重要举措，要有明确的项目目标以及严格的任务分工，有效地完成生态文明建设的相关工作。在这些国家方针政策的影响下，各地方政府也都针对各自的海域特点出台了海洋发展相关政策，作为全国海洋大省的山东、浙江和广东纷纷出台了相关政策，全面规划海洋事业的发展，如山东省出台的《山东省海洋事业发展规划（2014—2020年)》和《山东省"十三五"海洋经济发展规划》等相关政策，浙江省出台的《浙江省现代海洋产业发展规划（2017—2022)》和《浙江省海洋生态环境保护"十三五"规划（2016—2020)》等相关政策，广东省出台的《广东省海洋经济发展"十三五"规划》和《广东省海洋生态文明建设行动计划（2016—2020)》。这些政策不仅配合了中央海洋强国战略的总体布局，也根据各自海域的特点有规划地发展当地的海洋经济，尤其重视海洋科技的引领和带动作用，保持海洋科学技术创新、海洋生态环境良好、海洋文化事业繁荣等发展态势。不管是中央还是地方都将海洋生态文明建设作为海洋发展中重要的战略基础，并且都出台了专门政策切实推进海洋生态文明建设。其中建立海洋生态文明示范区是将政策落到实处的重要举措，从海洋生态文明示范区政策实施以来，示范区的数量和级别一直在正向增长，在一定程度

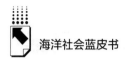

上也带动了我国沿海地区的整体发展。

从中央和地方出台的各类相关政策可以看出，2020年是海洋发展的一个关键节点，不管是海洋发展规划还是海洋生态文明建设计划都预计在2020年实现阶段性跨越。各级政府要全面督察海洋发展相关计划和项目的成果，以便为制定下一步行动计划做好充足的准备。因此，本报告旨在梳理2020年海洋生态文明示范区建设的重大事件以及主要成果，在检验海洋生态文明示范区建设是否实现了阶段性目标的同时，总结现阶段示范区建设中存在的主要问题以及未来可能的发展方向，以便更有针对性地开启海洋可持续性发展战略的下一个阶段，为海洋强国战略部署打下坚实的基础。

二 2020年海洋生态文明示范区建设现状

海洋生态文明示范区建设是我国开展海洋生态文明建设的重要实践，2012年，国家开始规范示范区建设的相关要求，并逐步分批次有规划地推进相关建设，现在海洋生态文明示范区已经遍布我国各大沿海城市。2015年制定的《国家海洋局海洋生态文明建设实施方案》（2015~2020年），预计到2020年新增40个国家级海洋生态文明建设示范区。按照沿海各地的相关政策，2020年海洋生态文明示范区的数量和质量都要翻一番。未来，海洋生态文明示范区依然是国家推行海洋生态文明建设的重要战略，因此十分有必要从各个方面全面分析当前海洋生态文明示范区建设的现状，以明确未来可能的发展方向。按照国家海洋局在2012年印发的《海洋生态文明示范区建设指标解释、计算和评分方法》，从海洋经济发展、海洋资源利用、海洋生态保护、海洋文化建设、海洋管理保障等方面来详细地考察示范区的各项建设。各个示范区在严格遵循相应指标的同时，还因地制宜地提出了适合自身发展的示范区评价指标体系，但总体来看，依然没有超出这五个方面。以威海市为例，威海市作为我国第一批海洋示范城市，拥有非常优越的发展海洋的条件，同时也承担发展海洋的示范任务。在政策实践中，威海市将中央政策要求和地方发展实际相结合，并将原来指标体系中的五个指标进一步细化，如在海洋经济发展指标中加入"海洋环保产业发展情况"；在海洋生态保护指标中加入"氮磷排放总量""入海排污口污水超标率"；在海洋文化建设指标中加入"海洋科技成果转化效率""海洋文化遗产传承与保护"；在海洋管理保障指标中加入"海洋信息公开效率""海洋行政审批效率""对外合作与交流能力"。威海市在示范区建设过程中取得了较好的成绩，为全国海洋生态文明示范区建设和发展树立了一个崭新的标杆。

（一）海洋经济发展

海洋经济是指开发、利用和保护海洋的各类产业活动，以及与之相关联的活动的总和。21世纪是海洋的世纪，世界各国都在大力开发和利用海洋，发展海洋经济已经上升为我国的国家战略，国家在逐步转变海洋经济开发方式，大力发展海洋科技以提升海洋产业的创新能力，海洋经济产业正逐步成为我国经济建设中的支柱产业。根据自然资源部发布的《2020年中国海洋经济统计公报》，受新冠肺炎疫情冲击和复杂国际环境的影响，2020年我国海洋经济面临前所未有的挑战，但总体上我国的海洋经济呈现总量收缩、结构优化的发展态势。在对历史数据核实的基础上，经初步核算，2020年全国海洋生产总值为80010亿元，比上年下降5.3%，占沿海地区生产总值的比重为14.9%，比上年下降1.3个百分点。其中，海洋第一产业增加值为3896亿元，第二产业增加值为26741亿元，第三产业增加值为49373亿元，分别占海洋生产总值的4.9%、33.4%和61.7%，与上年相比，第一产业、第二产业比重有所增加，第三产业比重有所下降。从各个海洋产业分析，2020年除了海洋旅游业和盐业有所下降外，其余产业全部呈现恢复性增长的态势，其中海洋油气业和海洋电力业增速是最快的，分别是7.2%和16.2%。我国海洋经济发展整体保持上涨趋势，其中海洋旅游业受疫情影响较大，第三产业比重有所下降。

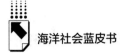

海洋社会蓝皮书

　　威海市一直在努力建设以绿色、高效渔业为中心的现代化海洋产业体系，在渔业领域，开展捕捞的范围从近海向远洋逐步拓展，实现多元化多层次的渔业综合养殖模式，尝试建立的海洋牧场在全国领先，其远洋渔业发展在逐步突破。除渔业之外，海产品加工产业、造船产业、海洋工程建筑、海洋材料和资源利用等应用范围都在不断扩大。在"十三五"期间，威海市获得了"国家海洋经济创新发展示范城市"和"国家海洋经济发展示范区"的称号，该市努力创新自身的海洋经济发展方式，推动海洋经济转型升级，发展海洋科技以及海洋新兴产业，以科技带动海洋经济的发展。最直观的就是搭建了创新平台，与11所当地高校建立科学研究中心，聘请了13位院士专家成立海洋发展院士（专家）顾问团，引导企业与60多家涉海高校院所建立了产学研合作关系，创建了32处省级海洋工程技术协同创新中心。产学研的高效结合为示范区培育了很多新兴产业，这些新兴产业的年增长值也在不断提高，如海洋生物产业、海洋装备产业、海洋新材料产业、海洋金融保险产业都得到了一定的创新发展。厦门市政府在2020年11月出台了《厦门市关于促进海洋经济高质量发展的若干措施》，其中也提到了构建现代化的海洋产业体系以及拓宽海洋发展空间，如发展海洋信息与数字产业、实现渔业现代化转型、大力发展滨海旅游业等，力求实现海洋经济的高质量发展。长岛市同样立足于以产业转型促进海洋经济的发展，致力于构建一个生态旅游产业体系，利用各种高新技术构建现代化海洋牧场等来提高海洋经济发展的质量。青岛市同样在推进海洋经济结构转型，在推动涉海传统产业发展的同时，壮大海洋工程建设等优势产业及加快发展海洋材料和海洋生物等新兴产业。全国的海洋生态文明示范区都在不断转变海洋经济发展的方式，也在不断深入对海洋领域的探索。

（二）海洋资源利用

　　海洋中有丰富的资源，按其属性可分为海洋生物（水产）资源、海底矿物资源、海洋动力资源、海水化学资源等。在当今世界，陆地资源和能量

164

供应紧张与人口迅速增长的矛盾日益突出，开发海洋资源是所有国家维持生存的必然选择，也是历史发展的必然趋势。在海洋生物资源领域，我国努力拓展海水养殖空间，不断向远洋迈进；在海洋油气资源领域，我国在加强与国外交流的同时不断向深水区迈进；在海洋空间资源领域，各类港口和泊位都在努力修建，对海洋空间的占有量不断加大；在海水资源领域，我国修建各种海水淡化的工程项目，努力提高海水的利用技术，可将海水直接运用到其他涉海领域；在海洋可再生资源领域，利用潮汐能发电是目前最成熟的技术，还有其他能源如波浪能、天然气等都在不断探索。近年来，由于海洋资源开发技术有限，我国出现了很多不科学开发利用海洋资源的实例。因此，各个示范区在不断发展自己的海洋科技以提高对海洋资源的利用率。威海市作为全国自然岸线保留最完整的城市之一，其海域空间相当广阔，各种近海的海洋资源也极其丰富，有很多地理标志性的产品。为了更充分地利用海域优势以及海域中的各种资源，威海市出台了多项政策，如《威海市海洋功能区划（2013—2020年)》《海域使用规划》《威海市海岸带分区管制规划》《威海市养殖水域滩涂规划（2018—2030年)》等，将所辖海域进行合理规划，并引导海洋开发向深海、远海发展，在提高海域资源利用率的同时不断扩展海洋资源的范围。广东珠海市横琴新区也是我国首批发展的国家级海洋生态文明示范区，横琴新区的开发建设实行严格的空间管制，全区划定了 $57.90km^2$ 的禁建区和 $20.56km^2$ 的限建区，占全区面积的73.7%。规划到 2020 年全区建设用地规模控制在 $28km^2$ 以内，仅占全区面积的26.3%。横琴新区海岸线总长为 $52.31km$，其中自然岸线长度为 $27.97km$，自然岸线保有率达到53.47%；近5年围填海利用率为100%。[①] 为了充分利用海洋资源，各个示范区都严格加强对海洋领域的监督和管理，在出台各种政策的同时，积极与各大高校和企业联合，不断提高自己开发和利用海洋资源的能力。

---

① 刘勇：《国家级海洋生态文明示范区建设研究——以珠海市横琴新区为例》，《广西节能》2020 年第 4 期。

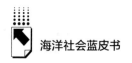

（三）海洋生态保护

建立海洋生态文明示范区的主要任务包括加强污染物入海排放管控，改善海洋环境；强化海洋生态保护与建设，维护海洋生态安全等。建设海洋生态文明示范区的初心就是要加强对海洋的生态保护，解决长期以来存在的海洋环境污染问题，打造一个绿色美好的海洋环境。"绿水青山就是金山银山"，良好的生态环境才是经济快速发展的根本。我国在意识到自己存在的众多海洋环境污染问题之后，开始不断加强在海洋生态领域的各项建设，如出台了《全国海洋生态环境保护规划（2017年—2020年）》，将海洋生态环境保护与污染防治提到了政策高度，也得到了全国各个沿海省域的积极响应。长岛市力求在全域范围内构建生态保护新格局，始终坚持将海洋自然修复与社会治理相结合，严格管控海上污染源和海洋生态红线，在陆上开展各种工作如垃圾分类、零污水排放、电动公交等，同时还借助产业转型和科技创新进一步降低海洋能源消耗与海洋污染物的排放。青岛市坚持建立完整而系统的生态文明制度体系，制定了《关于加快推进生态文明建设的实施方案》，将推进环境污染防治、保护和修复自然生态环境作为重要任务进行制度建设。同样地，横琴新区的海洋生态文明示范区也颁布了很多生态规划条例以加强示范区的生态建设，同时也积极开展了生态修复整治工作，尤其是对近岸海域的生态环境保护。在污水处理、滨海红树林保护、污染物入海等方面建立了很多相关的项目，力求逐步恢复近岸海洋生态环境。威海市制定的《海岸带保护条例》，还包括一些严格的行政制度如河长制、湖长制、湾长制等，进一步落实海洋生态环境保护的责任，严格管控相关项目的建设，例如"蓝色海湾""生态岛礁""海底草原""海底森林"等海洋生态修复项目都在稳步推进之中。[①] 威海市是全国范围内高度重视海洋生态，坚持绿色发展海洋经济的典范。海洋生态环境保护是各个沿海城市有序建设和发展

---

① 《全国唯一！威海获批海洋领域5个国家级试点示范城市》，"威海新闻网"百家号，https：//baijiahao. baidu. com/s？id=1687320625520490419&wfr=spider&for=pc，最后访问日期：2021年3月5日。

海洋的关键领域，要以制度化的方式严格规范该领域的相关工作，同时不断发展各种类型的海洋生态修复项目，逐步推进海洋生态保护工作。将绿色发展的理念贯穿于整个海洋生态文明示范区的建设过程中，既是中央政府对海洋强国战略部署的严格要求，也是地方政府实现海洋稳定发展的必然趋势。

（四）海洋文化建设

坚定文化自信，建设社会主义文化强国是我党提出的国家未来发展的重要理念。从党的十九大开始，我党就高度重视文化建设，党的十九大报告指出，"文化是一个国家、一个民族的灵魂。文化兴国运兴，文化强民族强。没有高度的文化自信，没有文化的繁荣兴盛，就没有中华民族伟大复兴。要坚持中国特色社会主义文化发展道路，激发全民族文化创新创造活力，建设社会主义文化强国"。而在海洋领域的各项建设中，文化建设是相当薄弱的，国民的海洋文化意识并不强，因此海洋文化建设需要投入较多的时间和较大的精力。2016 年国家海洋局出台《全国海洋文化发展纲要》（以下简称《纲要》），其中提出要构建海洋文化理论体系、积极发展海洋文化事业、加快发展海洋文化产业、提高海洋文化公共服务水平、保护海洋文化遗产、促进海洋文化传播与国际交流合作。以期到 2020 年，全民海洋意识显著增强，初步形成全社会认识海洋、关心海洋、保护海洋的良好社会氛围；到 2025 年，海洋文化公共产品和服务的供给能力大幅提升，海洋文化重点领域取得跨越式发展，海洋文化遗产得到科学保护、有效传承和适度利用，海洋文化人才队伍基本形成，对外海洋文化交流不断深化，在推动"21 世纪海上丝绸之路"建设中发挥更大作用。

海洋文化具有很强的时代特征和区域特色，不同地域的海洋文化呈现不同的特征，正是文化的差异性才形成了我国丰富多彩的海洋文化。为保护和宣传我国的海洋文化，国家在天津滨海新区建立了国家海洋博物馆，此馆建设已经于 2020 年 12 月全部完成，共 16 个展厅展出近万件藏品。立足打造具有国际水平和天津滨海特色的海洋体验旅游项目，2021 年国家海洋博物馆将依托现有场馆附属空间，建设海洋公园，推出户内户外相融合的海洋主题特色营地体验活动。① 国家海洋局出台《纲要》，提出将发展海洋文化产业、保护海洋文化遗产、促进海洋文化传播与国际交流合作作为我国发展海洋文化的总体要求。各个示范区应根据自己的地方海洋特色有序地建设自己的海洋文化。丰富的海洋文化是沿海地区发展旅游业的重大优势之一，很多沿海地区开始有计划地开展海洋文化建设的相关工作，打造自己海洋文化品牌的同时配合多种宣传手段，形成自己的旅游特色，增强当地的旅游优势。如建设一些涉海公共文化设施并向公众开放，利用各种社交平台进行海洋科普活动，宣传相关的海洋文化、增强公众的文化保护意识等，都是各个示范区采取的有效手段。以深圳大鹏新区为例，其在 2020 年举办了《与海共生》系列影视作品主题交流推广活动，影视人周炜对大鹏的渔村文化、疍民、舞草龙、迎亲舞、渔歌、咸水歌等海洋文化、民俗文化进行了细致的描述，以更加鲜活的形式呼吁大家关注、保护、发展大鹏的海洋文化。② 广州横琴新区的红旗村水泥刻、武帝庙、十字门古战场遗迹和赤沙湾遗址等 10 处不可移动文物被列入第三次全国文物普查不可移动文物登记名录。③ 为此示范区专门组织各种文化遗产保护活动，增强公众的文化保护意识。同时每年都会举办海洋文化宣传和科普活动，营造良好的海洋文化氛围。

（五）海洋管理保障

海洋管理保障体系建设包括海洋生态文明重点制度建设、综合管理体系建设等海洋管理活动涉及的相关规范。在党的十八大提出海洋强国发展战略之后，海洋生态文明建设成为我国社会主义生态文明建设的重要领域，国家相继出台了很多政策进一步强化相关制度建设，如《中共中央　国务院关

---

① 《国家海洋博物馆：做好龙头挖掘海洋文化主题资源》，"潇湘晨报"百家号，https：//baijiahao. baidu. com/s? id = 1690731794422216601&wfr = spider&for = pc，最后访问日期：2021 年 3 月 20 日。

② 《影视人周炜研究海洋文化 20 年，系列作品讲述"与海共生"》，腾讯网，https：//new. qq. com/rain/a/20210410A03GYZ00，最后访问日期：2021 年 4 月 5 日。

③ 刘勇：《国家级海洋生态文明示范区建设研究——以珠海市横琴新区为例》，《广西节能》2020 年第 4 期。

于加快推进生态文明建设的意见》、《国家海洋局海洋生态文明建设实施方案》（2015—2020 年）、《全国海洋生态环境保护规划（2017 年—2020 年）》等。同时为了加强对海洋领域的管理，我国进一步强化了海洋督察制度的相关建设，2011 年国家海洋局印发了《关于实施海洋督察制度的若干意见》和《海洋督察工作管理规定》，2016 年国务院又进一步启动了《海洋督察方案》，要求全面落实海洋督察的相关工作。我国对海洋督察的重视程度在不断提高，2017～2018 年在全国范围内掀起了海洋督察活动的运动式高潮，很多沿海城市开始对海洋管理体系和制度进行严格的调查、报告、反馈、整改活动。各个地方政府也在不断提高各自的海洋管理与保障能力。以横琴新区海洋生态文明示范区为例，在进行大部制改革之后，横琴新区建设环保局具有海洋管理机构的职能，负责横琴新区的海域海岛、环保减灾管理以及与上级海洋部门的联系、沟通工作；成立中国海监广东省总队珠海支队横琴大队负责执行横琴新区辖区内的海域监督管理、海洋环保执法和海底管道巡查工作。同时还制定了各种政策，如《横琴新区建设环保局政务手册》《珠海市大三洲岛保护和利用规划》《横琴新区防风工作预案》《横琴新区海洋自然灾害应急预案》《粤澳合作框架协议》等。① 通过不断丰富相关政策，横琴新区在逐步完善自己的海洋管理保障体系。其他示范区也在逐步建立、发展、完善、创新自己的海洋管理保障制度，我国整体的海洋管理保障体系处于不断发展的阶段。

三　海洋生态文明示范区建设的特点

（一）经济建设与生态文明建设同步化

党的十八大以来，我国开始有规划地建设海洋生态文明示范区，生态文

---

① 刘勇：《国家级海洋生态文明示范区建设研究——以珠海市横琴新区为例》，《广西节能》2020 年第 4 期。

明的理念已经逐步渗透到海洋经济建设当中。各个示范区在海洋经济建设的过程中十分注重对海洋环境的保护，积极转变海洋经济发展方式，努力探索高水平、高质量的海洋经济发展模式，为此各种涉海高新技术逐步发展并广泛应用于海洋建设的各个领域。以厦门为例，厦门提出要在 2021～2023 年实现海洋经济高质量发展十大工程，其覆盖的领域包括海洋新兴产业培育、海洋高端服务业引领、现代渔业、港口提质增效、海洋文化建设、海洋生态环境优化、海洋科技创新基础、海洋区域合作、海洋要素整合和海洋领域招商引资。这些工程几乎涵盖了海洋生态文明示范区在经济领域建设的方方面面。在海洋新兴产业培育工程中，为了实现海洋新兴产业产值占厦门市海洋生产总值30%以上，厦门以海洋生物医药与制品、海洋信息与数字产业、海洋高端装备制造三大产业为重点，大力发展海洋新兴产业。这些高新技术的运用极大地提高了海洋资源的利用率。在港口提质增效工程中，实现港口的智慧化、智能化转型是重中之重。厦门为了巩固国际集装箱干线港地位，大力加强邮轮游艇母港建设，着手打造"海丝区域性邮轮母港"与"国际邮轮旅游目的地"两个品牌，提升"丝路海运"品牌影响力。在海洋区域合作工程中，厦门湾是中国东南沿海对外贸易的重要口岸，厦门将继续深化厦门湾海洋经济合作，参与制定相关海洋空间规划和产业布局，拓展厦门海洋经济发展空间。在这十项工程中，每一项工程都有详细的计划去贯彻落实，力图全方位推进厦门经济的高质量发展。[①] 以威海为例，在资源利用方面，为了提高海洋资源的利用效率，挖掘海洋产业发展空间、拓展海域使用空间以及海岸带利用空间，统筹沿海、远海、深海三个层次，构建远近结合、层次鲜明的海洋发展空间新布局，从"十三五"规划以来，挂牌出让海域超过 5 万公顷，有效提高了海域资源配置的公平性、高效性和透明性。在海洋科技发展方面，威海试图打造国际海洋科技城，北部以全国唯一的国家浅海综合试验场为核心，建设远遥浅海科技湾区；东部以全国领先的海洋

---

① 《如何建设国际特色海洋中心城市——厦门三问》，新浪网，http://k.sina.com.cn/article_ 3164957712_ bca56c1002001gfkg.html，最后访问日期：2021 年 6 月 25 日。

生物科技专业化园区——威海海洋高新技术产业园为核心,建设海洋生物产业引领区;南部以全球认可的海洋碳汇主题园区——蓝色碳谷为核心,建设海洋新经济先导区。在生态文明建设方面,加强海洋生态文明保护区建设,其中建设海洋与渔业保护区30多处、国家级海洋特别保护区7处、省级以上水产种质资源保护区15处,保护区数量占全省的1/4;实施"蓝色海湾"海洋生态修复项目,修复岸线100公里,全市自然岸线保有率超过47%,海洋功能区水质达标率全国领先;推广"无废"模式,开展全国唯一的海洋特色"无废城市"试点,以"无废渔村""无废渔港""无废牧场""无废海岛""无废航区"为突破口,打造环境优美、生态稳定、绿色协调的"无废"海洋;发展海洋生态经济,建立了240余亩的海洋生态保护修复(蓝碳)实验基地,是国内首个集"育繁产研教"于一体的"蓝碳"产业综合体,成功筛选、繁育出16种耐盐碱植物,还举办了海洋生态经济国际论坛、"海洋负排放支撑碳中和"国际研讨会等,在全球首次提出"海洋负排放",发展"蓝碳"经济倡议的做法得到国际认可。[1]

注重海洋产业的创新化和多样化发展是实现经济高质量发展的关键一环,也是这些城市能够成为全国海洋生态文明示范区建设模范城市的重要原因。海洋经济的发展不再单纯依赖某些单一产业,也从侧面减轻了对环境的污染。各种海洋新兴技术被大量引入海洋领域,作为发展新兴海洋产业的基石。有规划地建立各种保护区和修复区可以直接保护海洋环境。充分利用这些地区,做好旅游规划,发展旅游经济能够使其长远发展。从各个示范区建设的实践可以看出,海洋经济的发展在逐步转型,尤其是在产业结构方面,越来越多的地区开发和利用海洋新兴技术,转变经济发展的理念,逐步将海洋发展的重心从单纯的渔业向丰富化的海洋产业转变。产业结构的调整不仅有利于海洋经济的高质量发展,同时也减少了各个沿海地区环境保护的压力。从经济建设的本质出发转变经济发展方式,充分关

---

① 《全国唯一!威海获海洋领域五个国家级试点示范!》,腾讯网,https://new.qq.com/rain/a/20201228A0KAIX00,最后访问日期:2021年6月25日。

注海洋生态环境仍然是未来所有的海洋生态文明示范区建设的重中之重。只有厘清经济与生态的并存关系，才能实现经济的高质量发展，从而更好地保护海洋生态环境。

（二）文化建设与经济建设交融化

海洋文化建设的目的不再只是简单地增强海洋意识，充分发展当地的海洋文化，而是更好地促进当地海洋经济的发展。将文化建设纳入海洋经济建设不仅能够有效增强海洋文化发展的动力，也能丰富海洋经济发展的方式，为当地的海洋经济发展助力。以最明显的海洋旅游业为例，很多沿海城市开始重视当地的海洋文化保护，并逐步丰富自己的海洋文化的厚度，其最终目的都是打造属于自己的旅游品牌，从而吸引更多的游客到当地参观，提高自己在沿海旅游业中的独特性，发展自己的海洋旅游业，从而更好地促进当地海洋经济的发展，所以在海洋文化建设过程中，与海洋旅游业相关的文化建设总是发展迅速。由于海洋文化丰富多彩，海洋文化建设的形式也逐渐多样化。如海洋文化节、海洋文化建设论坛、涉海电影纪录片等都别具特色。以浙江象山为例，象山县在疫情防控常态化的背景下，不断提升公共文化服务水平，推动精品创作，促进文化产业发展；同时做好亚运会项目筹办工作，挖掘北纬30度最美海岸线文化资源，加大力度建设国家级海洋渔文化（象山）生态保护区。浙江省文化传承生态保护区创建工作现场会在象山成功举办。① 厦门市建立了厦门海洋经济公共服务中心、厦门大学海洋科技博物馆、海洋三所鲸豚馆、珊瑚保育馆、70·8海洋媒体实验室等，为海洋文化发展提供了非常多的平台，这些展馆的开设在一定程度上也能成为当地的海洋文化特色。山东省在海洋建设过程中，致力于发展渔业服务业，将不同产业相结合。在制定海洋渔业发展规划时，将海洋文化建设纳入海洋渔业经济发展规划，进一步提升海洋

---

① 《象山：全力建设别有韵味的海洋文化强县》，澎湃新闻网，https://www.thepaper.cn/newsDetail_forward_9770853，最后访问日期：2021年6月27日。

文化产品的服务质量，将渔业服务业打造成为休闲文化旅游业的重要品牌。加大国内外先进经营理念推广力度，提升服务管理水平。运用海洋文化，使海洋渔业发展衍生出更多具有更高附加值的产品，提高海产品的知名度。①浙江舟山在进行海洋文化生态工程建设时，将海洋文化的内涵融入新区建设的方方面面。首先，营造珍惜海洋环境、保护海洋生态的社会氛围，引导全社会形成生态无价、保护生态人人有责的意识。其次，在城市海洋文化规划中突出海洋元素，建设一批有"海味"的城市文化地标，以及有"海派"风格的桥梁、码头、楼宇、文化礼堂等公共设施；建设观音法界、国际海岛旅游大会永久性会址等具有海洋文化、佛教文化内涵的特色地标性建筑，打造海上文明城市样板和海洋文化博物馆，努力提升舟山国际海洋文化名城的新形象。最后，充分利用中国第一大群岛城市的特色优势，积极推进邮轮、游艇、海钓、康体等时尚旅游新业态，做强中国海洋文化节、舟山国际沙雕节等节庆品牌，优先发展以文化旅游、节庆会展、体育休闲为重点的文化产业。②

形成独具特色的海洋文化产业，在一定程度上能够助力当地海洋经济的发展。在众多文化建设项目中，建立博物馆、会展中心，举办一些独具特色的节庆活动等都是吸引游客较为直接的方式。还可以通过间接渠道建设海洋文化，更好地提升当地的海洋影响力，例如各种海洋论坛的举办也形成了独特的文化记忆点。其中举办各种海洋论坛最多的就是青岛，如"2020东亚海洋合作平台青岛论坛"在青岛西海岸新区举行。东亚海洋合作平台是中国共建"一带一路"规划优先推进项目，主要任务是在海洋经济、海洋科技、海洋环保与防灾减灾、海洋人才与文化四大领域，推动东盟与中日韩（10+3）开展多层次务实合作。东亚海洋合作平台以山东省青岛市为核心，

① 孙吉亭：《将海洋文化建设纳入海洋渔业经济发展规划》，中国社会科学网，http：// ex. cssn. cn/gd/gd_ rwhd/gd_ ktsb_ 1651/gzlfzdhygsztyth/201912/t20191218_ 5061299. shtml，最后访问日期：2021年6月27日。

② 《舟山做强十大工程助推国际海洋文化名城建设》，"浙江日报"百家号，https：// baijiahao. baidu. com/s？id = 1587187640051464896&wfr = spider&for = pc，最后访问日期：2021年6月27日。

在青岛西海岸新区设立平台总部。① "2020 相约海洋　城市共建"第二届世界海洋城市·青岛论坛在青岛西海岸新区举行。全国 300 多位专家、学者、政府代表、企业代表及各界社会精英汇聚一堂，为海洋强国建言献策。② 各种海洋论坛在青岛成功举办打造了开放包容的青岛形象，在一定程度上增强了青岛在海洋领域的影响力。当海洋文化建设与海洋经济建设之间的联系越来越紧密时，海洋文化建设不仅得到了丰富的发展，海洋经济也得到了很好的助力。

（三）海洋执法建设突出

从中央到地方出台了非常多的海洋管理制度方法，但是这些制度方法的贯彻落实情况并没有得到很好的反馈，出现了很多上有政策下有对策的现象，严重阻碍了当地经济发展。在近几年的海洋建设当中，海洋执法得到了广泛的关注，海洋执法行动越来越密集，海洋执法的覆盖面也越来越广泛。以大连市为例，2020 年 4 月，"中国渔政亮剑 2020"大连市系列专项执法行动启动。为了推进当地海洋生态文明建设，全面推进依法治渔，维护渔区生产秩序、公平正义和社会稳定，保护渔民合法权益和生命财产安全，此次行动要求严格坚持问题导向、目标导向、结果导向，严厉整治对渔业资源破坏大、社会反映强烈的违规违法行为。开展了海洋伏季休渔、水生野生动物保护、清理取缔涉渔"三无"船舶和"禁用渔具"、渤海综合治理、跨区作业渔船清理整治、涉外渔业、渔业安全生产七大专项执法行动，整体行动时段贯穿全年。此外还要加强渔政队伍建设，提升渔业执法效能，巩固涉外渔业综合管理协调机制，强化联动执法，建立健全渔政与海警、公安、市场监管等相关部门执法协作机制，严肃查办涉渔违法案件。在海洋执法行动开展初

---

① 《2020 东亚海洋合作平台青岛论坛举行》，"新华社"百家号，https：//baijiahao. baidu. com/ s？ id =1678592338681417983&wfr = spider&for = pc，最后访问日期：2021 年 6 月 27 日。

② 《"2020 相约海洋　城市共建"第二届世界海洋城市·青岛论坛在青岛西海岸新区举行》，"中国山东网"百家号，https：//baijiahao. baidu. com/s？ id =1676143386084121717&wfr = spider&for = pc，最后访问日期：2021 年 6 月 27 日。

期，大连高新区用 5 天时间共查扣疑似海洋涉渔"三无"船舶 30 余艘，对甄别确认的 2 艘大型船舶、8 艘小型船舶进行集中拆解销毁，"三无"船舶整治初见成效。最终此次行动查处违法捕捞渔船 722 艘（其中，外籍渔船 167 艘），查扣涉嫌"三无"渔船 219 艘、拆解 207 艘，拆解率达 95%，清理整治违规网具数量 20662 张（顶），查获涉嫌违规案件 741 起。[1] 此次行动严厉打击了涉海"三无"船舶，是 2020 年海上执法较为突出的案例。其采取的是由涉海渔业综合管理协调，各个相关部门联动配合，针对某一领域开展专项执法的方式。

随着各地对海洋执法重视程度的不断提高，各地也开始逐渐建立当地的海洋综合执法队伍，如 2020 年 11 月，广东省海洋综合执法总队"三定"方案正式印发，这标志着广东省唯一海洋执法力量、唯一省级行政执法队伍、唯一跨部门综合执法机构正式成立。广东省海洋综合执法总队的设立，将原来以行业划块分割的执法机构全面整合，确定了海洋综合执法主体资格，集中行使广东省权限范围内的涉海执法职责，有利于全面维护海洋开发和利用及相关涉海活动的正常秩序。[2] 给予海洋执法队伍特定的权力，体现出国家对海洋执法的重视程度在不断提高。利用海洋执法严格约束涉海行为是对海洋管理制度的贯彻执行以及偏差纠正。尤其是现在我国的海洋管理制度在不断完善发展，正需要海洋执法行动与海洋管理建制相呼应。一方面，可以在实践中检验制度的适应性，并逐步完善相关的制度使之能更好地适应海洋规划发展；另一方面，在实践中也能发现现有制度的漏洞，从而建立更为完善的制度，更好地适应海洋经济的发展。因此，总体来说，海洋执法得到充分重视是制度发展的必然趋势，也是当前海洋生态文明示范区建设的主要体现。用严格的执法行动约束相关涉海行为，完善海洋管理制度，为海洋生态文明示范区持续而高速的发展提供了重要的保障。

---

① 《"三渔"管理为大连海洋经济和生态文明建设保驾护航》，凤凰网，https://ln.ifeng.com/c/823IKCv9G1v，最后访问日期：2021 年 6 月 27 日。
② 《广东省海洋综合执法总队正式挂牌成立》，"中国新闻网"百家号，https://baijiahao.baidu.com/s? id=1683520165968029509&wfr=spider&for=pc，最后访问日期：2021 年 6 月 27 日。

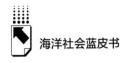

四　海洋生态文明示范区建设中的问题

自 2013 年国家开始有规划地建设海洋生态文明示范区起,中央和各地方政府不断完善示范区发展的相关制度,形成了初具规模的海洋管理保障体系,在一定程度上促进了示范区海洋经济的发展,缓和了部分严峻的海洋生态环境问题,大幅提高了海洋资源的开发和利用效率。但是 2020 年由于新冠肺炎疫情,全球海洋产业发展都受到了不同程度的影响,尤其是海洋旅游业、海洋渔业、海洋运输业等相关海洋产业。很多海洋生态文明示范区不能顺利完成制定的海洋发展规划,再加上越来越复杂的国际环境对示范区建设制度的长远发展也产生了一定的影响。正是在各种压力与阻力之下,我国海洋生态文明示范区建设暴露出很多问题。

(一)对产业优化的重视程度不足

海洋产业结构优化是海洋经济可持续发展的必然要求,近年来我国大力发展海洋科技和海洋新兴产业如海洋资源产业、海洋生物医药产业、海洋新材料产业等,同时稳定发展海洋渔业和海洋制造业等第一、第二产业,创造性地发展滨海旅游业、海洋运输业、海洋资源产业等海洋第三产业。构建现代海洋产业体系已经是很多示范区建设的重要项目,但是海洋经济属于典型的高投入、高风险的产业,它受气候条件、国际争端、海洋事故等影响较大,尤其是此次新冠肺炎疫情,其对整体海洋经济的发展造成了很大的影响。如滨海旅游业、海洋交通运输业、海洋船舶制造业、海洋渔业等,在 2020 年上半年均遭受了重创。滨海旅游业尤其严重,由于政府对旅游行业的严格管控,游客数量断崖式下滑,与之相关的旅游企业损失惨重。再加上疫情全球蔓延,全球海运受到更加严格的限制,很多航线被取消,航运业受到了重创。航运的减少,对船舶的需求量也相对减少,我国的船舶制造业的接单量和成交量大幅下滑。

同时国内水产品滞销、水产劳动力缺乏使得渔业也受到了很大的冲击。在国内国外经济活动全部受到严重影响的背景下，各个示范区海洋产业建设也暴露了其存在的主要问题。首先，对现有产业升级不重视，如滨海旅游业在大部分地区都属于休闲游，并没有建立属于自己的旅游品牌或者形成度假休闲游，很难抓住迅速回温的经济发展机遇；海洋渔业也同样存在问题，其对水产品的安全问题重视程度有待提高。水产品的大量滞销其实可以通过开发一些精加工技术在一定程度上减少渔业的损失。其次，产业结构落后的问题，某些示范区过度依赖海洋渔业和海洋制造业来带动海洋经济的发展，产业结构转型步履迟缓，在遇到重大经济危机的时候，只依赖一两个产业势必导致整个海洋经济短期内受到重创，经济恢复吃力。最后，对新兴产业的关注力度不够，当然新兴产业的发展存在一定的地域差异，在一些经济发达的城市，有大量的资金可以投入新技术的开发与应用之中，但是对于一些经济欠发达地区，当前的主要任务还是促进经济数量的增长，但经济质量的提高才是海洋经济可持续发展的长久之计。海洋产业各方面的整体优化才能让各个地区迅速抓住经济回温的机遇，实现海洋经济的绿色可持续发展。

（二）海洋管理制度中责任机制缺位

海洋管理制度是海洋生态文明建设良性发展的重要保障，从中央到各个地方海洋生态示范区都在不断加强海洋管理制度建设，从总体发展规划到海洋发展的各个领域，相关政策层出不穷。但是在完善海洋管理制度的前期，政府的关注点集中在如何建设、在哪些领域建设等方面，而对海洋管理中谁来负责建设没有明确指出，因此，就导致了在海洋管理制度中责任机制缺位，随即引发了管理失责的问题。以 2020 年在大连市开展的"中国渔政亮剑 2020"为例，在此次系列专项执法活动中，大连市政府采取了一系列监管措施整治相关执法工作，加强行政执法队伍作风建设。所有执法人员都签订了《严格执法承诺书》，还下发了《关于对伏季休渔期间管理工作相关责任人进行问责的函》，要求对监管机构以及人员失职渎

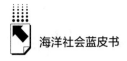

职的情况追究到底。在休渔期结束之后，共问责相关执法人员 29 人。从人员数量也可以看出在进行执法监查之前，相关责任落实不到位，出现了很多违法捕捞的渔船，严重损害了一些合法渔民的权益。将责任落实到政府官员是十分重要的，能有力地保证政策的有效推行，但是各个海洋生态文明示范区对海洋管理制度中责任机制的重视程度很明显存在不足。从 2017 年开始，中央在全国范围内开展了大规模的海洋督察活动，大力整改地方政府在进行海洋建设时工作不到位的地方。但是在 2018 年之后，国家海洋督察组撤出地方，海洋督察的相关工作并没有转为政府的日常工作，与督察相关的问责制度也没有得到地方政府的重视。近几年，很多发达城市建立海洋执法队伍，其目的就是严格海洋执法，推进海洋管理制度的发展和完善。但是海洋执法最普遍的还是专项执法，综合执法的案例较少，而且综合执法所耗费的人力物力也较为庞大，需要统筹的方案也较为复杂。因此，现阶段只靠执法活动来完善海洋管理制度是远远不够的，还需要海洋管理部门加强自身建设，将更多的行动落实到个人，不能一味依靠第三方监督。总体来说，现阶段各个示范区对于海洋管理制度的建设，主要还是集中在如何建设的领域，而对于如何有效管理的关注度明显不足，但有效管理是高速建设的保障，加强海洋管理制度中责任机制的建设尤为重要。

（三）与国外开展的海上合作较少

21 世纪是海洋的世纪，世界各国都高度重视海洋的发展，在各个领域积极开展海洋合作。全球海洋经济飞速发展，但海洋争端依然不断，尤其在疫情影响下，海洋局势也越来越复杂。2013 年，我国提出建设"21 世纪海上丝绸之路"，既希望缓和与周围国家的海上关系，又希望与其他国家实现海上合作，共同发展。各个沿海城市因此成为与其他国家交流的窗口，由于不同沿海城市所处的地理位置不同，国家对各个沿海城市的定位也完全不同，其所要承担的对外开放项目也就完全不同，在各个沿海城市建立的海洋生态文明示范区则尤其应该在对外交流项目中有所成就。但是从现阶段海洋生态文明示范区的建设可以看出，各个示范区对于对外开放项目的规划与建设明显存在不足。自贸区是国家提升对外合作效率的重要平台，我国在上海、浙江建立了自由贸易先行区，但与国外的合作大多集中在经济领域，在其他领域的合作开展较少，而且现阶段对外合作的城市主要集中在一些发达城市，其他沿海城市对应的项目较少。尤其在疫情的影响下，海洋交通运输业受到重创，多条航线被迫取消，各国之间的海运贸易受到了严重的影响，也连带影响了海洋船舶制造业，接单量明显下降。这使得各个示范区与国外合作的路径也有所减少。如何在复杂的国际形势下开展对外合作，不仅需要各个示范区予以关注，更需要国家在战略层面上进行宏观规划，这样才能更好地引导地方政府开展对外合作。

（四）各个示范区之间资源不均衡不协调

首先，沿海发达城市所拥有的资源较为充沛，尤其是在海洋高新技术领域，很多院校、企业、设备都集中在这些发达地区，使发达地区的发展得到了很大的技术支撑，发展也较为迅速。而且发达城市在建设各种博物馆或者举办文化节方面更有行动力和号召力，也会经常性地举办一些国际性会议和论坛。因此就形成了发达城市资源越来越聚拢，而其他城市资源越来越分散的局面。其次，由于海洋生态文明示范区的建制还不完善，国家和地方政府都在慢慢探索适合当地的建设模式，因此总会先设立很多试点城市来试行新的制度，从海洋生态文明示范区建设整体上来看，虽然试点城市优先发展无可厚非，但是国家是可以对资源分配进行有效干预的。应有针对性地把一些资源分配到需要的城市，缩小城市与城市之间的差距，更好地实现示范区的共同发展。各个示范区之间如何有效进行资源转换也是实现地区之间资源平衡的有效路径。实现城市之间的资源对接，把某些城市的过剩资源或者优势资源引入其他需要这项资源的城市，或者在城市与城市之间实现资源的置换。资源共享才能更好地实现共同发展。

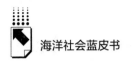
五 海洋生态文明示范区建设的机遇与展望

（一）海洋生态文明示范区建设的机遇

1. 信息技术的运用

2020年新冠肺炎疫情发生初期，为了科学地进行疫情防控，全国的办公系统都开启了线上办公模式，各种视频会议软件不断出现，在一定程度上提高了政府整体的线上办公效率。一些港口城市当然也不例外地纷纷推出了线上办公的措施。如浦口海事局、福建海事局推出船舶"远程安检""远程审核"模式；沧州海事局、沧州市海洋和渔业局、渤海新区行政审批局等单位，积极使用网上办公、电话沟通、预约等方式。在减少人员接触的同时，最大限度地保障航运市场的正常流转。港口企业也可大力推行自动化、智能化操作，发展"无人港口"，这样不仅可以避免人员交叉感染，还可提高船舶的通关效率。政府也可出台优惠措施，鼓励支持港口进行自动化、智能化改革。① 此外，我国已经开始有规划地建立一体化智慧海洋综合管理平台，大数据是未来发展的必然趋势，在海洋建设的各个领域里，如海洋环境保护、海洋资源开发、海洋环境监测、海洋资源利用、海洋防灾减灾、海洋执法监察、海洋行政综合管理等，利用大数据进行信息采集、整理、储存和共享，实现一网多用、多网合一，能极大地提高各个领域的信息资源利用率。② 目前，加强地方级智慧海洋建设仍在有序推进，总体来说，国家一直在加大资源投入力度加强信息技术的建设，而且疫情在客观上让国家看到了信息技术的重要性，因此，将信息技术渗透到海洋生态文明示范区建设可以说是势在必行，示范区必须明确自己在当前阶段需要进行信息化建设的项目

---

① 《疫情风暴对海洋产业的影响，这篇文章终于讲清楚了》，搜狐网，https：//www.sohu.com/a/384507337_120154051，最后访问日期：2021年4月5日。
② 《推进地方级智慧海洋建设》，中共中央党校网站，https：//www.ccps.gov.cn/xylt/202001/t20200117_137554.shtml，最后访问日期：2021年4月5日。

有哪些，也可以学习其他信息化发展较完善的示范区进行相关建设。只有把握好信息化的大背景，实现海洋建设各个领域的高速发展，才能更好地实现示范区长久高速发展。

2. 经济回升的大趋势

疫情终会过去，全国经济逐渐回暖，在疫情影响下，新的经济秩序正在逐步建立。有专家推测在未来某些产业可能会出现报复性消费的情况，但有些产业可能需要彻底整改才能符合信息化时代的发展标准。海洋经济也是如此，由于全球疫情还没有得到有效的控制，很多沿海对外开放项目还不能完全恢复，相比之下国内疫情逐渐稳定，正常的经济秩序正在逐渐恢复，很多企业也开始复工复产。因此海洋经济重塑只能依靠国内经济恢复的大环境，逐步有序恢复相关的产业建设，这对海洋经济的发展也是一个重要的机遇。以滨海旅游业来说，待全国交通便利之后，旅游业的恢复是最直接可观的，甚至可能会出现各种报复性消费，从而促进经济的快速增长，但是报复性消费也不是针对所有的旅游城市，那些具有自己独立旅游品牌的城市更能吸引游客。对海洋渔业来说，人们对水产品的顾虑逐渐打消，势必会引起对水产品的重新关注，水产品的需求量会不断增加。但是经历前期水产品滞销之后，如何更快地恢复水产品的正常生产和供应对某些企业来说存在巨大的挑战，这时候需要政府正确引导市场。未来，在全球疫情逐渐得到控制之后，经济也会逐渐恢复，一些对外开放项目便可以有序恢复。因此，在经济迅速回升的大趋势下，各个示范区如何抓住这个机遇，快速实现经济重塑，还需要各级政府统筹规划。

（二）海洋生态文明示范区建设的展望

1. 加强海洋产业优化

近年来，为了实现海洋经济的可持续发展，国家一直在大力推进海洋经济转型，其中最重要的环节就是海洋产业优化，但是由于各个地方经济发展水平的差异，其对海洋产业优化的重视程度也各不相同。在这次疫情的影响下这种差异也越来越明显，总体来看，除了一些发达地区十分重视海洋产业

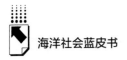

优化，其他地区对海洋产业优化的重视程度明显不足。因此，各个示范区应该立足于现有的海洋产业，不断借鉴国内外海洋经济转型成功的经验，提升各自海洋经济发展的质量。

一是产业升级的问题，以滨海旅游业为例，任何一个示范区想要在众多示范区中脱颖而出，就一定要有自己的旅游特色。很多示范区已经开始建设度假区，以形成一系列的旅游产业，这也是海洋旅游业发展的趋势。同时利用好现有的信息技术做好旅游品牌的宣传工作也十分重要，宣传到位才能更好地把握经济回升的大趋势，弥补疫情带来的负面影响。长期网络宣传在一定程度上起到传播海洋文化的作用，既增强了海洋文化的影响力又保护了海洋文化的发展。不只是滨海旅游业，所有海洋产业都需要不断升级发展才能更好地与时代接轨，尤其是在信息时代，将产业逐步信息化，更有利于产业的可持续发展。二是产业结构优化的问题，在现有产业升级的基础上，将产业重心由第一、第二产业逐步向第三产业转移，同时不断发展一些新兴海洋产业，提高海洋产业的数量和质量。可以尝试与当地的企业和高校建立产学研合作模式，推动海洋产业的创新发展。此外，政府可以将同一行业的不同企业进行融合，资金整合更有利于实现整个产业的飞速发展。还可以尝试推动当地涉海产业联合发展，如将渔业与交通运输业、制造业与新材料产业等行业进行联盟对接，形成产业链，提高发展效率。只有各个示范区开始有规划地构建现代化海洋产业体系，才能促进示范区海洋经济的可持续发展。

2. 严格落实海洋管理工作责任

落实海洋管理工作责任是海洋管理工作有序开展的重要保障。2017年青岛市政府进行"湾长制"改革，将海湾建设的各项责任层级分明地落实到党政组织中的个体，"湾长制"改革中有很多值得海洋生态文明示范区学习和借鉴的地方。"湾长制"改革的核心就是要使各个机构明确自己的职责，将责任细化到党政主要领导人身上，并将压力逐级传递下去，使各个层级都能将压力转变为动力，更好地监督海洋环境保护的相关工作。海洋生态文明示范区的海洋管理制度建设也应该向"湾长制"学习，将各项建设的责任落实到个人。首先，要夯实责任机制的法律基础，现阶段的海洋管理制度对于责任机制的约束较少，很多海洋领域的相关建设只是落实到组织，没有落实到个人，而且层级之间也没有建立明确的职责分工，所以海洋管理制度中的责任机制没有完善建立起来，因此需要先从法律层面完善相关的制度建设。其次，要加强对海洋管理工作人员的培训，随着海洋管理领域不断拓展，需要管理的项目越来越庞杂，再加上信息技术的不断引进，单纯依靠从前的管理方法和技巧不足以支撑现阶段海洋管理的相关工作。因此需要对工作人员进行集中培训，不仅要培训海洋管理的相关知识，还需要加强职业素养培训，让工作人员明确自己的职责和任务，从根源上加强责任意识。最后，可以借助外力督促有关部门落实责任，公众就是最好的监督者，现在互联网技术的飞速发展丰富了公众参与海洋管理的形式，公众能够及时发现海洋管理中存在的问题并给予政府人员有效的反馈，让公众参与海洋管理监督的相关工作，形成一定的督察压力，更有利于相关部门落实责任，及时解决问题。

3. 加强与其他国家的海洋合作

21世纪的海洋是流动的海洋，是开放的海洋，只有保持合作共赢的态度，才能更好地实现海洋经济的和谐发展。现阶段变化多端的国际形势再加上全球疫情的影响，使得与其他国家建立良好的海洋合作机制更加困难，但是全球疫情终究会过去，现在全世界都在开展疫情防控常态化工作，在此基础上逐步推进一些海洋合作项目还是十分必要的。首先，国家应该对海洋生态文明示范区的对外合作进行宏观规划，中央也要鼓励各个示范区开展对外合作项目并予以资金支持，比如一些较大的国际合作项目还是需要国家进行宏观的引导和规划，这样开展的合作更有权威性也更加长久。其次，各个示范区应该尝试在各个领域与国外开展合作，如企业创新对外投资方式，同时吸引国外资本向内流动；高校之间开展学术论坛活动；示范区可以举办一些高端展会，如世界海洋大会，实现各国之间海洋文化的交流与沟通。

总体来说，在疫情的影响下，海洋生态文明建设面临着多重挑战，但是疫情终会过去，如何根据疫情防控常态化，重新定位各个海洋生态文明示范区的发展方向是极其重要的。各个示范区在海洋产业发展、海洋管理制度、

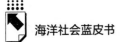

对外海洋合作等领域出现的不足需要尽快在全球疫情稳定之前逐步改进。同时信息技术在此次疫情中得到了广泛的应用，未来，各个示范区只有将自己各方面的建设逐渐完善，才能更好地把握信息技术以及经济回温的大趋势，实现高速发展。

4. 合理分配各个示范区之间的资源

资源的合理有效配置是实现资源利用最大化的重要途径，尤其是在全国范围内实现资源共享，可以帮助各个示范区得到有效发展。要做到这一点最关键的就是国家有力干预，国家要对全国的海洋生态文明示范区建设进行合理的规划，根据各个地方的特色有针对性地进行资源分配，帮助某些地区获得海洋生态文明示范区建设所需要的资源，实现更高质量的发展，必要时可以在省际进行较好的资源置换，也可以将部分内陆资源向沿海输出。同时各个地方政府，如山东省、浙江省、广东省等可以根据各自沿海城市的特色有针对性地分配相关资源。一个省份内部的资源置换和转移要比不同省份之间的资源置换和转移容易很多，因此，各省政府要在各个示范区之间做好相关的资源统筹工作，让发展较好的城市更好地带动其他城市一起发展。

六　结语

海洋生态文明示范区建设从提出到新冠肺炎疫情影响下的 2020 年这一关键节点，其建设的道路经历了诸多的波折。总体来说，海洋生态文明示范区建设虽然没有达到预期的结果，但都取得了长足的进步。根据 2012 年印发的《海洋生态文明示范区建设指标解释、计算和评分方法》，各个示范区都十分注重海洋经济发展以及海洋资源利用，各种高新技术都用于这两个领域以有效促进经济的高质量发展和资源的有效利用。在海洋生态保护方面，各个示范区也在不断建制来保护海洋环境。在海洋管理保障方面，各示范区在不断完善各项制度。在海洋文化建设领域，关于文化建设的内容也在不断推陈出新。具体表现为经济建设与生态文明建设同步化、文化建设与经济建设交融化、海洋执法建设突出等特点。但是现阶段海洋生态文明建设还存在很多不足之处，例如：对产业优化的重视程度不足、海洋管理制度中责任机制缺位、与国外开展的海上合作较少、各个示范区之间资源不均衡不协调。长远来看，海洋生态文明建设要积极运用各项信息技术，把握经济回升的大趋势逐步加强海洋产业优化、严格落实海洋管理工作责任、加强与其他国家的海洋合作以及合理分配各个示范区之间的资源，从更多的领域逐步完善海洋生态文明示范区建设，从而实现海洋生态文明示范区更快更好地发展。

B.11
中国远洋渔业管理发展报告

陈晔 聂权汇*

摘　要：　"十三五"以来，中国远洋渔业发展取得长足进步。2020年年初突袭而至的新冠肺炎疫情对中国远洋渔业发展带来不少困难。在党中央强有力的领导和指挥下，在广大人民群众的理解和积极配合下，中国取得防疫复产阶段性胜利。在渔船管理方面，中国修订了《远洋渔业管理规定》，强化了远洋渔业公海转载管理和远洋渔船境外报废处置，推动开展公海登临检查。首次发布《中国远洋渔业履约白皮书（2020）》以及试行公海自主休渔，成为中国远洋渔业管理的亮点。在疫情防控常态化背景下，"十四五"期间，中国远洋渔业将保持原有的良好发展态势。

关键词：　远洋渔业　复产　履约白皮书　公海自主休渔

一　引言

"十三五"以来，中国远洋渔业发展迈入新阶段（见表1、表2、图1）。中国拥有世界最大规模的渔船队，截至2020年年底，远洋捕捞渔船达2705艘。

---

* 陈晔，上海海洋大学经济管理学院、海洋文化研究中心副教授、博士，研究方向为海洋经济及文化；聂权汇，上海海洋大学经济管理学院2018级本科生，研究方向为海洋经济。

表1　2020年各地区远洋渔业

单位：吨，万元

地区	远洋捕捞产量	其中		远洋渔业总产值	2020年比2019年增减(±)			
		运回国内量	境外出售量		远洋捕捞产量	其中		远洋渔业总产值
						运回国内量	境外出售量	
全国总计	2316574	1573507	743067	2391939	146422	257788	−111366	−43448
北京	5548	4638	910	10066	−1113	1596	−2709	3294
天津	6093	5066	1027	5785	−1880	−864	−1016	−1865
河北	50469	5000	45469	14582	−5437	2100	−7537	−1404
辽宁	249843	105216	144627	191618	−15081	−5848	−9233	−101427
上海	149635	120316	29319	163611	−33502	−23684	−9818	−34183
江苏	9421	7575	1846	12490	51	−103	154	773
浙江	568376	510074	58302	603996	126221	115740	10481	34305
福建	607935	367595	240340	498501	91427	81169	10258	57899
山东	384378	294486	89892	555768	−29338	65334	−94672	56652
广东	61193	21940	39253	94620	−6647	−1133	−5514	−16661
广西	18450	—	18450	13386	324	−595	919	442
海南	—	—	—	—	—	—	—	—
中农发集团	205233	131601	73632	227516	21397	24076	−2679	−41273

资料来源：《2021中国渔业统计年鉴》。

表2　2020年各地区远洋渔业主要品种产量

单位：吨

地区	远洋捕捞产量	其中	
		金枪鱼	鱿鱼
全国总计	2316574	327400	520341
北京	5548	520	2530
天津	6093	350	—
河北	50469	—	4780
辽宁	249843	11070	12532
上海	149635	108200	18383
江苏	9421	1680	6180
浙江	568376	91020	369113
福建	607935	24980	39815
山东	384378	35050	23121

续表

地区	远洋捕捞产量	其中	
		金枪鱼	鱿鱼
广东	61193	17220	2160
广西	18450	—	—
海南	—	—	—
中农发集团	205233	37310	41727

资料来源：《2021 中国渔业统计年鉴》。

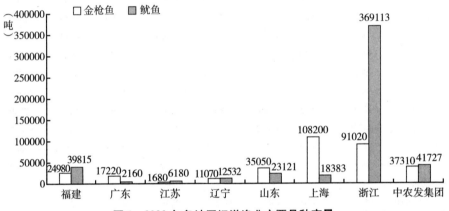

图1　2020 年各地区远洋渔业主要品种产量

资料来源：《2021 中国渔业统计年鉴》。

二　疫情防控及复工复产管理

2020 年年初，突袭而至的新冠肺炎疫情对中国经济和人民生活造成极大影响。在党中央强有力的领导和指挥下，在广大人民群众的理解和积极配合下，通过各种严格管控措施，终于取得阶段性抗疫成果。[①] 但在之后的一段时期内，海外的疫情依然不容乐观，对中国远洋渔业发展造成较大影响。在各级政府的积极努力与广大企业的积极配合下，中国取得防疫复产阶段性胜利。

①　陈诗一主编《经济战"疫"：新冠肺炎疫情对中国经济的影响与对策》，复旦大学出版社，2020。

1. 全国层面

在疫情防控时期，尤其在国内疫情形势趋稳，而国外疫情形势严峻的情况下，为防范远洋渔船发生输入性疫情，农业农村部在 2020 年 3 月紧急部署加强远洋渔船新冠肺炎疫情防控，[①] 切实防范境外新冠肺炎疫情通过远洋渔船输入中国。2020 年 4 月 10 日，农业农村部办公厅印发《关于进一步做好远洋渔船防范境外新冠肺炎疫情输入工作的通知》。[②] 伴随中国国内疫情防控形势好转，相关远洋渔业企业开始复工复产，一些企业开始出现违规生产作业的苗头，因此，必须严防疫情防控时期发生越界捕捞等重大涉外事件。2020 年 4 月 16 日农业农村部办公厅印发《关于进一步加强远洋渔业安全管理工作的通知》，要求坚持不懈抓好安全生产管理、适当调整海上作业安全缓冲距离。[③] 2020 年 9 月 8 日，为进一步强化外防输入举措，最大限度降低境外疫情输入风险，农业农村部办公厅印发《对在境外港口搭乘远洋渔船来华的远洋渔业船员实施远端核酸检测工作的通知》。[④]

2. 地方层面

在国内疫情得到有效控制之后，国内各地有关部门克服种种困难，为远洋渔业企业复工复产提供便利。因新冠肺炎疫情，从海外回国的 38 位上海水产集团远洋船员，一直在浙江舟山待命。上海市农业农村委积极与农业农村部协调，把培训地点改为舟山。[⑤]

自新冠肺炎疫情发生以来，浙江省渔业系统按照疫情防控和复工复产

[①] 《农业农村部紧急部署加强远洋渔船新冠肺炎疫情防控》，http：//www. yyj. moa. gov. cn/gzdt/202003/t20200317_ 6339180. htm，最后访问日期：2021 年 2 月 17 日。

[②] 《农业农村部办公厅关于进一步做好远洋渔船防范境外新冠肺炎疫情输入工作的通知》，http：//www. moa. gov. cn/govpublic/YYJ/202004/t20200413_ 6341409. htm，最后访问日期：2021 年 2 月 20 日。

[③] 《农业农村部办公厅关于进一步加强远洋渔业安全管理工作的通知》，http：//www. moa. gov. cn/nybgb/2020/202005/202006/t20200608_ 6346064. htm，最后访问日期：2021 年 2 月 17 日。

[④] 《农业农村部办公厅对在境外港口搭乘远洋渔船来华的远洋渔业船员实施远端核酸检测工作的通知》，http：//www. moa. gov. cn/nybgb/2020/202010/202011/t20201130_ 6357339. htm，最后访问日期：2021 年 2 月 17 日。

[⑤] 郁若辰：《创新服务方式，上海助力远洋渔业复工复产》，《东方城乡报》2020 年 9 月 3 日，第 4 版。

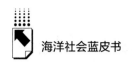

"两手都要硬，两战都要赢"的要求，通过四项服务全面统筹指导、四级联防守住海上安全、四大举措助力复工复产等举措，扎实开展"三联三送三落实"活动，在做好新冠肺炎疫情防控的前提下，全力助推浙江省远洋渔业有序复工复产。①

三　渔船管理

2020年以来，在渔船管理方面，中国比较大的举措有修订《远洋渔业管理规定》，加强远洋渔业公海转载管理、远洋渔船境外报废处置，推动开展公海登临检查等。

1. 修订《远洋渔业管理规定》

自2003年实施以来，《远洋渔业管理规定》有力地促进了中国远洋渔业事业的高速发展。截至2020年年底，远洋捕捞渔船达2705艘，远洋捕捞产量达2316574吨，远洋渔业总产值达2391939万元。经农业农村部常务会议审议通过，修订后的《远洋渔业管理规定》自2020年4月1日起实施，对强化涉外安全管理、接轨国际管理规则等内容进行修改。②

2. 远洋渔业公海转载管理

远洋渔业普遍采用公海转载，如果有效监管不足，公海容易变成非法渔获逃避监管的途径。③ 2020年5月19日，《农业农村部关于加强远洋渔业公海转载管理的通知》发布，要求自2021年1月1日起，所有在公海进行远洋渔业转载的活动，均要在观察员监督下进行，并报告。④

---

① 《浙江省渔业系统"三个四"全方位助推远洋渔业防疫复产"双胜利"》，http://www.moa.gov.cn/xw/qg/202003/t20200313_6338916.htm，最后访问日期：2021年2月17日。
② 《新〈远洋渔业管理规定〉公布，4月1日起施行》，http://www.yyj.moa.gov.cn/gzdt/202002/t20200224_6337614.htm，最后访问日期：2021年2月17日。
③ 《农业农村部：明年起所有远洋渔业公海转载活动均需报告》，https://www.chinanews.com/gn/2020/05-22/9192222.shtml，最后访问日期：2021年2月19日。
④ 《农业农村部关于加强远洋渔业公海转载管理的通知》，http://www.moa.gov.cn/nybgb/2020/202006/202007/t20200708_6348291.htm，最后访问日期：2021年2月17日。

3. 远洋渔船境外报废处置

为了规范中国远洋渔船在境外进行报废处置行为以及明确有关要求。农业农村部办公厅于 2021 年 2 月 1 日印发《关于进一步做好远洋渔船境外报废处置工作的通知》，该通知自 2021 年 2 月 1 日生效。[①]

4. 推动开展公海登临检查

自 2020 年起，中国在国际北太平洋渔业委员会（INPFC）正式启动公海登临检查工作，注册执法船，切实履行成员国义务，为该区域内公海执法行动提供强有力的保障。[②]

四　履约白皮书

为使国际社会充分了解中国在远洋渔业管理领域的原则立场、政策措施以及履约成效等，2020 年 11 月 21 日，农业农村部首次发布《中国远洋渔业履约白皮书（2020）》。远洋渔业国际履约是国家行使公海捕捞权利的前提条件，也是维护国家海洋渔业权益、参与全球海洋治理的主要窗口，体现一个国家的综合海洋能力，是中国和西方发达国家直接竞争且不可后退的领域。该白皮书对中国履行船旗国等内容进行了详细介绍。

自 1985 年起步以来，中国远洋渔业一直致力于科学养护与可持续利用渔业资源相结合，坚持走可持续发展道路，积极促进全球渔业可持续发展，主动适应国际渔业发展的新形势，稳定船队规模，强化规范管理，向负责任渔业强国发展。该白皮书的发布也是在向世界展示中国在保护公海渔业资源方面所做的努力，为世界渔业发展贡献中国力量。[③]

---

① 《关于进一步做好远洋渔船境外报废处置工作的通知》，http：//www. moa. gov. cn/govpublic/YYJ/202102/t20210203_ 6361092. htm，最后访问日期：2021 年 2 月 17 日。

② 《中国远洋渔业履约白皮书（2020）》，http：//www. moa. gov. cn/xw/bmdt/202011/t20201120_ 6356632. htm，最后访问日期：2021 年 9 月 16 日。

③ 《远洋渔业履约团队为〈中国远洋渔业履约白皮书（2020）〉贡献智慧》，https：//tech. shou. edu. cn/2020/1222/c15144a282799/page. htm，最后访问日期：2021 年 6 月 15 日。

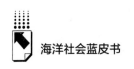

五 公海自主休渔

就单一品种产量而论，中国远洋渔业最大捕捞对象为鱿鱼，2020 年全国远洋鱿鱼捕捞量达 520341 吨，在公海鱿鱼生产、市场和消费方面，中国名列前茅。因为气候变化等诸多方面因素，近年几大公海渔场（包括东南太平洋、西南大西洋在内），鱿鱼资源波动逐年显著，远洋渔业企业经营风险增大。经过广泛调查研究以及专家论证，我国认为通过实行公海自主休渔，可以保护渔业资源，提高资源补充量以及渔业效益。[①]

为加强公海渔业资源养护，2020 年 6 月 1 日农业农村部印发《关于加强公海鱿鱼资源养护促进我国远洋渔业可持续发展的通知》，中国第一次在西南大西洋公海相关海域（32°S ~ 44°S、48°W ~ 60°W）试行为期三个月的自主休渔，起始日期为 2020 年 7 月 1 日。休渔期间，所有在该区域进行生产作业的中国籍渔船（包括鱿鱼钓、拖网渔船等）都要停止作业活动。[②] 与此同时，对公海鱿鱼资源进行动态监测，逐渐建立和健全鱿鱼资源养护及管理科学系统，促进世界公海鱿鱼产业绿色可持续发展。[③] 中国公海自主休渔具有十分重要的意义。[④]

六 总结及展望

2020 年，面对新冠肺炎疫情的严峻考验，在以习近平同志为核心的党

---

① 《保护公海渔业资源　促进可持续利用——农业农村部渔业渔政管理局负责人就我国首次实施公海休渔答记者问》，http：//www. yyj. moa. gov. cn/gzdt/202007/t20200703_ 6347776. htm，最后访问日期：2021 年 2 月 17 日。

② 《我国首次公海自主休渔 7 月 1 日起实施》，http：//www. gov. cn/xinwen/2020 – 07/01/content_ 5523288. htm，最后访问日期：2021 年 3 月 5 日。

③ 《中国远洋渔业履约白皮书（2020）》，http：//www. moa. gov. cn/xw/bmdt/202011/t20201120_ 6356632. htm，最后访问日期：2021 年 9 月 16 日。

④ 《保护公海渔业资源　促进可持续利用——农业农村部渔业渔政管理局负责人就我国首次实施公海休渔答记者问》，http：//www. yyj. moa. gov. cn/gzdt/202007/t20200703_ 6347776. htm，最后访问日期：2021 年 2 月 17 日。

中央坚强领导下，全国经济运行得到恢复。经初步核算，2020 年国内生产总值（GDP）达到 1015986 亿元，按照可比价格计算，同比增长 2.3%。[①]远洋渔业发展取得防疫复产阶段性胜利。

在渔船管理方面，中国修订了《远洋渔业管理规定》，强化了远洋渔业公海转载管理和远洋渔船境外报废处置，推动开展公海登临检查。首次发布《中国远洋渔业履约白皮书（2020）》以及试行公海自主休渔，成为中国远洋渔业管理发展的亮点。

在疫情防控常态化背景下，"十四五"期间，中国远洋渔业仍将保持良好发展态势，继续积极参与全球海洋渔业治理，推进世界渔业资源科学养护与长期绿色可持续发展。

---

① 《2020 年国民经济稳定恢复 主要目标完成好于预期》，http：//www.stats.gov.cn/tjsj/zxfb/202101/t20210118_ 1812423. html，最后访问日期：2021 年 2 月 20 日。

B.12
中国国家海洋督察发展报告

张 良[*]

摘　要：　在2020年的国家海洋督察中，部分地区根据国家海洋督察组的反馈意见，继续进行整改落实。在国家海洋督察的强大压力下，省级政府高度重视，各级地方政府形成了压力层层传递、责任层层压实的工作态势。自然资源部根据整改情况组织海洋督察"回头看"，开展了海南省整改情况专项督察。总体来看，国家海洋督察打破科层制运作下的常规治理，实现督察制与科层制的互为补充。实施国家海洋督察"回头看"，确保国家海洋督察反馈意见的贯彻落实。重构国家海洋局与省级政府之间的关系，依托省级政府将督察压力传递给各级地方及其相关部门。与此同时，国家海洋督察中还存在诸多问题，包括国家海洋督察可持续性不强，督察"回头看"的比例偏低，督察制与科层制之间的协调有待加强等。为此，应有针对性地对国家海洋督察制度进行完善。

关键词：　国家海洋督察　督察"回头看"　可持续性　督察制
　　　　　科层制

＊　张良，中国海洋大学"青年英才工程副教授"，博士，研究方向为国家海洋督察、国家治理、基层治理、海洋环境治理等。

一 国家海洋督察总体概况

（一）国家海洋督察反馈意见的整改落实及其公示

2017 年 8 月下旬至 9 月底，原国家海洋局①组建国家海洋督察组，第一批进驻辽宁、河北、江苏、福建、广西、海南六个省（自治区）开展海洋督察，并于 2018 年 1 月完成对其反馈督察意见。2017 年 11 月中旬至 12 月月底，国家海洋督察组第二批进驻山东、天津、浙江、上海、广东五个省（直辖市）开展海洋督察，并于 2018 年 7 月月初对其反馈督察意见。至此，国家海洋督察组代表国务院对沿海十一个省（自治区、直辖市）完成进驻督察并向其反馈督察意见。国家海洋督察组在进驻地方过程中检查监督省级及下属政府在海洋开发利用方面存在的问题，包括贯彻落实党中央、国务院关于海洋生态文明建设等方面的重大决策部署情况、在海洋资源管理与海洋生态环境保护方面法律法规的执行情况、海洋执法情况等，并向地方政府形成书面反馈意见，这是国家海洋督察最为重要的成果。而沿海省级政府据此制定的整改方案和具体整改落实情况，则关系到国家海洋督察成果的应用、国家海洋督察的权威，也是国家海洋督察的重要组成部分。《海洋督察方案》规定，各个沿海省（自治区、直辖市）需要在督察意见反馈后的一个月内报送整改方案，并在六个月内报送整改落实情况。② 从实际运作情况看，第一批最早向社会公布整改方案的是福建省，在向其反馈督察意见不到

---

① 原国家海洋局是属于原国土资源部管理的国家局，专门负责海域使用与海洋生态环境保护方面的监督与管理。2018 年国家机构改革之后，不再保留国家海洋局。国家海洋局的大部分职责整合并入自然资源部，同时将其原有海洋环境保护职责并入生态环境部；将其自然保护区、风景名胜区、自然遗产、地质公园等管理职责整合并入国家林业和草原局。因为国家海洋督察是 2017 年由原国家海洋局具体负责实施的，《海洋督察方案》也是由原国家海洋局颁布的。因此，在本报告行文过程中会时常提到原国家海洋局。

② 《国家海洋局关于印发海洋督察方案的通知》，海南省人民政府网站，https：//www.hainan.gov.cn/hainan/62614/201702/9ab676778cd244988bf08df6ff346eb3.shtml，最后访问日期：2021 年 6 月 20 日。

两个月后的 2018 年 3 月，便向社会公布了贯彻落实国家海洋督察反馈意见整改方案。其他省级政府的反馈用时，少则三四个月，多则六七个月。总体来说，第二批五个省（直辖市）整改方案的公布时间（以督察意见反馈为起点）明显慢于第一批省（自治区）。沿海各个地方在逐条落实整改方案的过程中，大多超过国家海洋督察方案中规定的六个月，其中较晚的是广东、天津，他们在 2019 年 2 月才向社会公布整改方案，其具体整改措施的落实可能需要更长时间。因此，部分地区的部分整改落实措施在 2020 年开展，并向社会公示。

就整改方案而言，其内容都是对国家海洋督察反馈意见中存在问题的逐条回应，每一条一般都包括问题描述、责任单位、整改时限、整改目标和整改措施。整改方案最终报自然资源部批准后向社会公布并具体实施。为了保障整改落实的质量与效率，各省级政府要求下属各级地方大多采取整改一个、核实一个、公示一个、销号一个。各个省、自治区、直辖市的最终整改落实情况报自然资源部，自然资源部根据整改情况组织海洋督察"回头看"。对于整改落实不力的地方，采取区域限批、扣减围填海指标、上报国务院等方式，从而确保整改情况严格按照国家海洋督察组的反馈意见进行落实，确保其符合自然资源部的期望和要求。一般来说，整改情况会通过中央和省级当地主要新闻媒体向社会公示，通过社会监督的方式确保整改落实符合公众要求。

（二）国家海洋督察海南省整改情况专项督察

2020 年，国家海洋督察动作力度最大的是自然资源部对海南省整改情况的专项督察。2017 年 8 月 22 日至 9 月 21 日，国家海洋督察组第六组进驻海南，代表国务院对其进行了为期一个月的海洋督察。2018 年 1 月 17 日，国家海洋督察第六组向海南省人民政府反馈了围填海专项督察情况，在肯定海南省海洋生态文明建设成就的同时，指出其存在的问题：旅游房地产的发展给当地海洋生态带来巨大压力；围填海管理制度和政策措施落实不到位；围填海审批不规范，执法监管不到位；近岸海域污染防治工作需要加强。2018 年 8 月月初，海南省人民政府正式制定并向社会公布了《海南省贯彻落实国家海洋督察反馈意见整改方案》。① 在接下来的两年时间，海南省成立了省海洋督察整改工作领导小组，设立领导小组办公室，统筹各个地区，协调各个部门。各市县成立类似的工作协调机制，整合各方力量，按照国家海洋督察反馈意见和整改方案，将国家海洋督察指出的全省 4 大类 35 个问题，细化为 116 项具体整改任务，对相关问题逐一整改，做到整改一个、公示一个、销号一个、备案一个。

2020 年 8 月 19 日，时隔三年，国家自然资源督察海洋专项督察组再次进驻海南，对国家海洋督察海南整改落实情况开展为期一个月的专项督察，相当于国家海洋督察领域的"回头看"。8 月 19 日，专项督察动员会和工作汇报会在海口召开，自然资源部副部长、国家海洋局局长王宏担任本次整改落实专项督察组组长。② 本次专项督察的主要任务是，对照 2017 年国家海洋督察组提出的反馈意见，检查监督海南省的整改落实情况，同时对照党中央提出的新发展理念和重大决策部署，发现海南省在海洋管理领域中存在的问题。海南省省长出席动员会，并表态全力支持专项督察工作，自觉接受和配合督察，提高政治站位，把思想和行动统一到党中央对海南生态工作的决策部署上来，切实保护好自贸港的海洋生态环境。专项督察组在进驻海南的同时，在海南省重要媒体发布了《关于国家海洋督察海南省整改情况的公示》，指出公众如果对公示内容有异议，可以通过电话和信箱向专项督察组反映情况。

（三）省级以下开展的地方性海洋督察

国家海洋督察的主要对象是省级人民政府及海洋行政管理部门和海洋执

---

① 《我省公开国家海洋督察反馈意见整改方案》，海南省人民政府网站，https：//www.hainan. gov. cn/hainan/tingju/201808/7ec70fb7f1214d31809032c32af888dd. shtml，最后访问日期：2021 年 6 月 16 日。

② 《国家海洋督察海南省整改情况专项督察召开动员会 沈晓明、王宏出席并讲话》，海南省人民政府网站，https：//www. hainan. gov. cn/hainan/tpkq/202008/8b78106d6bac4b6589ba540842e0d995. shtml，最后访问日期：2021 年 6 月 16 日。

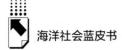

法部门。国家海洋督察组代表国务院开展督察，并可以根据地方政府对国家海洋督察反馈意见的整改落实情况，实施区域限批和扣减围填海指标，对于整改落实不力的甚至可以对省级政府相关负责人警示约谈。因此，国家海洋督察对省级政府形成强大压力，省级政府将此压力层层传递给下面各级政府及其相关部门。2020年，除了国家海洋督察海南整改专项督察之外，国家层面并没有特别大的动作。国家海洋督察的延续主要体现在地方层面，包括各个沿海省、自治区、直辖市继续贯彻落实国家海洋督察反馈意见整改方案，并进行公示、销号和备案；省级政府及其海洋行政主管部门对地级市政府及其相关部门开展地方海洋督察；与此类似，市、县（区）、乡（镇）之间也建立相应的海洋督察机制。

1. 以广西壮族自治区为例

2017年8月，国家海洋督察组第五组进驻广西开展为期一个月的检查监督，并于2018年1月，向广西反馈国家海洋督察意见。在同年6月，广西经自然资源部同意，向社会公布了《广西壮族自治区贯彻落实国家海洋督察专项督察反馈意见整改方案》。广西壮族自治区政府明确要求，通过整改落实国家海洋专项督察反馈意见，督促全区各级政府及其有关部门坚决贯彻落实国务院决策部署，切实履行海域使用管理和海洋环境保护职责。

按照原计划，2020年是广西贯彻落实国家海洋督察反馈意见整改落实的收官之年。2020年7月22日，国家海洋督察反馈意见自治区整改工作领导小组会议召开电视电话会议，自治区副主席主持会议，各个地级市的主要领导同志参会。会议总结整改落实工作的做法与成效，分析整改落实过程中存在的问题，要求如期完成整改任务。自治区副主席强调，要进一步提高思想认识，高度重视后续整改工作，加大力度，挂图督战，加强沟通协调，坚决突破难点，建立长效机制，确保自治区如期全面完成整改工作任务。① 针对整改任务重、时间紧的形势，会议要求各级各部门提高政治站位，抓好自

---

① 《黄世勇出席国家海洋专项督察反馈意见自治区整改工作领导小组会议》，广西壮族自治区人民政府网站，http://www.gxzf.gov.cn/zwhd/t5765234.shtml，最后访问日期：2021年6月16日。

查、检查、普查工作，加大海洋执法力度。按照要求和部署，自治区整改领导小组在 8 月对各县（区）自查排查情况、整改工作情况等进行抽查，在 9 月进行全面排查。

在自治区整改落实工作电视电话会议的动员压力下，自治区相关部门和市县（区）各级政府迅速采取了相应措施，推动整改工作的落实到位。2020 年 8 月月初，自治区海洋局党组成员、副局长带领督导组到防城港市就海洋督察整改落实情况开展督导工作，督导组通过实地调查和座谈等方式了解相关问题的整改落实情况，并就存在的问题提出指导意见。防城港市副秘书长代表市政府表态，将加强统筹协调，如期完成整改任务。①

在自治区整改领导小组对各区（县）自查检查情况抽查和全面排查的压力下，2020 年 8 月月初，钦州市钦南区出台了《关于落实国家海洋督察专项督察反馈意见自治区整改工作领导小组会议精神的通知》，要求各责任单位加强紧迫感和责任感，一级抓一级、层层压实责任。对照整改措施和整改要求，对各自承担的整改落实任务逐条开展自查排查工作，查漏补缺。并对海洋部门、环保部门、财政部门、信访部门、市场监督管理部门、公安部门，以及各个街道、乡镇的自查排查分工与重点做出了明确指示。钦州市钦南区高度重视本次整改落实工作的自查排查工作，在通知中专门指出"如因工作不扎实、排查不到位、整改不彻底等问题被自治区整改领导小组排查通报的，区整改领导小组将按照有关规定提请区委、区人民政府作出相应处理"②。

2. 以海南省为例

2020 年 4 月 23 日，海南省海洋督察整改工作领导小组会议召开全省视频会议，深入推动整改任务的贯彻落实。为了迎接国家海洋督察海南省整改

---

① 《自治区海洋局领导到我市督导调研国家海洋督察专项督察整改工作落实情况》，防城港市海洋局网站，http：//www.fcgs.gov.cn/hyj/dtxx/202008/t20200805_163199.html，最后访问日期：2021 年 6 月 16 日。

② 《钦南区人民政府办公室关于落实国家海洋督察专项督察反馈意见自治区整改工作领导小组会议精神的通知》，钦州市钦南区人民政府网站，http：//zwgk.gxqn.gov.cn/auto2712/bmwj/202009/t20200911_3369537.html，最后访问日期：2021 年 6 月 16 日。

情况专项督察（2020 年 8 月 19 日至 9 月 19 日），全省加紧迎检和材料准备工作。2020 年 8 月 27 日，海口市海洋督察领导小组办公室对美兰区整改档案工作台账等材料准备情况进行检查。此时国家海洋督察海南省整改情况专项督察组已经于 8 月 19 日进驻海南省。本次检查监督工作主要通过召开座谈会、现场查看和调阅材料等方式进行。2020 年 8 月 11 日，为了更好地迎接即将开展的国家海洋督察海南省整改情况专项督察，海南省直辖县澄迈县委书记到辖区桥头镇调研海洋督察整改工作落实情况。县委书记要求严格按照时间节点，确保海洋督察工作有序推进；要求各个部门做好分工协调，深入推进整改落实。[①]

上面只是通过广西和海南两个省（自治区），以点带面地介绍了 2020 年地方海洋督察的大体情况，从中我们可以大体了解国家海洋督察在省级及以下各级地方层级的执行与运作情况。

二 国家海洋督察的主要成效

（一）打破科层制运作下的常规治理，实现督察制与科层制的互为补充

国家海洋督察不同于科层制运作下的常规治理，具有一定运动式治理色彩。督察制度可以解决科层制常规治理下的信息链条过长带来的委托—代理双方信息不对称，能够打破分工明确、各司其职的部门壁垒，打破按部就班的行动节奏，突破循规蹈矩的条框约束。[②] 从这个意义上讲，督察制是科层制的必要补充，运动治理与常规治理应该适时转换、相得益彰。督察制的运动式治理特征与功能，既体现在国家海洋督察组进驻地方开展监督检查的工

---

① 《县委书记吉兆民到桥头镇调研海洋督察整改工作落实情况》，澄迈县人民政府网站，http://chengmai. hainan. gov. cn/qiaotouzhen/gzdt/202008/c743eae55cf04b34ad3e5c0864aae2fe. shtml，最后访问日期：2021 年 6 月 16 日。

② 周雪光：《运动型治理机制：中国国家治理的制度逻辑再思考》，《开放时代》2012 年第 9 期。

作中，也体现在省级及以下各级地方贯彻落实国家海洋督察反馈意见整改落实的过程中。

从各省（区、市）陆续出台的整改方案来看，国家海洋督察能够打破部门壁垒，增强各个部门在涉海领域的沟通、协调与合作。海洋资源管理与海洋生态环境保护不是单凭海洋主管部门和海洋执法部门就可以解决的，在围填海管控、海岸线保护、海洋功能区划、入海河流综合整治等各个方面需要海洋、环保、国土、规划、水利等多个部门共同参与、协同合作、陆海统筹。在国家海洋督察中，为了更好地贯彻落实国家海洋督察组的反馈意见，省级政府以领导小组为平台，统筹各级政府、各个部门的力量，打破部门界限，强化层级联动、部门合作，争取在最短时间内完成整改任务。在国家督察压力和省级政府检查督促之下，部门之间的利益冲突被暂时搁置，他们精诚团结、通力合作共同应对外部压力。

国家海洋督察可以强化海洋部门在执法监管中的权威与力量，加强海洋生态文明建设在各级政府及部门中的话语权。在海洋资源管理与海洋生态环境保护中，海洋主管部门和海洋执法机构无疑发挥着重要作用。在涉海管理与执法中应该建构以海洋部门为主导、其他部门配合的权力格局，这有利于保持海洋部门在各级地方政府中的相对独立和超然地位，确保其依法管海、执法严格，将海域使用纳入法治化、制度化轨道，纠正政府及相关部门在用海过程中的违规审批、越权审批、边批边建、未批先填等政府行为。但是，在各级政府及相关部门的实际运行中，相比于发展改革部门、财政部门、国土部门、住建部门、工信部门等事关经济发展的重要部门，海洋部门相对弱势，部门权力和话语权相对较弱。在地方用海过程中，海洋部门的权力时常被虚置和架空。地方政府及发展改革委等部门在未经海洋行政主管部门出具用海预审意见和未安排围填海计划指标的情况下，直接对围填海项目立项，环保行政主管部门在海岸工程环境影响报告书出具前不征求海洋部门意见，类似这样的现象并不鲜见。国家海洋督察制度的实施，对于推动各级地方政府规范围填海审批和海域使用行为具有积极作用，可以强化陆海重叠范围内用地与用海的衔接。海洋部门的审批权限得到更大尊重，海洋生态文明建设得到各级地方政府更多重视。

国家海洋督察可以打破地区边界，增强地级市之间的区域合作。海洋作为自然地理的最低位，各地区的河流、城市排水、企业排污等往往最终会流入海洋；海洋的流动性和整体性，又容易使局部的海洋污染转化为区域性海洋污染。[1] 因此对于入海污染源的治理，一方面，需要强化部门协调，实现环保部门、水利部门、住建部门、工信部门等部门协同治理；另一方面，需要增强区域之间合作，建立沿海地级市之间的区域协作机制，实现行政区域边界的监测联动、执法联动、应急联动。

（二）实施国家海洋督察"回头看"，确保国家海洋督察反馈意见的贯彻落实

《海洋督察方案》明确指出，原国家海洋局可根据需要，对重要督察整改情况组织"回头看"。2020 年自然资源部副部长、国家海洋局局长率队对国家海洋督察海南省整改落实情况进行了专项督察。对督察整改落实情况进行"回头看"同样是国家海洋督察制度的重要组成部分。国家海洋督察反馈意见是国家海洋督察组进驻一个月的集中成果体现。这一成果的具体运用和发挥作用，就是要求沿海各个省、自治区和直辖市严格按照国家海洋督察反馈意见进行整改落实。对于整改落实的成效如何进行评判呢？从相关文件和海洋督察实践来看，自然资源部主要通过三个环节对其检查监督。一是要求省级政府在督察意见反馈的一个月内报送整改方案，自然资源部审核批准后，省级政府方可对外公布并实施。二是在督察意见反馈后的六个月后，要求省级政府将整改落实情况上报自然资源部。以上两个环节大多是通过文本层面对整改方案与整改落实情况进行审核、检查、监督。这也就凸显了第三个环节的重要性，即组织整改落实情况"回头看"。第三个环节属于整改情况专项督察，是强化整改落实成效、避免形式主义的关键之举。截至目

---

[1] 王宏：《实施国家海洋督察制度　推进海洋生态文明建设》，《中国海洋报》2017 年 1 月 23 日，第 1 版。

前，尽管在第一轮两批的十一个沿海省、自治区、直辖市中最终只选择海南省作为"回头看"的督察对象，但依然意义重大，"回头看"对于其他省、自治区、直辖市的整改落实产生很大督促压力。即使第一轮国家海洋督察完全结束，"回头看"还将对第二轮国家海洋督察反馈意见的整改落实产生积极推动作用。"回头看"释放出一个明显的信号，那就是纯粹走过场地迎接检查和应付督察是行不通的，必须按照督察意见切实整改落实到位。

整改落实情况"回头看"，一则可以对照整改方案对贯彻落实国家海洋督察反馈意见的具体情况进行实地核查、现场抽查，对敷衍整改、表面整改、避重就轻等行为提出进一步整改意见，确保咬住问题不放、一盯到底。二则将"回头看"作为评价地方整改落实表现的客观依据，奖罚分明，对其他地区的整改落实起到引导和示范效用。如果不能做到"回头看"全覆盖，那么通过抓住一两个典型进行榜样性示范或惩罚性警告也是具有积极意义的。三则通过"回头看"可以发现海洋资源开发利用与海洋环境保护中的新问题，按照党中央、国务院关于海洋生态文明建设的最新发展理念，对地方用海管海行为提出指导意见。国家海洋督察"回头看"进驻海南省的时间为一个月，与第一次进驻海南开展围填海专项督察的时间一样长。这充分说明，国家海洋督察的目的不仅是发现问题、反馈意见，更在于解决问题，检查监督省级政府对反馈意见贯彻落实到位情况。

（三）重构国家海洋局与省级政府之间关系，依托省级政府将督察压力传递给各级地方及其相关部门

原国家海洋局属于原国土资源部管理的国家局，属于副部级职能部门。其重要的职责就是负责监督管理海域使用和海洋环境保护。当前地方政府在经济全球化、工业化和城镇化的过程中，在围填海等海洋资源利用方面时常突破中央政策和国家法律的约束，对海洋生态环境造成较为严重的影响。按照科层制的常规治理，国家海洋局一般通过地方对口设置的相应职能部门，对地方海洋资源管理与海洋生态环境保护进行检查监督。省级政府、省级部门（省级海洋部门除外）都不在原国家海洋局的管辖与业务指导范围。对

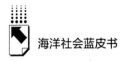

于省级政府通过或转发的省级部门涉海的规划、条例、意见，原国家海洋局一般不适合直接干预；即使对于省级国土部门、省级生态环境部门出台的涉海规划、条例、管理办法或违规审批、越权审批等用海管海行为，原国家海洋局一般也不宜直接介入。

通过国家海洋督察制度，国家海洋督察组代表国务院不仅能对省级海洋主管部门和执法部门进行监督检查，而且可以对省级政府进行监督检查。各个省级政府大多成立以省级政府主要负责同志（一般为省长、直辖市市长、自治区主席）为组长的国家海洋督察反馈意见整改工作领导小组（以下简称"领导小组"）。领导小组副组长一般为海洋、生态环境等方面分管负责同志，省内沿海地级市和省级相关部门的主要负责同志任小组成员，领导小组办公室一般设在省自然资源厅中的海洋主管部门。因此，国家海洋督察制度重构了原国家海洋局与省级政府之间的关系，由原国家海洋局和海洋督察组将贯彻落实中央关于海洋资源管理与海洋生态环境保护重大决策部署的压力传导给省级政府。

省级政府在国家督察高压下，在领导小组的统筹协调下，动员省级各个部门、地级市政府及其部门全力贯彻落实督察组的反馈意见，统筹各方力量，上下联动、条块结合，从而大力规范海域使用行为，纠正在围填海等领域的违规审批、越权审批等政府行为。在国家督察和省级监督检查的压力下，省级以下政府之间、各部门之间层层传递压力，属地为主、分级负责，形成与省级领导小组类似的动员部署。与国家海洋局与省级政府之间关系类似，在国家海洋督察反馈意见的整改落实过程中，省级海洋部门在领导小组的权威协调下，其与地级市政府之间的关系也得以重构。国家海洋督察制度强化了省级政府及其海洋部门对地方政府及其海洋部门的层级监督。因此，尽管国家海洋督察组进驻地方的实际时间只有一个月，但是由于其成功将省级政府纳入国家海洋督察的动员轨道上来，督察压力在省级以下层层传递。省级以下各级政府及海洋部门为了贯彻落实国家海洋督察反馈意见，推动整改方案的落实到位，经常开展地方性海洋督察，从而层层压实责任。从这个意义上讲，国家海洋督察制度重构了传统的海洋行政管理与海洋执法体系，督察性质的组织、制度与行动存在逐级同构的发展趋势。

三 国家海洋督察中存在的问题

（一）国家海洋督察的可持续性问题

原国家海洋局是属于原国土资源部管理的国家局，专门负责海域使用与海洋生态环境保护方面的监督与管理。其内设有办公室、战略规划与经济司、政策法制与岛屿权益司、生态环境保护司、海警司、海域综合管理司、预报减灾司、科学技术司、国际合作司、人事司、财务装备司等 11 个机构。在地方设有国家海洋局北海分局、东海分局、南海分局三个海区管理派出机构。2018 年国家机构改革之后，原国家海洋局的职能按照自然资源属性、生态环境属性和自然保护区属性分别划归不同部门，其大部分职责整合并入自然资源部。

国家海洋督察制度是原国家海洋局具体负责推动实施的。全国海洋督察委员会和办公室设在原国家海洋局，负责组织全国海洋督察工作。自 2017 年 8 月下旬至 2017 年 12 月底（均在机构改革之前），原国家海洋局先后组织两批次国家海洋督察组（在原国家海洋局和原国家海洋局北海分局、南海分局、东海分局的基础上组建），完成了对沿海十一个省、自治区、直辖市的海洋督察进驻。在 2018 年机构改革前后，国家海洋督察先后完成了对沿海十一个省、自治区、直辖市的督察意见反馈，后者则根据反馈意见形成督察方案上报自然资源部审核。从 2017 年 8 月国家海洋督察启动到 2020 年年底，第一轮国家海洋督察完成了进驻、意见反馈、整改方案上报、贯彻落实整改方案、督察"回头看"等大部分督察环节，目前处于收尾阶段。按照《海洋督察方案》的原初设计，国家海洋督察是在当前海洋生态文明建设大局下，为加强海洋资源管理与海洋生态环境保护工作，强化政府内部层级监督和专项监督而实施的一项重要制度。因此，国家海洋督察不是权宜之计，在第一轮结束之后，可能还会有第二轮、第三轮。但后续国家海洋督察的督察重点与方向可能会有所调整。

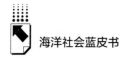

按照2018年机构改革，海洋生态环境保护职能被划入生态环境部，对海洋生态环境保护领域的督察有可能从国家海洋督察中被剥离出来，划入中央环保督察的范围内。国家海洋督察则重点放在海洋资源管理、海域海岛管理等领域，突出其自然资源属性。但实际上，海洋资源管理与海洋生态环境保护二者之间往往纠缠在一起，有时很难将其中之一独立出来单独看待。进行海洋资源管理的同时需要考虑海洋生态环境的承受能力，而海洋生态环境保护也需要处理好其与当地海洋开发利用、经济发展的关系。当然理论上也存在这种可能，那就是自然资源部与生态环境部共同合作开展海洋生态环境督察，实际上中央环保督察和国家海洋督察本来就存在诸多重叠之处，如何做好分工、协调和统筹工作，是第二轮国家海洋督察可能需要考虑的；也有这样一种可能性，即在国家海洋督察期间，海洋生态环境督察的职责依旧划归自然资源部。具体如何有待于我们在后续制度推进的过程中进一步观察。

原国家海洋局主要职责整个并入自然资源部，可能带来一些积极影响。例如机构改革后，原国家海洋局局长、党组书记的职务调整为自然资源部副部长、党组成员。一位自然资源部副部长分管海洋工作，可能会为第二轮国家海洋督察的持续有效推进提供便利。之前国家海洋督察组的组长一般由原国家海洋局副局长担任，但其督察对象却包括省级人民政府。如果组长由分管海洋工作的自然资源部领导担任，国家海洋督察可能更易于引起省级政府高度重视。

（二）国家海洋督察整改落实"回头看"的应用范围问题

在第一轮国家海洋督察中，目前只有海南省成为国家海洋督察整改落实情况"回头看"的专项督察对象，比例为1/11。"回头看"专项督察组组长由自然资源部副部长、党组成员担任。"回头看"的重要性在上文已经有所分析，在这里将其与中央环保督察做比较。第一轮中央环保督察自2015年12月月底正式启动以来，用两年时间完成对了全国三十一个省区市的督察全覆盖。2018年5月月底和2018年10月月底，中央环保督察组分两批次对第一轮环保督察中的二十个省、自治区进行"回头看","回头看"比例较高（20/31）。① 督察"回头看"对于强化督察成果应用、督促各级地方贯彻落实反馈意见具有重要意义。但"回头看"的对象如何选择、"回头看"的比例应保持在一个怎样的范围，是一个值得探讨的问题。

中央环保督察第一轮在 2015 年 12 月启动，第二轮在 2019 年 7 月启动，时间间隔约为三年半，其间于 2018 年 5 月开启督察"回头看"，距离启动时间间隔约为两年半。如果国家海洋督察与中央环保督察保持大致相同的节奏，第二轮国家海洋督察可能在 2021 年下半年或 2022 年上半年启动。2021 年下半年有可能在第一轮中除海南之外的其他十个省、自治区、直辖市选取若干继续开展督察"回头看"。按照《海洋督察方案》，原国家海洋局可根据需要对重要督察整改情况组织"回头看"。按照《中央生态环境保护督察工作规定》，"回头看"主要对例行督察整改工作开展情况、重点整改任务完成情况和生态环境保护长效机制建设情况等，特别是整改过程中的形式主义、官僚主义问题进行督察。② 从这两个文件大体可以判断，督察"回头看"的主要领域为重要整改情况与重点整改任务完成情况，"回头看"力图解决表面整改、敷衍整改等形式主义问题。

无论国家海洋督察"回头看"还是中央环保督察"回头看"，他们都相当于一次新的专项督察，进驻时间同样也是一个月，督察人员级别和规格与第一轮督察基本相同，同样也需要向督察对象反馈督察意见，督察对象必须据此制定整改方案并贯彻落实。因此，无论对于督察组还是对于督察对象来说，"回头看"都需要付出很多精力、人力。督察"回头看"关键要选择重

---

① 《第一批中央环境保护督察"回头看"完成督察反馈工作》，中华人民共和国中央人民政府网站，http://www.gov.cn/xinwen/2018－10/25/content_ 5334239.htm，最后访问日期：2021 年 6 月 16 日；《第二批中央环保督察"回头看"全部进驻》，中华人民共和国中央人民政府网站，http://www.gov.cn/hudong/2018－11/07/content_ 5338049.htm，最后访问日期：2021 年 6 月 16 日。

② 《中共中央办公厅 国务院办公厅印发〈中央生态环境保护督察工作规定〉》，中华人民共和国中央人民政府网站，http://www.gov.cn/xinwen/2019－06/17/content_ 5401085.htm，最后访问日期：2021 年 6 月 20 日。

点督察对象的重要领域，对其他督察对象和督察领域形成震慑。"回头看"应用范围过大或过小都收不到预期效果。范围过小，不易发现整改落实中存在的重要问题，对整改落实中的形式主义、官僚主义做法无法有效纠正，也容易使督察对象产生侥幸心理；范围过大，则转化为新一轮的督察，督察组工作压力增加的同时，各个省、自治区、直辖市也得为迎接督察做好接待、座谈、汇报、材料准备、陪同实地核查等各项工作，而这只是在督察期间的工作量，在督察之前和督察之后，为了迎接检查和贯彻落实督察反馈意见，省级以下还会开展各种自查工作，这为各级地方和相关部门带来不小的压力，有时甚至会对正常工作节奏造成一定影响。从这个意义上讲，督察"回头看"应在前期对督察对象及相关督察领域的整改落实情况有大体了解，可以基本判断其是否存在严重问题。这里所谓的严重问题是指对督察工作的权威性和后续开展形成挑战，与党中央、国务院在本领域的重大决策部署背道而驰。同时这样的严重问题在全国沿海省份又具有一定的代表性和典型性。督察"回头看"的重要目的就是要对此类严重问题抓典型，对其他地方形成震慑压力。同时督察"回头看"对象或督察领域的选择应该体现出很强的偶然性，让每一个督察对象都感觉自己可能被"回头看"，从而无形中强化其整改落实的动力。

（三）督察制与科层制的关系问题

国家海洋督察制度属于督察制度在海洋资源管理与海洋生态环境保护领域的具体应用。国家海洋督察制度具有一定运动式治理色彩，是科层制运作下常规治理的必要补充，在某种程度上可以解决科层体制因其规模、信息传递、执行监管、人际关系而导致的组织失败，能够打破政府各部门之间边界明确、按部就班、各司其职而产生的各自为政、各行其是、部门利益至上的困局。① 但与此同时，运动式治理具有不确定性，容易突破既有规范的约束，打乱常规的工作节奏，对科层制的常规运作产生一定影响。因此，国家

---

① 周雪光：《运动型治理机制：中国国家治理的制度逻辑再思考》，《开放时代》2012年第9期。

海洋督察的启动不是随意的。从《海洋督察方案》来看，国家海洋督察的方式包括例行督察、专项督察、审核督察三种。例行督察和审核督察与专项督察相比，其常规性更强，运动式治理色彩较弱。第一轮国家海洋督察属于围填海专项督察，所谓专项督察就是指对海洋行政管理或海洋执法过程中存在的苗头性、倾向性的特定事项，或者重大违法规范事项进行监督检查。第一轮对十一个省、自治区、直辖市的围填海专项督察，主要是针对中央高度关注、群众反映强烈、社会影响大的围填海问题及处理情况，重点检查地方政府及其有关部门不作为、乱作为的情况，重点督办人民群众反映的海洋资源环境问题的立行立改情况。[①] 第一轮国家海洋督察的启动具有特殊背景，其主要是为了检查监督地方政府自党的十八大以来贯彻落实党中央、国务院在海洋资源环境领域重大决策部署情况、涉海法律法规的执行情况、突出问题处理情况。本质是加强中央在海洋生态文明建设中的权威与话语权，重申中央在海洋资源管理与海洋生态环境保护领域的基本底线。从这个意义上讲，第一轮国家海洋督察既是工作检查，也是政治检查。如果把本次围填海专项督察的主要目标、性质搞清楚了，其督察工作的定位、角色与功能就更为清晰了。国家海洋督察制度运作与科层制常规运作之间应并行不悖、互为补充、相得益彰。

四 国家海洋督察的完善对策

（一）从组织体系和法律制度两个层面持续推进国家海洋督察制度建设

国家海洋督察制度是加强海洋资源管理与海洋生态环境保护、强化层级监督的重要制度。按照 2018 年机构改革的思路，原国家海洋局的职能按照自然资源属性、生态环境属性和自然保护区属性分别划归到自然资源部、生

[①] 《国家海洋督察全面启动》，中华人民共和国中央人民政府网站，http://www.gov.cn/xinwen/2017－08/24/content＿5219821.htm，最后访问日期：2021 年 6 月 16 日。

态环境部和国家林业草原管理局。是否存在这种可能性，即后续的国家海洋督察不再独立开展，而将海洋资源管理和海域海岛使用管理的督察职能并入国家土地督察范畴，将海洋生态环境保护的督察职能并入中央环保督察范畴。如果从海洋资源环境的独特性考虑，这种改革的可能性不是很大。如果继续独立开展国家海洋督察，则必须拥有相对独立的组织体系和相对完善的法律法规制度体系。

在组织体系层面，2018年机构改革之前，原国家海洋局代表国务院具体推动实施国家海洋督察，全国海洋督察委员会和办公室就设立在原国家海洋局。原国家海洋局在地方设有海区派出机构——国家海洋局北海分局、东海分局、南海分局。各个省、自治区、直辖市大多设有国家海洋局在地方对口设置的职责同构①机构与部门。海洋行政主管部门从中央到地方是一个相对独立完整的职能部门体系，并在国家海洋督察中发挥着举足轻重的作用。第一轮国家海洋督察过程中的各个督察组是在原国家海洋局及其北海、东海、南海分局中抽调人员组成的。2018年机构改革后，假设第二轮国家海洋督察会在2022年至2023年之间开展，那么自然资源部应是主导实施和负责推动的主体。全国海洋督察委员会可能设立在自然资源部，其办公室可能设立在国家自然资源总督察办公室。国家海洋督察的具体统筹协调由自然资源总督察办公室具体负责实施。督察小组成员仍然可以从自然资源部下属的海洋战略规划与经济司、海域海岛管理司、海洋预警监测司等内设机构，以及海洋发展战略研究所、第一海洋研究所、第二海洋研究所、第三海洋研究所等直属单位中抽调人员，而在海区层面，则仍然可以在自然资源部北海局、东海局、南海局中抽调人员；在督察小组组长和副组长的人选方面，可以由自然资源部副部长和主管海洋工作的部门领导担任。总之，相对完整对立的组织体系是确保国家海洋督察持续推进的必要条件。

在法律法规制度层面，国家海洋督察依据的规范性文件主要是《海洋

---

① 朱光磊、张志红：《"职责同构"批判》，《北京大学学报》（哲学社会科学版）2005年第1期。

督察方案》。方案的不稳定性与随意变更性较大，这为后续国家海洋督察制度的持续开展带来更大变数。如果没有明确的法律法规保障，后续的国家海洋督察制度会不会因为机构改革、领导人偏好、政治环境变化而被调整甚至废除？目前，国家土地督察制度已经具有正式的法律依据。2019 年颁布的新《中华人民共和国土地管理法》在总则中对土地督察制度做出明确规定：国务院授权的机构对省、自治区、直辖市人民政府以及国务院确定的城市人民政府土地利用和土地管理情况进行督察。国家土地督察制度正式成为土地管理的法律制度。中央环保督察目前还没有正式写入法律，但是写入了党内法规，写入了生态环境保护领域的第一部党内法规。2019 年中共中央办公厅、国务院办公厅印发了《中央生态环境保护督察工作规定》，其中规定"原则上在每届党的中央委员会任期内，应当对各省、自治区、直辖市党委和政府，国务院有关部门以及有关中央企业开展例行督察，并根据需要对督察整改情况实施'回头看'；针对突出生态环境问题，视情组织开展专项督察"。这实际上明确规定了，中央环保督察每五年就要开展一次，第一轮、第二轮结束后，必然会有第三轮、第四轮……与国家土地督察制度和中央环保督察制度相比，国家海洋督察制度实施的法律依据稍显不足，制度化、法治化程度有待提高。作为国家海洋督察的主要依据——《海洋督察方案》，是国家海洋局于 2016 年 12 月印发的文件（国海发〔2016〕27 号）。如果将国家海洋督察作为一种制度化、常态化、持续化的层级监督制度，则必然要将其纳入法治化轨道，将其实施周期、实施主体、督察对象、督察内容、督察方式、督察程序、督察机构与督察对象之间的权责关系，通过法律或党内法规的权威性条文固定下来。

（二）适当扩大国家海洋督察整改落实情况"回头看"的督察覆盖范围

国家海洋督察是对地方贯彻落实党中央、国务院重大决策部署和相关法律法规执行情况的监督检查。督察"回头看"则是对贯彻落实督察反馈意见情况的再督察，是确保各个省、自治区、直辖市按照反馈意见认真

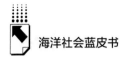
整改落实的重要监督检查手段。自 2017 年 8 月第一轮第一批国家海洋督察组进驻六个省（自治区）到 2020 年 12 月月底，只有海南省成为国家海洋督察回头看的对象，其他十个省、自治区、直辖市都没有涉及。在第二轮国家海洋督察开启之前，可以对剩余十个省级地方政府在事先摸底调查的基础上，掌握整改落实不力的典型地区和重点领域，然后有针对性地对一到两个省份组织督察"回头看"，通过抓典型的方式，以儆效尤，惩前毖后。同时将"回头看"结果上报国务院和全国海洋督察委员会，如有必要，可对相关省级领导进行约谈，对整改落实不力的省、自治区、直辖市实施区域限批，在海洋资源环境等领域采取实质性惩罚措施。同时将结果在中央媒体、省级主流媒体公开报道，形成国家海洋督察动真碰硬的强硬态势。

（三）进一步强化督察制与科层制之间的优势互补

国家海洋督察制度是海洋领域既有相关科层体系的有益补充。在海洋资源环境领域，国家海洋督察将中央意志、国家权威带入地方性政策执行语境，检查和督促省级政府贯彻落实党中央和国务院的重大决策部署、严格执行海洋生态文明建设领域的法律法规。增强涉海部门在海洋资源管理与海洋执法领域的部门协同，强化不同地级市、不同省份、不同海区之间在海域使用和海洋生态环境保护方面的区域协作。尽管督察制的意义重大，但是督察制不能取代科层制，也不能任意破坏既有科层制的运作机制与规范。二者应该努力做到并行不悖、优势互补。国家海洋督察仍然应该遵循中央与地方在海洋管理事权的划分，不改变、不取代地方人民政府及其海洋主管部门和海洋执法机构的行政许可、行政处罚等管理职权。国家海洋督察对地方海洋行政管理与海洋执法工作的影响应该降至最小，尽量不打扰各级地方（尤其是基层）的日常工作。这就需要控制好督察的频率与强度。借鉴中央环保督察做法，可以尝试将国家海洋督察制度与海洋督察方案纳入《海域使用管理法》《海洋环境保护法》等相关法律法规，每五年开展一次国家海洋督察，同时提高海洋督察的法治化水平，形成稳定、规范的海洋督察主体、督察内容、督察程序、督察方式，并对督察主体与督察对象之间的权责关系进行规范和界定，从而将督察制与科层制之间的关系通过法律法规的形式固定下来，防止督察制本身固有的运动式治理色彩为科层制的常规治理带来不稳定性和不确定性。

B.13
中国海洋执法与海洋权益维护发展报告

宋宁而　陈祥玉*

摘　要：　2020年，我国海洋事业不断发展，在海洋资源开发、海洋环境保护、海上治安等领域取得了长足进步。为保障我国海洋事业持续繁荣发展，我国在海洋领域的执法力度进一步强化，海上执法制度和监督制度也进一步完善。我国海洋执法与维权呈现精准化与专题化、理念与实践相结合的特点，并致力于建设系统性的、联动性的高效执法体系，体现了我国严厉打击海上犯罪的决心。与此同时，我国积极推动构建海洋命运共同体，与韩国、菲律宾、越南等国家展开密切的交流合作，并积极履行国际义务，展现出负责任的大国形象。但在海洋事业顶层设计、海洋意识教育、海洋法治体系以及海洋基础研究方面还有众多课题需要攻破。

关键词：　海洋执法　海洋维权　国际合作　海洋意识

一　2020年我国海洋执法与海洋维权动向

2020年，我国海洋事业不断发展，在海洋资源开发、海洋环境保护、

---

* 宋宁而，中国海洋大学国际事务与公共管理学院副教授，研究方向为国际政治学，主要从事日本海洋战略与中日关系研究；陈祥玉，中国海洋大学国际事务与公共管理学院2020级国际关系专业硕士研究生，研究方向为日本极地政策与中日关系。

海上治安等方面取得了长足进步。为保障我国海洋事业持续繁荣发展，须进一步强化我国的海上执法力度。

（一）海洋执法力度进一步强化

第一，我国海洋执法力度的强化表现在加强治安基础信息采集、完善海上执法数据库上。2020年年初，各级海警机构开展"信息大会战、辖区大走访"活动，各级海警人员对自己辖区的岸线、岛屿以及有关企事业单位等都进行了查访，主要是为了收集信息，不断完善海上执法数据库。与此同时，不断加强与其他部门与地方涉海单位的沟通，并协调引接海事AIS系统、渔船船位动态监控系统以及海底光缆监测系统等，为海上执法工作打下坚实基础。[1]

第二，海洋执法力度强化体现在海上执法制度的不断完善上。2020年1月1日，浙江海警局在辖区海域登检船只，向被检查船只出示海警执法证。这是中国海警第一次在执法过程中使用中国海警执法证。[2] 2020年，中国开始推行执法准入和持证上岗制度，并且从执法人员的选拔、考核、管理等各个环节把关。2020年3月，中国海警局制定出台了有关海警执法资格等级考试的一系列措施，主要分为基本级、高级两个执法资格等级。[3] 中国海警在执法过程中使用海警执法证件，对海警执法人员进行遴选，完善执法人才的选拔制度，不仅能够提升中国海警的执法能力和执法水平，还能够提高中国海警在海上执法的公信力。此外，各级海警机构之间的协作更加紧密。2020年以来，中国海警与其他国家机构不断深化合作。中国海警局联合最高人民法院、最高人民检察院印发《关于海上刑事案件管辖等有关问题的

---

[1] 《中国海警2020年海上执法工作成效显著》，中华人民共和国国防部网站，http://www.mod.gov.cn/topnews/2020-12/31/content_4876292.htm，最后访问日期：2021年6月21日。

[2] 《中国海警局2020年海上执法工作综述》，中国网，http://news.china.com.cn/2020-12/30/content_77065740.htm，最后访问日期：2021年6月21日。

[3] 《中国海警局2020年海上执法工作综述》，中国网，http://news.china.com.cn/2020-12/30/content_77065740.htm，最后访问日期：2021年6月21日。

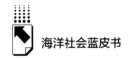

通知》，明确案件应实行分工协作，并逐步建立起刑事案件的管辖与诉讼衔
接机制。各部门之间共享海洋信息，逐步形成海陆联合行动、齐抓共管的执
法局面。并且在疫情防控时期，严禁疫情通过海上进入中国。在与国外海上
合作模式上实现创新，成立了"国际合作视频会议室"，① 为加强和周边国
家的海上合作与交流提供了新的平台。

第三，海洋执法力度的加强表现在海洋渔业执法进一步深入上。中国对
国内外渔船在南海、东海、黄海的活动进行常规巡视与监测；联合农业农村
部开展"亮剑 2020"伏季休渔专项执法行动。在专项行动期间，中国海警
累计出动舰艇 12290 艘次，查获违法违规渔船 1000 余艘次，行政罚款共计
1870 万元。② 2020 年 12 月 21～23 日，中国海警与越南海警开展了第 20 次
北部湾联合巡航，在此次行动过程中，两国海警舰艇按既定方案和航线开展
巡航，对两国船舶进行观察并记录，对渔民开展宣传教育，有力维护了北部
湾安全。③

第四，海洋执法力度的进一步加强体现在海洋生态环境保护和海洋资源
开发利用上。2020 年 4～12 月，中国海警局联合我国其他相关部门，开展
了名为"碧海 2020"的专项执法行动，其目的在于整治海洋污染以及生态
环境破坏的问题。各级海警机构与地方涉海部门密切配合，运用综合性动态
监控、海上巡航以及陆岸巡查等多种手段，共查处非法倾废、破坏海洋自然
保护区等案件 59 起，查扣 600 余艘涉案船舶以及 400 余万吨海砂。④ 在海洋
开发利用方面，我国开展了长达 2 个月的"海盾 2020"专项执法行动。海

① 《中国海警 2020 年海上执法工作成效显著》，中华人民共和国国防部网站，http：//
www. mod. gov. cn/topnews/2020－12/31/content_ 4876292. htm，最后访问日期：2021 年 6 月 21 日。
② 《"亮剑 2020"海洋伏季休渔专项执法行动结束》，中华人民共和国中央人民政府网站，
http：//www. gov. cn/xinwen/2020－09/29/content_ 5548271. htm，最后访问日期：2021 年 6
月 21 日。
③ 《中越海警开展北部湾海域联合巡航》，中华人民共和国国防部网站，http：//www. mod. gov. cn/
action/2020－12/25/content_ 4876010. htm，最后访问日期：2021 年 6 月 21 日。
④ 《"碧海 2020"专项执法行动战果丰硕》，"新华社客户端"百家号，https：//baijiahao.
baidu. com/s？ id = 1685507858092610406&wfr = spider&for = pc，最后访问日期：2021 年 6 月
21 日。

盾专项活动综合运用海上监测手段，对重点项目和部位进行监管。截至2020年12月31日，总共办理了非法围海、填海以及破坏海岛等海洋案件30余起，共计罚款3500余万元。①2020年4月，中国海警局开展了"深海卫士2020"海底光缆管护行动，在立足海上生产作业情况的基础上，聚焦重点海洋区域，紧密跟踪热点问题，坚持科学布防、整体联动，精准打击、快查快办、及时查处在海底光缆保护范围内从事挖砂、张网作业或其他可能破坏海底光缆安全的作业行为。②

第五，我国在海上治安方面也加强了执法力度。2020年中国海警与国家禁毒部门、公安部门进行密切协作，对海上走私、贩毒、偷渡等违法行为进行严厉打击。疫情防控时期，为防止疫情从海上输入，中国海警局联合公安部门开展打击海上偷渡专项行动，在渔港码头重点巡查摸排，对可疑地区实施布控，总共侦破海上偷渡案件25起，抓获涉案人员200余名。同时，海警局还与禁毒部门展开了密切合作，加大对情报信息的排查力度，并严格封堵海上毒品运输通道，深化禁毒"两打两控"专项行动。中国海警局联合国务院有关部门开展打击走私"国门利剑2020"等专项行动，破获走私案件1000余起，涉案金额达89亿元。③

（二）海洋执法精准化与综合化并举

为加快推进海洋生态文明建设，我国加大海上执法监管力度。中国海警局与公安部、自然资源部、海上交通部、农业农村部及其他国家机关开展打击海上犯罪的专题活动。在专题活动期间，从省级到地方，各级海警机构紧

① 《海警局执法工作纪实：守护美丽海洋 建设平安中国》，中国新闻网，https：// www. chinanews. com/gn/2020/12 - 31/9375411. shtml，最后访问日期：2021 年6月21日。
② 《中国海警局开展"深海卫士2020"国际海底光缆管护专项执法行动》，"新华网客户端"百家号，https：//baijiahao. baidu. com/s? id = 1664844792755693691&wfr = spider&for = pc，最后访问日期：2021 年6月21日。
③ 《中国海警2020年海上执法工作成效显著》，中华人民共和国国防部网站，http：// www. mod. gov. cn/topnews/2020 - 12/31/content_ 4876292. htm，最后访问日期：2021 年6月21日。

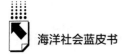

密合作，破获多起海上犯罪案件。2020 年 4～11 月，中国海警局与国家相关部门开展名为"碧海 2020"的海洋生态环境保护专项执法行动。这次专项行动覆盖领域广泛，针对海洋生态环境相关的八个领域开展全面的监督与管理，在行动开展期间综合运用多种巡查监测手段，主要包括陆岸巡查、海上巡航和遥感监测等。① 并且在"碧海 2020"专项执法行动的基础上，对渤海海洋生态环境保护各领域加强监督管理。对围填海活动严格管控，对围填海定期巡查，对非法围填海、非法占用岸线、非法侵占湿地等行为进行严厉打击，对海洋资源开发利用秩序严加规范。严密防范突发环境风险，严密组织海上石油平台、油气管线、陆域终端专项执法检查，深入排查溢油风险隐患。②

针对国际海底光缆管护的专项执法活动在 2020 年 4 月开展，名为"深海卫士 2020"，此次活动非常成功，及时查处了从事挖砂、抛锚等可能破坏海底光缆的作业行为。③ 此外，为了加强对海洋渔业资源的保护，海警局从 2020 年 5 月开始开展名为"亮剑 2020"的海洋伏季休渔专项执法行动。此次专项行动覆盖我国渤海、黄海、东海以及北纬 12 度以北的南海区域，从 5 月 1 日开始，这些海域全面进入伏季休渔期。这次行动还将继续坚决落实伏休管理制度，对港渔船进行监管，着重加强对"三无"渔船的管理，并加大对涉外渔业的整治力度，强化对渔民的宣传教育，争取从源头上减少海上犯罪，维护海上渔业安全秩序。④

---

① 《中国海警局等四部门开展"碧海 2020"海洋生态环境保护专项执法行动》，中国海洋发展研究中心网站，http://aoc.ouc.edu.cn/2020/0406/c9828a283905/pagem.htm，最后访问日期：2021 年 6 月 21 日。
② 《中国海警全力打好渤海综合治理攻坚战》，环球网，https://china.huanqiu.com/article/402iByakuOQ，最后访问日期：2021 年 6 月 21 日。
③ 《中国海警局开展"深海卫士 2020"国际海底光缆管护专项执法行动》，"新华社"百家号，https://baijiahao.baidu.com/s? id = 1664844555295204059&wfr = spider&for = pc，最后访问日期：2021 年 6 月 21 日。
④ 《中国海警局与农业农村部联合开展"亮剑 2020"海洋伏季休渔专项执法行动》，"新华网客户端"百家号，https://baijiahao.baidu.com/s? id = 1665300712138736829&wfr = spider&for = pc，最后访问日期：2021 年 6 月 21 日。

为了对海岛资源进行合理合法开发利用，海警局从 12 月开始开展为期 2 个月的"海盾 2020"专项行动。在行动期间，运用了陆海巡查、远程遥感、卫星技术等多种手段，并加强了对重点区域以及重点项目的监管与排查。① 2020 年持续深化开展禁毒"两打两控"专项行动，缉毒打私工作取得了重大进展。

（三）坚持依法治海，推动建设陆海联动的海上执法网络

全面推进依法治海，加快建设法治海洋，是全面贯彻依法治国的题中应有之义，也是建设海洋强国的根本保证。② 2020 年，中国海警局的执法队伍建设不断推进，执法制度不断完善，执法监督不断强化，执法能力逐步提高。

2020 年，中国海警局始终坚持依法治海理念，致力于强化执法队伍建设，提升执法能力。自 2020 年起，中国海警执法推行持证上岗制度，同时，不断完善选拔执法人员的相关制度与措施。

中国海上执法在始终坚持依法治海理念的同时创新执法模式，积极与我国其他涉海部门合作。中国海警局与公安部、交通运输部、海关总署等部门先后签订了执法协作办法，目的是探索建立海陆联动和信息共享的合作机制。在中国海警局与其他国家机关的率先示范作用下，地方各级海警机构也积极创新执法协作模式。③ 中国海警局积极探索海上"枫桥模式"，并在石狮市与泉州海警局成功实践。④ 各区域部门之间的协同合作形成合力，为打

---

① 《防城港海警局启动"海盾 2020"海洋资源开发利用专项执法行动》，人民网，http：//gx. people. com. cn/n2/2020/1218/c390645 - 34481876. html，最后访问日期：2021 年 6 月 21 日。
② 《全面推进依法治海　助推海洋强国建设》，人民网，http：//politics. people. com. cn/n/2015/0608/c1001 - 27116794. html，最后访问日期：2021 年 6 月 21 日。
③ 《中国海警局初步搭建起强力高效的海上执法网络　海上维权执法工作整体效能得到全面提升》，"央广网"百家号，https：//baijiahao. baidu. com/s？id = 1668710822276873955&wfr = spider&for = pc，最后访问日期：2021 年 6 月 21 日。
④ 《开启"海上枫桥"新模式　构建海域管控新格局》，石狮市人民政府网站，http：//www. shishi. gov. cn/zwgk/xwzx/jrss/202008/t20200829_ 2415623. htm，最后访问日期：2021 年 6 月 21 日。

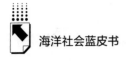

造"相互策应、联动一体"的区域执法体系奠定基础。①

依法治海的理念还体现在我国健全完善执法制度和加强执法监督上。我国海洋法律体系不断完善,先后出台了《中华人民共和国海域使用管理法》《中华人民共和国海岛保护法》《围填海管控办法》《海岸线保护与利用管理办法》《中华人民共和国深海海底区域资源勘探开发法》《中华人民共和国渔业法》《中华人民共和国海上交通安全法》等多部法律法规。同时,海岸带立法、南极立法工作也在推进中,《中华人民共和国渔业法》《中华人民共和国海商法》《中华人民共和国海洋石油勘探开发环境保护管理条例》等多部海洋法律法规的修订工作持续有序进行。② 此外建立健全的执法责任系统与执法监督系统,对执法不严、违法不究现象加大惩罚力度,严格实施执法过错责任追究。对执法过程重点监督,及时反馈执法过程,并自觉接受社会监督。③

(四)加强国际合作,致力于构建海洋命运共同体

近年来,全球海洋事业和海洋治理蓬勃发展,海洋命运共同体的理念不断深入人心,建设一个安全、稳定、和谐的海洋环境是国际社会的共同诉求。因此加强海上执法国际合作,是应对海上危机、推动全球海洋治理、实现各国互利共赢的有效途径。中国一直积极参与地区和国际海上执法合作,为促进海上人道主义救援、海洋生态环境保护和维护海上安全稳定发挥着重要作用。④ 2020 年,中国海洋方面的国际合作也取得了丰硕成果。

---

① 《中国海警系列专项执法行动 保障海上安全稳定》,"人民网"百家号,https://baijiahao.baidu.com/s? id = 1670206900427970595&wfr = spider&for = pc,最后访问日期:2021 年 6 月 21 日。

② 《关于政协十三届全国委员会第三次会议第 0048 号(资源环境类 8 号)提案答复的函》,中华人民共和国自然资源部网站,http://gi.mnr.gov.cn/202010/t20201030_2580707.html,最后访问日期:2021 年 6 月 21 日。

③ 《中国海警局初步搭建起强力高效的海上执法网络 海上维权执法工作整体效能得到全面提升》,"央广网"百家号,https://baijiahao.baidu.com/s? id = 1668710822276873955&wfr = spider&for = pc,最后访问日期:2021 年 6 月 21 日。

④ 《宗海谊:〈海警法〉开启海上执法合作新篇章》,搜狐网,https://www.sohu.com/a/463608051_162522,最后访问日期:2021 年 6 月 21 日。

首先，中国与菲律宾进行了务实的海洋合作。2020 年 1 月 14 日，中国海警 5204 舰抵达菲律宾马尼拉港，对菲律宾进行友好访问，实现了中国海警舰艇对菲律宾的首次访问。菲方对中国舰艇陆地代表团的到来表示非常欢迎，并为中方准备了热烈的欢迎仪式。双方对海上搜救、海上缉毒、跨国犯罪等多个重点领域的合作进行商讨。① 2020 年 11 月 18 日，中菲海警召开了第三次高层工作会晤视频会议，在此次会议中，双方高度评价了以往的工作成就，并达成共识。双方表示将加强海警互信合作，对海上突发事案件加强沟通，妥善处理；对生物养护、环境破坏等问题重点关注；把建设和平的、和谐的、合作的南海作为共同目标。②

　　其次，中越之间的海上执法合作更加深入。中越海警于 2020 年 4 月21 ~ 23 日进行了 2020 年首次北部湾共同渔区联合巡航，在巡航的过程中，对途经该海域的过往渔船进行观察并记录，共同维护海上生产作业秩序。中越海警于 2020 年 12 月 8 日举行第四次高层工作会晤视频会议，在会议中，双方对下一步的合作进行意见交换，并达成广泛共识。双方表示愿继续致力于海上合作，继续深入推进中越在南海的合作，共同维持海上作业秩序，共建海洋命运共同体。③ 2020 年 12 月 21 ~ 23 日中越海警再一次在北部湾联合巡查，这是中越自 2006 年以来第 20 次在北部湾展开联合巡查，再一次体现了中越在海洋执法上的紧密合作，对共同维护北部湾的渔业秩序具有重要意义。④

　　再次，中韩海洋执法合作也取得了进展，2020 年 9 月 8 ~ 9 日中韩举行了 2020 年度渔业执法工作会谈，中方的外交部、农业农村部、渔业协会，韩方的外交部、海洋警察厅、驻华使馆、水产会等相关部门都派出代表参

①《中国海警舰艇首次访问菲律宾》，中国海警局网站，http：//www. ccg. gov. cn//2020/gjhz_ 0115/215. htmll，最后访问日期：2021 年 6 月 21 日。

②《中菲海警举办第三次高层工作会晤视频会议》，中国海警局网站，http：//www. ccg. gov. cn//2020/gjhz_ 1119/175. html，最后访问日期：2021 年 6 月 21 日。

③《中越海警举行第四次高层工作会晤视频会议》，中国海警局网站，http：//www. ccg. gov. cn//2020/gjhz_ 1209/235. html，最后访问日期：2021 年 6 月 21 日。

④《中越海警开展北部湾海域联合巡航》，中国海警局网站，http：//www. ccg. gov. cn//2020/gjhz_ 1226/234. html，最后访问日期：2021 年 6 月 21 日。

加。双方总结了 2019 年度中国与韩国渔业协定水域作业秩序情况，双方都认为在中韩两国的密切合作下，海上渔业作业秩序不断完善，共同维持了海上稳定。中韩在强化渔船管理、执法合作等方面交换意见，并达成共识，双方同意继续加强沟通，通力合作。① 根据此次渔业执法工作会谈达成的共识，中韩渔业在 2020 年 11 月在协定暂定措施水域开展联合巡航。在巡航过程中，观察记录来往渔船，对违规渔船进行扣押。这次巡航不仅增进了中韩海警之间的相互了解，而且对双方合作的深化也具有重要意义。②

最后，在与周边国家进行紧密海洋执法合作的同时，中国海警为有效执行打击公海大型流网作业渔船的决议，积极履行公海执法职责，于 2020 年 7 月 25 日至 8 月 24 日派遣两艘舰艇到太平洋开展公海渔业执法巡航，这是中国完成执法船注册后的首次巡航任务。在巡航期间，中国海警通过机动观测、定点巡航、重点管控等海上监管方式对来往太平洋海域的船只进行观察记录，有力地维护了太平洋海域的海上渔业作业秩序。③ 2020 年，中国海警局完成的国际合作项目共 25 项，国际履约能力大幅度提升，负责任大国形象也越发深入人心。④

二 2020年我国海洋执法与维权的特点

（一）海洋执法进一步专题化与精准化

2020 年我国开展了一系列专项海洋执法行动，从 4 月一直持续到 12

① 《中韩举行 2020 年度渔业执法工作会谈》，中国海警局网站，http：//www.ccg.gov.cn//2020/gjhz_ 0910/177.html，最后访问日期：2021 年 6 月 21 日。
② 《中韩海警首次开展中韩渔业协定暂定措施水域联合巡航》，中国海警局网站，http：//www.ccg.gov.cn//2020/gjhz_ 1112/214.html，最后访问日期：2021 年 6 月 21 日。
③ 《中国海警局开展北太平洋公海渔业执法巡航》，中国海警局网站，http：//www.ccg.gov.cn//2020/hjyw_ 0828/173.html，最后访问日期：2021 年 6 月 21 日。
④ 《中国海警局初步搭建起强力高效的海上执法网络 海上维权执法工作整体效能得到全面提升》，"央广网"百家号，https：//baijiahao.baidu.com/s？id=1668710822276873955&wfr=spider&for=pc，最后访问日期：2021 年 6 月 21 日。

月,涉及领域广泛。具体的专项行动有 2020 年 4 ~ 11 月,中国海警局与自然资源部、生态环境部、交通运输部共同开展的"碧海 2020"海洋生态环境保护专项执法行动;2020 年 4 月,中国海警局开展的"深海卫士 2020"国际海底光缆管护专项执法行动;2020 年 5 月 1 日,中国海警局、农业农村部联合开展的"亮剑 2020"海洋伏季休渔专项执法行动,该行动的目的是加强对伏季休渔秩序的维护,同时加强对海洋渔业资源的保护;[1] 2020 年 12 月 1 日起,中国海警局开展的为期两个月的"海盾 2020"海洋资源开发利用专项行动。[2] 2020 年缉毒打私工作再创佳绩,持续深化禁毒"两打两控"专项行动,国家禁毒部门密切协作,加大情报信息排查力度,严密封堵毒品海上运输通道。通过开展专项行动,对海上犯罪进行重点排查打击,有力地维护了我国海上安全。

(二)海洋执法与海洋维权的联动性与系统性进一步加强

海上局势复杂,应对海上危机时,中国海警局需要加强与国家其他部门的合作。2020 年新冠肺炎疫情的蔓延,加剧了海上情势的复杂态势。在疫情防控时期,为了防止疫情从海上输入,中国海警局联合公安部开展了严厉打击偷渡的专项行动,重点排查港口码头,严密监控重点海域。[3] 另外,中国海警局积极探索海上"枫桥模式",并在石狮市与泉州海警局得到成功实践。此外海警分局牵头建立区域执法协作机制,对海域管控和执法行动进行合理统筹,持续提升各级海警部门在专项执法行动、大案要案中的协作配合。

---

① 《中国海警局与农业农村部联合开展"亮剑 2020"海洋伏季休渔专项执法行动》,"新华网客户端"百家号,https://baijiahao.baidu.com/s? id = 1665300712138736829&wfr = spider &for = pc,最后访问日期:2021 年 6 月 21 日。
② 《防城港海警局启动"海盾 2020"海洋资源开发利用专项执法行动》,人民网,http:// gx.people.com.cn/n2/2020/1218/c390645 - 34481876.html,最后访问日期:2021 年 6 月 21 日。
③ 《中国海警 2020 年海上执法工作成效显著》,中华人民共和国国防部网站,http://www. mod.gov.cn/topnews/2020 - 12/31/content_ 4876292.htm,最后访问日期:2021 年 6 月 21 日。

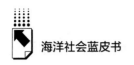

（三）海洋执法与海洋维权更注重理念与实践相结合

我国海洋执法与海洋维权一直以来都注重理念与实践相结合。全面推进依法治海，加快建设法治海洋，是全面贯彻依法治国的题中应有之义，也是建设海洋强国的根本保证。[①] 我国不断创新海洋执法模式，完善海洋执法制度，在综合治理的过程中不断提高执法能力。

2020 年，我国海警局持续坚持依法治海理念，致力于强化执法队伍建设，提升执法能力。从 2020 年 1 月 1 日起，要求海警执法人员在代表国家依法履行海上维权执法职责、行使相应执法职权时，出示中国海警执法证，自此中国海警执法开始推行持证上岗制度。不断完善选拔执法人员的相关制度与措施。中国海上执法在坚持依法治海理念的同时，创新执法模式，注重加强与其他涉海部门的合作。中国海警局与公安部、自然资源部、生态环境部、交通运输部、农业农村部、海关总署等国家部门先后签订执法协作办法，探索建立海陆联动、信息共享的合作机制。此外，在完善执法制度与加强执法监督方面也诠释了依法治海的理念，中国海洋法律体系也不断完善。[②]

（四）海洋国际合作向纵深发展，彰显大国责任

2020 年，我国的海洋国际合作持续推进，先后与菲律宾、越南以及韩国开展了密切的海上合作与交流。另外，我国积极履行在太平洋海域巡航的国际义务。2020 年 1 月 14 日，中国海警 5204 舰抵达菲律宾马尼拉港，对菲律宾进行友好访问，实现了中国海警舰艇对菲律宾的首次访问。双方对海上搜救、海上缉毒、跨国犯罪等多个重点领域的合作进行商讨。[③] 中越海警于

---

① 《全面推进依法治海　助推海洋强国建设》，人民网，http：//politics. people. com. cn/n/2015/0608/c1001 - 27116794. html，最后访问日期：2021 年 6 月 21 日。

② 《中国海警局初步搭建起强力高效的海上执法网络　海上维权执法工作整体效能得到全面提升》，"央广网"百家号，https：//baijiahao. baidu. com/s？id = 1668710822276873955&wfr = spider& for = pc，最后访问日期：2021 年 6 月 21 日。

③ 《中国海警舰艇首次访问菲律宾》，中国海警局网站，http：//www. ccg. gov. cn//2020/gjhz_0115/215. htmll，最后访问日期：2021 年 6 月 21 日。

2020 年 4 月 21 ~ 23 日开展了 2020 年的第一次北部湾共同渔区联合巡航，在巡航的过程中，对途经该海域的过往渔船进行观察并记录，共同维护海上生产作业秩序。2020 年 9 月 8 ~ 9 日中韩举行了 2020 年度渔业执法工作会谈，双方总结了 2019 年度中国与韩国渔业协定水域作业秩序情况，双方都认为在中韩两国密切的合作下，海上渔业作业秩序不断完善，共同维持了海上稳定。中韩在强化渔船管理、执法合作等方面交换意见，并达成共识，双方同意继续加强沟通，通力合作。① 2020 年 11 月 18 日，中菲海警举办了第三次高层工作会晤视频会议，在此次会议中，双方高度评价了以往的工作成就，并达成共识。双方表示将加强海警互信合作，对海上突发事案件加强沟通、妥善处理；对生物养护、环境破坏等问题重点关注；把建设和平的，和谐的、合作的南海作为共同的目标。②

此外，中国在与周边国家进行紧密的海洋执法合作的同时，积极履行国际义务。中国海警局于 2020 年 7 月 25 日至 8 月 24 日派遣两艘舰艇到太平洋开展公海渔业执法巡航，这是中国完成执法船注册后的首次巡航任务。③ 2020 年，中国海警局完成的国际合作项目共 25 项，国际履约能力大幅度提升，负责任的大国形象也越发深入人心。④

三 反思与建议

（一）海洋发展的顶层设计还有待进一步加强和落实

国家高度重视海洋发展战略与海洋事业顶层设计，现在已基本构建起多

---

① 《中韩举行 2020 年度渔业执法工作会谈》，中国海警局网站，http：//www.ccg.gov.cn//2020/gjhz_ 0910/177.html，最后访问日期：2021 年 6 月 21 日。
② 《中菲海警举办第三次高层工作会晤视频会议》，中国海警局网站，http：//www.ccg.gov.cn/2020/gjhz_ 1119/175.html，最后访问日期：2021 年 6 月 21 日。
③ 《中国海警局开展北太平洋公海渔业执法巡航》，中国海警局网站，http：//www.ccg.gov.cn//2020/hjyw_ 0828/173.html，最后访问日期：2021 年 6 月 21 日。
④ 《中国海警局初步搭建起强力高效的海上执法网络 海上维权执法工作整体效能得到全面提升》，"央广网"百家号，https：//baijiahao.baidu.com/s? id = 1668710822276873955&wfr = spider& for = pc，最后访问日期：2021 年 6 月 21 日。

层级、多领域、全方位的国家海洋战略与规划体系。2018 年年底，全国人大对发展海洋经济以及建设海洋强国提出了建议。在建议中指出，要加强海洋强国建设的顶层设计；不断推动海洋产业的转型升级；积极落实科技兴海的战略；逐步完善海洋法律法规体系，共同推动海洋强国建设不断取得新成就。为积极发展海洋事业，推动建设海洋强国，很多省份于 2020 年开展了"十四五"海洋经济专题调研，主要代表有山东省、广东省、福建省等。此外，为助推海洋经济发展，青岛还举办了东亚海洋合作平台的论坛，论坛的焦点是海洋经济发展"十四五"规划，另外还讨论了通过海洋领域国际合作、涉海金融创新、数字信息化推动海洋产业发展等多方面的内容。[1] 目前我国海洋发展的顶层设计还有一部分处于初级阶段，相配套的政策法规及基础设施还有待进一步落实。

（二）加强海洋意识教育，提升蓝色软实力

近年来，我国的海洋意识宣传教育和社会主义文化建设取得重大进步，各级政府与相关部门组织并开展了各种各样的海洋意识与海洋文化宣传教育活动。此外，全国的海洋意识教育基地、科普基地也蓬勃发展。

但同时也应注意到，全民海洋意识水平仍处于较浅层次，与我国蓬勃发展的海洋实践不相适应。因此，不仅要加强海洋事业的顶层设计，也要加强海洋意识教育的顶层设计，构建从上到下、从里到外、从意识到科技的海洋意识教育体系。全民海洋意识的增强也是海洋强国建设的重要工作之一。相关部门与高校之间应通力合作，积极展开交流，逐步形成"政产学研"四位一体的海洋意识教育和文化建设发展格局。[2]

---

[1] 《示范区先行突围 海洋强国建设向纵深推进》，"新华社客户端"百家号，https://baijiahao. baidu. com/s？ id = 1679132109321992379&wfr = spider&for = pc，最后访问日期：2021 年 6 月 21 日。

[2] 《加强海洋意识教育 提升蓝色软实力——全国政协委员建言海洋意识提升》，中国海洋信息网，http：//www. nmdis. org. cn/c/2020 - 05 - 22/71651. shtml，最后访问日期：2021 年 6 月 21 日。

（三）持续推进全面依法治海，继续完善海洋法制体系

国家高度重视并不断推进海洋法律法规体系的建立和完善，截至 2020 年年底已经形成了比较完善的海洋法律制度。目前海岸带立法、南极立法工作正在研究推进之中，《中华人民共和国渔业法》《中华人民共和国海商法》《中华人民共和国海洋石油勘探开发环境保护管理条例》等多部海洋法律法规的修订工作也在有序进行。但海洋环境复杂多变，且海洋事务涉及的国家、部门繁多，立法机关应时刻关注海上动态，不断完善我国的海洋法律制度，夯实海洋事业发展的法律基础与依据。①

（四）海洋基础研究继续突破攻坚

我国海洋基础研究工作硕果累累，自然资源部与科技部组织编制了《国家海洋科学和技术中长期发展规划（2021—2035）》，聚合国内优势力量与条件，加强对海洋动力过程、生物地球化学循环、海底过程与多圈层耦合等海洋基础的研究。② 我国开展了天然气水合物和深海多金属结核勘探开发技术研究和海洋环境调查监测技术装备研发，并落实了《国家民用空间基础设施中长期发展规划（2015—2025）》。在加强海洋基础研究的同时，提高将成果转化为应用的能力。在海水淡化规模化应用示范工程、海洋能海岛应用示范工程、海洋药物创新和生物制品方面加大研发力度。③ 要提升我国应对气候变化和参与全球海洋治理的能力，就必须重点关注海洋气候变化对海洋领域的影响。在科学评估气候变化对海洋影响的基础上，进一步明确与

① 《关于政协十三届全国委员会第三次会议第 0048 号（资源环境类 8 号）提案答复的函》，中华人民共和国自然资源部网站，http://gi.mnr.gov.cn/202010/t20201030_2580707.html，最后访问日期：2021 年 6 月 21 日。
② 《关于政协十三届全国委员会第三次会议第 0048 号（资源环境类 8 号）提案答复的函》，中华人民共和国自然资源部网站，http://gi.mnr.gov.cn/202010/t20201030_2580707.html，最后访问日期：2021 年 6 月 21 日。
③ 《关于政协十三届全国委员会第三次会议第 0260 号（资源环境类 18 号）提案答复的函》，中华人民共和国自然资源部网站，http://gi.mnr.gov.cn/202010/t20201030_2580718.html，最后访问日期：2021 年 6 月 21 日。

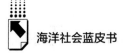

海洋领域相适应的有关气候变化的重点任务和行动。还应加强气候变化对海洋影响的监测评估，逐渐完善海洋应对气候变化的工作机制，加强海洋适应气候变化的技术研发，不断发掘海洋领域减缓和应对气候变化的潜力，提高我国的海洋治理能力。①

2020 年，我国海洋执法与海洋维权在一贯坚持的立场、方针、政策下，取得了诸多成就。针对海上违法犯罪活动，我国海洋执法部门多次开展专项行动，有力地维护了海上安全。同时，我国海警局与其他国家机关深入合作，展开多种专项行动，不断体现出精准化和体系化的特点，并形成了海陆联动高效的执法体系。此外，我国致力于推动构建海洋命运共同体，与周边国家亲密合作，共同维护海上安全秩序；在积极发展海洋事业的同时，持续加强海洋领域基础研究。我国的海洋事业建设需要不忘初心，砥砺前行。

---

① 《关于政协十三届全国委员会第三次会议第 0861 号（资源环境类 081 号）提案答复的函》，中华人民共和国自然资源部网站，http://gi.mnr.gov.cn/202010/t20201030_ 2580744.html，最后访问日期：2021 年 6 月 21 日。

B.14
中国海洋灾害社会应对发展报告[*]

罗余方　李泉汉[**]

摘　要：　我国是世界上遭受海洋灾害最严重的国家之一，随着快速发
展的海洋经济，沿海地区遭受的海洋灾害风险逐渐增加，海
洋防灾减灾形势十分严峻，但近两年海洋灾害对我国造成的
损失呈下降趋势。本报告以时间为轴线，简要梳理了2019～
2020年海洋灾害及其社会应对的基本情况，从不同应灾主体
阐述了海洋灾害的社会应对机制，并在此基础上建议完善防
范海洋灾害的法律体系、加强对非政府组织的引导和加强基
层社区防范。

关键词：　海洋灾害　社会应对　应急机制

我国是世界上遭受海洋灾害最严重的国家之一，随着快速发展的海洋
经济，沿海地区遭受的海洋灾害风险逐渐增加，海洋防灾减灾形势十分严
峻。2019～2020年，我国海洋防灾减灾的工作由自然资源部履行实际的工
作内容，积极开展海洋观测、预警预报和风险防范等工作。沿海各级党
委、政府依据各地实际情况积极统领救援力量，发挥抗灾救灾主体作用，

---

* 本报告为罗余方主持的广东省社科规划2020年度粤东西北专项基金"灾害人类学视角下基
层社区台风应对的社会韧性机制研究"（GD20YDXZSH25）的阶段性成果。

** 罗余方，广东沿海经济带发展研究院海洋文化与社会治理研究所研究员，广东海洋大学法政
学院讲师，中山大学人类学博士，研究方向为灾害人类学、环境人类学；李泉汉，广东海洋
大学法政学院社会学专业2018级本科生，研究方向为海洋社会学。

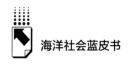

提早部署，科学应对，最大限度地减少了海洋灾害造成的人员伤亡和财产损失。

一 2019～2020年我国海洋灾害的基本情况

2019～2020年，我国所发生的海洋灾害以风暴潮、海浪和赤潮等灾害为主，其他海洋灾害如海冰、绿潮等偶有发生。其中，风暴潮灾害是造成直接经济损失最大的灾害，2019～2020年共造成直接经济损失125.13亿元（其中2019年直接经济损失达117.03亿元，2020年直接经济损失达8.10亿元），而海浪灾害是造成人员死亡最多的自然灾害，人员死亡（含失踪）全部由海浪灾害造成，共造成死亡（含失踪）28人（2019年22人，2020年6人）（见图1）。综合来看，我国沿海地区的经济和社会发展以及整个海洋生态环境仍然会受到各类海洋灾害的不利影响。值得注意的是，与近十年（2011～2020年）海洋灾害所造成的死亡人数平均状况相比，近两年我国呈下降趋势，海洋灾害所造成的直接经济损失和死亡（含失踪）人数在2020年更是达到近十年来的最低值。

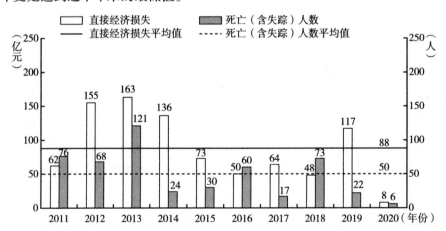

图1 2011～2020年海洋灾害直接经济损失和死亡（含失踪）人数

资料来源：《2020年中国海洋灾害公报》，中华人民共和国自然资源部网站，http://www.mnr.gov.cn/sj/sjfw/hy/gbgg/zghyzhgb/，最后访问日期：2021年6月19日。

2019～2020 年，我国沿海共发生风暴潮过程 25 次（其中 2019 年发生 11 次，2020 年发生 14 次），2019 年发生的风暴潮包括台风风暴潮过程和温带风暴潮过程，分别发生 9 次和 2 次，其中出现的 5 次灾害均由台风风暴潮产生，造成直接经济损失 116.38 亿元，未造成人员死亡（含失踪），所造成的直接经济损失为 2009～2019 年平均值（86.59 亿元）的 1.34 倍，占海洋灾害总直接经济损失的 99%。2020 年发生的风暴潮包括台风风暴潮过程和温带风暴潮过程，分别发生 10 次和 4 次，其中分别造成 6 次和 1 次灾害，分别造成直接经济损失 5.56 亿元和 2.54 亿元。2020 年我国沿海所发生的风暴潮灾害与近十年相比，其发生强度和造成损失都比较小，其造成的直接经济损失为近十年的最低值，为 2010～2020 年平均值（80.82 亿元）的 10%。

从风暴潮灾害造成直接经济损失来看，2019～2020 年风暴潮造成直接经济损失最严重的省份是浙江省。2019 年，1909 号"利奇马"台风所引发的风暴潮灾害，对福建以北至辽宁 8 个沿海省（市）均造成一定损失，直接经济损失合计 102.88 亿元，其中浙江省遭受直接经济损失 76.22 亿元，浙江省又因 1918 号"米娜"台风风暴潮影响，遭受直接经济损失 11.04 亿元，2019 年遭受直接经济损失总计 87.26 亿元，占风暴潮灾害总直接经济损失的 75%。2020 年的"黑格比"台风对浙江和福建两地造成直接经济损失合计 3.55 亿元，其中浙江省所遭受的直接经济损失占风暴潮灾害总直接经济损失的 44%，但与近十年浙江省遭受风暴潮灾害直接经济损失相比，呈下降趋势，为平均值（18.80 亿元）的 19%。

从遭受风暴潮灾害的区域分布来看，2019 年广西、浙江和福建遭受风暴潮灾害次数最多，均为 2 次；2020 年辽宁省和福建省遭受风暴潮灾害次数最多，均为 2 次。从遭受风暴潮灾害的时间分布来看，2019 年和 2020 年的 8 月是风暴潮灾害发生次数最多和造成直接经济损失最严重的月份，2019 年总计造成直接经济损失 105.22 亿元，2020 年总计造成直接经济损失 5.41 亿元。

2019～2020 年，我国近海共发生有效波高 4.0 米（含）以上的灾害性海浪过程 75 次（其中 2019 年发生 39 次，2020 年发生 36 次）。2019 年发生台风浪 15 次、冷空气浪和气旋浪 24 次，其中因灾害造成直接经济损失 0.34 亿元，死亡（含失踪）22 人，直接经济损失为近十年平均值（2.09 亿元）的 16%，死亡（含失踪）人数为近十年平均值（59 人）的 37%。2020 年发生台风浪 18 次、冷空气浪和气旋浪 18 次，发生海浪灾害 8 次，因灾害造成直接经济损失 0.22 亿元，死亡（含失踪）6 人，海浪灾害造成的直接经济损失和死亡（含失踪）人数明显小于平均值，其中，直接经济损失为近十年平均值（1.94 亿元）的 11%，死亡（含失踪）人数为近十年平均值（46 人）的 13%。由此可见，2020 年发生的海浪灾害的强度偏低、造成灾害次数明显减少和灾害造成损失明显减少。

海浪灾害过程主要由冷空气浪和台风浪造成，例如冷空气浪会在短时间内形成巨浪，打翻渔船，从而造成船员的伤亡。例如 2019 年 1 月 20～22 日，冷空气浪在我国台湾海峡、南海北部形成巨浪到狂浪，造成一艘福建籍渔船沉没，死亡（含失踪）4 人；12 月 29～31 日冷空气浪在我国东海、台湾海峡、南海北部先后形成大浪到巨浪，造成一艘福建籍渔船沉没，死亡（含失踪）5 人。

二 政府的灾害应对相关法律法规的完善

为了更好地完善我国应急管理体系和能力建设，在中央政治局第十九次集体学习时，习近平总书记强调要充分发挥我国应急管理体系的特色和优势，积极推进我国应急管理体系和能力现代化；要健全风险防范机制，将灾害解决在萌芽之时。

（一）海洋灾害应急预案的完善

2015 年，为进一步提高海洋灾害应对工作的科学性和可操作性，国家海洋局对《风暴潮、海啸、海浪、海冰灾害应急预案》进行了修订，2019 年，自然资源部办公厅以以往颁布的《风暴潮、海啸、海浪、海冰灾害应急预案》《赤潮灾害应急预案》为基础修订形成了《海洋灾害应急预案》。①《海洋灾害应急预案》的制定主要依据《中华人民共和国突发事件应对法》、《海洋观测预报管理条例》和《国家突发公共事件总体应急预案》。按照《海洋灾害应急预案》的要求，中华人民共和国自然资源部将组织开展我国管辖海域范围内风暴潮、海浪、海啸和海冰灾害的观测、预警和灾害调查评估等工作。《海洋灾害应急预案》的主要内容为总则、组织机构及职责、应急响应启动标准、响应程序、保障措施、应急预案管理六个部分，对海洋灾害的形势预判、提前部署、应急响应、应急响应终止、信息公开、工作总结与评估等做出明确的规定，针对应对海洋灾害的事前预警、事发响应、事中处理、事后评估等各个环节形成了一整套工作运行机制。相比最早所建立的应急预案，后续修订版本的主要区别在于：一是调整了响应的适用范围，同时沿海各省需要结合当地情况来制定相应的应急预案；二是将应急响应级别与警报级别部分脱钩，以具体灾害情况来发布相应的响应级别；三是增加对灾害具体情况的观测和领导签发相应响应过程；四是将行政部署的环节提前，预计将发布海洋灾害预报信息时开展预判会商，并且预警司会将灾害形势判断发送给相关受灾区域的海洋灾害应急主管部门，提前部署开展海洋灾害应急准备工作；五是对应急观测和数据传输的相关内容依据以往的经验进行了丰富；六是转变警报的发布形式，通过多种渠道向社会发布海洋灾害预警和应对信息工作。②

　　海洋灾害监测预警报业务运行体系由中华人民共和国自然资源部统一领导并发布应急响应命令，密切关注相关动态，协调指挥应急工作，如遇到重大灾情还会派出灾害应急工作组提供相关支持。

---

① 《自然资源部办公厅关于印发海洋灾害应急预案的通知》，中华人民共和国自然资源部网站，http://gi. m. mnr. gov. cn/202004/t20200424_ 2509811. html，最后访问日期：2021 年 6月 19 日。

② 《国家海洋局修订海洋灾害应急预案》，中华人民共和国中央人民政府网站，http://www. gov. cn/xinwen/2015 - 06/05/content_ 2873935. htm，最后访问日期：2021 年 6 月 19 日。

（二）海洋灾害相关应对方案的推行

在防灾减灾方面，我国在 2019 年通过了《海岸带保护修复工程工作方案》，该方案的主要目的是提高沿海地区抵御海洋灾害的能力，通过海岸带生态系统的保护修复和人工防护工程生态化建设达到减灾的效能。该方案在 2020 年印发出来，制定出台涵盖生态系统现状调查与评估、生态减灾与修复共 21 项技术指标，为具体项目实施提供具体的技术指导。[①] 该方案的推行提高了我国沿海地区的灾害防治能力，在海洋灾害发生时能够起到更好的抵御作用，减少海洋灾害所造成的损失。此外，我国在 2020 年开展全国海洋灾害风险普查工作，自然资源部编制印发《全国海洋灾害风险普查实施方案》，并制定 11 项标准规范在全国 14 个沿海试点县进行相关海洋灾害风险评估。在海洋灾害预警方面，我国对赤潮预警将由"灾中监控"向"灾前防控"方向推行，建立以降低灾害风险为目标的赤潮灾害预警监测体系建设。

2016 年 12 月 19 日，中共中央、国务院发布了关于推进防灾减灾救灾体制机制改革的相关意见，防灾减灾是我国社会和谐稳定发展的重要方面，同时重救灾轻减灾的思想在我国仍然比较普遍，当前的防灾救灾体系仍然需要完善。[②] 2018 年为了贯彻防灾减灾救灾体制机制改革，浙江省海洋灾害应急指挥部正式印发《浙江省海洋灾害应急防御三年行动方案》，截至 2019 年已经复核完成全省海洋灾害隐患区 484 处，整治一类隐患区 56 处，规定沿海风暴潮重点防御县（市、区）18 个，建立海洋综合减灾县 7 个、综合减灾社区 35 个。

2019 年，我国承建的南中国海区域海啸预警中心正式开始业务化运行，

---

① 《2020 年中国海洋灾害公报》，中华人民共和国自然资源部网站，http：//www. mnr. gov. cn/sj/sjfw/hy/gbgg/zghyzhgb/，最后访问日期：2021 年 6 月 19 日。

② 《中共中央 国务院关于推进防灾减灾救灾体制机制改革的意见》，中华人民共和国中央人民政府网站，http：//www. gov. cn/zhengce/2017 - 01/10/content_ 5158595. htm，最后访问日期：2021 年 6 月 19 日。

为中国南部海边 9 个国家提供 24 小时地震海啸监测预警服务，该预警中心的建立是中国对联合国海洋可持续发展领域的又一重大贡献。

2020 年，自然资源部各级海洋预报机构针对各类海洋灾害发布警报 2296 期，通过各种传媒渠道及时为沿海各级地方政府和公众提供海洋灾害的预警信息，各级海洋观测预报机构保持全天值班，有效地保证各个系统的正常运行，预防各地海洋灾害的发生。

三 社会组织的海洋灾害应对措施

现代社会，政府在国家灾害应对与治理的过程中发挥着主导性的作用，在大的灾害发生之后，政府会启动应急预案并调动各方面资源进行应灾救援。如上文所述，近年来我国政府在海洋灾害方面的应急管理机制越来越完善，但在具体的地方实践之中，仍然暴露了很多的问题亟待我们去研究和反思。在应急救灾方面，大量实践表明政府在时间和空间上做出的应急管理和救援行动都存在一定的局限性，而非政府组织的力量能否积极参与、有效配合直接关系到应急管理效率的高低乃至救援行动的成败。因此，只有广泛地吸收来自社会各方面的救灾力量，动员全社会力量参与防灾救灾，才能从根本上弥补政府单方面主导的救灾模式所存在的不足。

2019~2020 年，在海洋灾害救灾过程中，非政府组织在物资援助、医疗救护和灾后重建等方面均有亮眼的表现，得到了社会各界的关注和认可。与政府相比，非政府组织在应急救灾中具有灵活性、专业性、公益性及针对性强、适应性强等特点，同时非政府组织能够有效解决政府减灾救灾所面临的财力不足的问题，对于重塑政府与社会之间的关系和提升灾害应对救助效率和成功率以及培育社会的公益理念等方面都具有重要的价值。[①]

2019 年台风"利奇马"在浙江台州温岭市城南镇登陆，登陆时强度为超强台风级，中心附近最大风力 16 级。台风登陆时，对当地人民的生命和

---

① 刘海英主编《大扶贫：公益组织的实践与建议》，社会科学文献出版社，2011，第 27 页。

财产造成巨大的灾害，2019年8月12日《公益时报》记者统计，台风灾情发生之后，浙江省共有95家社会组织参与此次抗台救灾工作，辽宁省有15家应急救援社会组织积极响应抗台救灾。台风"利奇马"过后，很多公益慈善组织和民营企业向灾区捐款以帮助灾后重建，其中部分企业捐款数额巨大。据不完全统计，截至2019年8月27日17时，社会各界对浙江省各级慈善总会共捐赠资金1.76亿元。①

2020年8月4日，第4号台风"黑格比"在浙江乐清市沿海登陆，登陆时最大风力13级。8月3日，在台风来临之前，浙江省民政厅下发了《关于引导动员社会组织积极参与台风"黑格比"防台救灾工作的紧急通知》，引导动员社会组织积极参与本次台风的防御救灾工作。

据不完全统计，截至2020年8月4日，浙江省各级共有应急救援类、公益慈善类、社区类、社工类、志愿类等7大类1878个社会组织16290人参与防台救灾工作，投入直升机1架、防汛救援车317辆、冲锋舟180艘、划艇摩托艇101艘、抽水泵109台、救生衣1691件、发电机44台。温州市共有106家社会组织协助当地党委政府积极参与抗台工作，共派出队员3500余人，出动应急车辆140多辆、冲锋舟20余艘。台州市动员242家社会组织，出动890人，发挥自身专业优势，积极参与抗台工作。②

这些社会组织在灾前深入社区，积极参与防台、抗台宣传，转移疏散群众，对渔货码头的船只进行排查，确保渔船安全避风，在灾害来临之时，参与救援灾民，及时清除路面障碍、维护修复道路交通设施。正是这些社会组织的积极参与，形成了一股庞大防灾抗灾的社会力量，大大提升了沿海地区防灾抗灾的能力，减少了台风灾害所带来的损失。

---

① 《台风"利奇马"后续：两省慈善总会系统募集善款均过亿》，"公益时报"百家号，https://baijiahao.baidu.com/s? id = 1643739078199187285&wfr = spider&for = pc，最后访问日期：2021年6月19日。

② 《浙江1878个社会组织16290人参与台风"黑格比"防台救灾工作》，"公益时报"百家号，https://baijiahao.baidu.com/s? id = 1674405911208635625&wfr = spider&for = pc，最后访问日期：2021年6月19日。

四 社区的防灾减灾举措

习近平总书记在主持中央政治局第十九次集体学习时提出，要坚定以往的群众路线，坚持社会共治，增强社区居民对生活各个方面的安全意识，在社区中将应急疏散演练常态化，筑牢防灾减灾救灾的人民防线。充分肯定居民自身在面对灾害发生过程中的重要性，作为应急管理和救援的第一响应人和自救互助的主力军，社区居民自身的积极性直接关系到应急管理成功率。我国为了能够充分发挥社区居民在防灾救灾中的作用，首先，在各个地区开始推动社区减灾文化的建设，例如阳江地区的社区依据当地所建立的镇、村级突发公共事件应急预案，结合当地观念文化、物质文化和行为文化逐步完善农村社区防灾文化建设的内容及体系，结合非政府组织的帮助在社区内建立基层应急队伍，在海洋灾害发生时能够第一时间发挥抗灾作用。① 其次，政府积极推动不同的非政府组织在社区中进行海洋灾害知识的普及，加强居民对海洋灾害的重视，通过组织海洋灾害应对的公益活动让居民切实体验应对过程，为海洋灾害侵袭时做准备。研究发现，个人的灾害认知以及灾害的应对能力能够降低灾害所带来的威胁和死亡率。② 加强社区居民的防范意识，在海洋灾害发生时能够有效地减少经济损失，减少伤亡。同时只有居民充分发挥在面对灾害时的能动性，积极协同政府救灾，才能够达到救灾效果最大化，因此当前还需要寻求政府主导的灾害救助与当地社区地方性知识相结合的有效途径。③

---

① 王绍玉、徐静珍：《社区减灾文化建设：广东省阳江市建设农村社区减灾文化的成功尝试》，载《2011 年国家综合防灾减灾与可持续发展论坛论文集》，中国社会出版社，2011，第 403～411 页。

② 罗羽、杨雅娜、陈萍等：《浅析我国社区护理人员灾害应对能力的建设》，《护理学杂志》2010 年第 1 期，第 23～25 页。

③ 李瑞昌：《灾害、社会和国家：悬浮的防抗台风行动》，《复旦政治学评论》2011 年第 1 期，第 144～162 页。

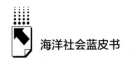
五 总结与反思

（一）总结

本报告以时间为轴线，简单梳理了近两年来海洋灾害所造成的影响和社会应对措施，从中我们可以发现我国近两年在面对海洋灾害时开始逐渐从"救灾"转变到"防灾"，开始注重海洋灾害发生前的防灾减灾，为此我国在海岸带的保护修复、海洋灾害风险的普查、预警中心的建立和应急预案的完善等多个方面贯彻了防灾减灾的思想。在海洋灾害来临时的应对上，中央政府也在逐渐改变过去全能型政府的管理体制，灾害应对主体变得多元化，中央政府负责统管全局，具体措施的实施被分发到各个部门，由各个部门针对相应情况来实施救灾措施。同时开始重视沿海社区居民自身能动性，引导沿海居民利用在长期生活中依据当地文化和以往抗灾经验所建立起来的自身经验的本土知识积极主动应对灾害，不再被动地等待救援。这种转变能够有效地降低海洋灾害发生过程中的风险和损失，更好地应对海洋灾害中的突发性事件。同时各地社会组织在灾害救济方面的力量逐渐增强，使社会的应灾工作更加规范化、制度化、法制化。

（二）反思和建议

1. 进一步完善应灾法律体系

近两年，我国在防灾减灾方面出台了许多相关的政策，逐渐加强对防灾减灾的重视，但是在防灾减灾方面我国的法律仍然还是欠缺的，应完善对应的法律来确保防灾减灾工作的顺利进行。除此之外，我国其他应对海洋灾害的法律法规也存在欠缺，法律体系并不完善，对应对海洋灾害防灾减灾和灾害救助等工作产生一定影响。未来，我国应在海洋灾害体制改革过程中，同步推进相关法律的健全，使我国应对海洋灾害的工作进一步规范，提高海洋灾害的应对能力，减少海洋灾害所造成的影响。同时随着非政府组织在防灾救灾中发挥的作用越来越大，也需要营造非政府组织能够积极应对海洋灾害的法律、政策环境，建立提高非政府组织参与灾害治理意愿的法律体系。以法律法规的形式，明确政府与非政府组织在灾害治理中的关系，政府激励和引导非政府组织积极应对海洋灾害，充分发挥非政府组织在防灾救灾中的作用。

2. 加强分类指导，充分发挥各类社会组织参与救灾的积极作用

非政府组织在对民众的防灾意识和灾害自救能力的培养上起到了重要的作用，同时在物资援助、医疗救护和灾后重建等方面也表现出了自身的优势。我国政府逐渐开始重视非政府组织应对灾害的作用，出台了《应急管理部办公厅关于进一步引导社会应急力量参与防汛抗旱工作的通知》来引导非政府组织参与救灾，使其积极发挥自身业务优势和特长，在各个方面为相关海洋灾害应对提供帮助。但目前仍然存在些许问题，在实际运行方面，非政府组织很难与政府建立起有效沟通，做不到有效的信息沟通和统一的物资分配，则会影响救灾的效率。因此，需要在非政府组织之间建立起救灾联合机制，以政府为主导，在各个非政府组织之间建立起有效的信息沟通网络，发挥每个非政府组织自身的能动性，以此在非政府组织之间建立起各项资源有效的分配与整合，并依据灾区所需程度和分类将资源合理配置。在防灾方面，政府需要积极与相关社会组织配合并指导不同类型的社会组织发挥其有效作用，同时在一定程度上根据非政府组织的类型提供相应的资源，来帮助非政府组织在自身特长方面充分发挥作用，建立起具有当地社区地域性的社区减灾文化。除此之外，政府仍然需要建立相关的法规对非政府组织进行有效管理，非政府组织也需要完善自身的内部监管机制，确保灾害应对工作顺利进行，从海洋灾害防灾救灾需求的实际出发，加强自身组织建设，提升海洋灾害应对能力。

3. 加强基层社区海洋灾害应对的社会韧性建设

近年来，我国开始重视对基层社区居民海洋灾害应对意识的培养，作为面对海洋灾害最直接的主体，社区居民拥有应对海洋灾害的知识是十分

重要的，这能够提高自身在灾害中的生存率。除了对居民灾害意识的培养，社区作为承载居民应对海洋灾害的主体，其社会网络在紧急搜索、救援、灾害的物质供给、灾后社会秩序的恢复、灾民的心理健康等方面都具有重要作用。结合当地社区制度文化、观念文化、物质文化和行为文化等积极推动当地基层社区建立社区减灾文化，重视不同社区尤其是农村社区海洋灾害应对的本土知识的挖掘、保护和利用，充分肯定其价值，以此加强社区内部自身抗灾救灾的韧性机制建设，积极发挥社区居民应对海洋灾害的作用，协助政府救助实现海洋灾害应对效率最大化。

附　　录
Appendix

B.15
中国海洋社会发展大事记（2020年）[*]

2020年1月14~17日　中国海警5204舰抵达菲律宾马尼拉港，展开对菲史上首次友好访问。双方开展舰船开放日、搜救和灭火联合演习以及体育友谊赛等多项活动。

2020年3月5日　农业农村部发出通知，印发《"中国渔政亮剑2020"系列专项执法行动方案》。这是继2017年、2018年、2019年后，中国渔政再次出重拳，严厉打击涉渔违法违规行为，确保渔业的绿色高质量发展，推动水域生态文明建设。

2020年3月12日　"向阳红06"船返抵自然资源部第二海洋研究所舟山基地，标志着第二海洋研究所组织实施的自然资源部赤道东印度洋和孟加拉湾海洋与生态联合研究计划（即"JAMES"计划）冬季航次告一段落。

2020年3月20日　上午，"科学"号科考船搭载50多名科考队员从青岛母港启航，赴西太平洋开展为期近两个月的深海调查任务，标志着中科院

---

* 附录由中国海洋大学国际事务与公共管理学院国际关系专业硕士研究生陈祥玉整理完成。

海洋大科学研究中心2020年深远海科考任务正式恢复。

2020年3月23日 中国向联合国秘书长古特雷斯递交照会,针对菲律宾3月6日照会表达立场,重申了中国对南沙群岛及其附近海域、黄岩岛及其附近海域拥有主权,对相关海域及其海床和底土享有主权权利和管辖权,中国在南海拥有历史性权利。照会也重申了对菲律宾南海仲裁案及其裁决的立场。

2020年3月23日 由我国船舶企业制造的全球首艘23000箱液化天然气动力集装箱船,预计将完成自3月16日起开启的海上试航之旅。

2020年3月25日 环境部官微发布消息称,《全国海洋生态环境保护"十四五"规划》编制试点工作正式启动,上海、深圳、锦州、连云港4市将率先试点。

2020年3月30日 由自然资源部中国地质调查局组织实施的我国海域天然气水合物第二轮试采日前取得成功并超额完成目标任务。在水深1225米的南海神狐海域,试采创造了"产气总量86.14万立方米,日均产气量2.87万立方米"两项新的世界纪录,攻克了深海浅软地层水平井钻采核心技术,实现了从"探索性试采"向"试验性试采"的重大跨越,在产业化进程中,取得重大标志性成果。

2020年4月1日 实施新修订的《远洋渔业管理规定》。新规定按照"适应国际规则、促进转型升级、加强监督管理、强化法律责任"的原则。

2020年4月1日 中国海警局会同自然资源部、生态环境部、交通运输部联合发文,决定自4月1日至11月30日开展"碧海2020"海洋生态环境保护专项执法行动。

2020年4月7日 即日起申请人可以通过自然资源部政务服务门户网站(http://zwfw.mnr.gov.cn)填报报国务院批准的海域使用权审核和自然资源部受理的海底电缆管道路由调查勘测、铺设施工审批等行政许可事项申请材料。

2020年4月15日 下午6时许,在完成系列备航工作后,"嘉庚"号科考船从厦门起航,赴南海执行国家自然科学基金共享航次计划南海中部海盆综合科学考察航次（航次编号：NORC2019 - 06）春季航段调查任务，这是今年"嘉庚"号执行的首个科学调查航次。

2020 年 4 月 18 日 国务院于近日批准，海南省三沙市设立西沙区、南沙区。三沙市西沙区管辖西沙群岛的岛礁及其海域，代管中沙群岛的岛礁及其海域，西沙区人民政府驻永兴岛。三沙市南沙区管辖南沙群岛的岛礁及其海域，南沙区人民政府驻永暑礁。

2020 年 4 月 21 ~ 23 日 中国与越南开展了 2020 年首次北部湾共同渔区海上联合检查行动。这是中越根据《北部湾渔业合作协定》开展的第 19 次渔业联合检查行动。

2020 年 4 月 23 日 "雪龙"号、"雪龙 2"号回到位于上海的中国极地考察国内基地码头，以视频会议形式举行了中国第 36 次南极考察总结汇报活动，传达了自然资源部领导重要指示，标志着中国第 36 次南极考察队圆满完成任务，任务内容主要包括"双龙探极"、南大洋业务化观监测、考察站基本建设、"绿色考察"四项。

2020 年 5 月 1 日 中国海警局、农业农村部决定，自 5 月 1 日起联合开展"亮剑 2020"海洋伏季休渔专项执法行动，渤海、黄海、东海和北纬 12 度以北的南海海域将全面进入海洋伏季休渔期。

2020 年 5 月 9 日 发布 2019 年中国海洋经济统计公报，2019 年海洋经济继续保持总体平稳的发展态势。

2020 年 5 月 15 日 自然资源部办公厅发布关于印发《海洋经济统计调查制度》和《海洋生产总值核算制度》的通知。

2020 年 5 月 19 日 国际可持续发展研究院（IISD）发布题为《联合国秘书长发布〈2020 年可持续发展目标进展报告〉》的报道，《2020 年可持续发展目标进展报告》利用了 2020 年 4 月之前 SDG 指标框架所包含的最新可用数据，列举了 COVID - 19 疫情对 SDG 进展的影响。

2020 年 5 月 22 日 自然资源部网站显示，2019 年自然资源部共承办全国两会建议、提案 878 件，其中在海洋综合管理方面有 79 件，内容包括海域海岛管理、海洋经济发展、海洋科技创新等。

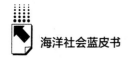

2020年5月29日　中国外交部副部长、中越双边合作指导委员会中方秘书长罗照辉同越南副外长、指导委员会越方秘书长黎怀忠举行视频会议。双方同意要按照两党两国高层共识和《关于指导解决中越海上问题基本原则协议》精神，着眼大局和长远，妥善处理存在的分歧，稳步推进海上合作，共同为双边关系持续健康发展营造良好氛围。

2020年6月1日　中共中央、国务院印发了《海南自由贸易港建设总体方案》，并发出通知，要求各地区各部门结合实际认真贯彻落实。

2020年6月2日　《2019年中国海洋生态环境状况公报》发布（以下简称《公报》）。《公报》显示，海洋生态环境状况总体稳中向好，我国管辖海域一类水质面积比例同比略有上升，劣四类海域面积同比略有减少，近岸海域水质总体稳中向好。

2020年6月3日　自然资源部办公厅印发《关于开展海域使用论证报告质量检查的通知》，决定通过在全国范围内集中开展论证报告质量检查，基本摸清"海域使用论证单位资质认定"审批取消后海域使用论证行业从业和论证报告质量的总体情况，并在"中国海域使用论证网"（全国海域使用论证信用平台）公开质检结果，向用海申请人进行风险提示。

2020年6月3日　国家发展改革委、自然资源部发布关于印发《全国重要生态系统保护和修复重大工程总体规划（2021—2035年）》的通知。

2020年6月8日　多省公布海洋经济统计公报。据初步核算，2019年广东省海洋生产总值在全国率先突破2万亿元，连续25年居全国首位。上海2019年海洋生产总值增长至10372亿元，占全国海洋生产总值的11.6%，连续多年位居全国前列。

2020年6月16日　2019年全国渔业经济统计公报发布，渔业经济总产值达2.6万亿元。

2020年6月26日　第36届东盟峰会以视频方式召开，2020年东盟轮值主席国越南发表《主席声明》称，《联合国海洋法公约》是"确定对海域的主权、主权权利、管辖权和合法利益的基础，为所有海洋活动的实施确立了法律框架"。

2020 年 6 月 28 日 自然资源部关于发布《海域价格评估技术规范》等 12 项行业标准的公告。

2020 年 6 月 28 日 我国首艘全数配备国产化科考作业设备的载人潜水器支持保障母船——"探索二号"船抵达三亚崖州湾科技城南山港，为崖州湾科技城深海产业发展再添利器。

2020 年 7 月 14 日 中国国务委员兼外长王毅与菲律宾外长洛钦举行视频会谈，双方一致同意海上争议问题并非中菲双边关系的全部，将通过友好协商促进海上合作。

2020 年 7 月 30 日 生态环境部副部长翟青表示，"十四五"期间，我国将以海湾为突破口全面提升海洋生态环境质量。他说，海洋生态环保"十四五"规划的编制以"美丽海湾"为统领，更加注重生态要素。力争到 2035 年，全国 1467 个大小海湾都能建成"美丽海湾"。

2020 年 7 月 31 日 中国海洋发展研究会与中国海洋发展研究中心在青岛共同组织召开"我国海洋生物医药产业发展战略研讨会"。会议在对上述两个项目进行结题验收评审的基础上，邀请相关领域的权威专家围绕推进我国海洋生物医药产业发展进行研讨，启迪思想、汇聚智慧。

2020 年 8 月 13 日 中国海警局直属第五局和福建海警局位南沙永暑西北海域设伏查缉运毒船 1 艘，现场缴获大量毒品，抓获犯罪嫌疑人 6 名。

2020 年 8 月 19 日 国家海洋督察海南省整改情况专项督察在海口分别召开动员会和工作汇报会。海南省省长沈晓明，自然资源部副部长、国家海洋局局长王宏出席并讲话。

2020 年 8 月 20 日 中国国务委员兼外长王毅在海南保亭同印度尼西亚外长蕾特诺举行会谈。王毅强调，"南海行为准则"磋商遵循平等协商原则，体现中国和东盟国家 11 方共识，其结果必然符合地区国家利益，也必然符合国际法。域外势力炒作南海问题，制造紧张局势，是对地区稳定的直接威胁。中方愿同包括印尼在内的东盟国家共同努力，早日达成"南海行为准则"，共同维护南海的长治久安。

2020 年 8 月 24 日 第 30 次《联合国海洋法公约》缔约国会议在法国

联合国总部举行，此次会议旨在选举 7 名国际海洋法法庭法官，于 10 月 1 日开始任职，为期 9 年。其中，中国驻匈牙利大使段洁龙以 149 票成功入选。

2020 年 8 月 26 日 由自然资源部第一海洋研究所、国家海洋信息中心等单位研究人员编写的《自然资源科技创新指数试评估报告 2019～2020》正式出版，该报告旨在推动自然资源科技创新融入国家创新体系。

2020 年 8 月 31 日 由中国海洋发展研究中心主办的主题为"构建海洋命运共同体问题前瞻"的第十三期中国海洋发展研究论坛在青岛召开。

2020 年 9 月 2 日 中国外交部和中国南海研究院在海南海口共同举办"合作视角下的南海"1.5 轨线上国际研讨会。国务委员兼外长王毅在会上发表书面致辞，外交部副部长罗照辉出席开幕式并发表主旨演讲。

2020 年 9 月 6 日 中国海洋发展研究会与中国海洋发展研究中心共同组织召开了"海洋经济高质量发展问题研究"学术研讨会，该研讨会旨在为海洋经济领域专家学者提供良好交流平台，为推动我国海洋经济高质量发展聚智汇力。

2020 年 9 月 7 日 中国国务委员兼国防部部长魏凤和与马来西亚国防部部长伊斯梅尔·萨布里·雅各布在吉隆坡举行正式会谈，双方就国际和地区形势、两军关系、南海问题等交换了意见。

2020 年 9 月 9 日 文莱苏丹哈桑纳尔·博尔基亚在斯里巴加湾市会见中国国务委员兼国防部部长魏凤和。魏凤和在会见中指出，南海稳定符合两国共同利益，双方应继续加强沟通协商，推进海上合作，共同维护南海和平安宁。

2020 年 9 月 9 日 中国和越南以视频方式联合举行中越北部湾湾口外海域工作组第十三轮磋商和海上共同开发磋商工作组第十轮磋商。双方就中越海上划界与共同开发等问题坦诚、务实地交换意见，并一致强调要继续认真落实中越两党两国领导人就海上问题达成的重要共识和《关于指导解决中越海上问题基本原则协议》，同步推进北部湾湾口外海域划界与南海共同开发。

2020 年 9 月 9 日　第 53 届东盟外长会议以视频方式在河内召开。针对近期南海形势，各国外长一致同意东盟应坚持原则立场，呼吁各方保持克制，不使用武力或以武力相威胁，承诺通过和平方式解决争端。会议重申了充分落实《南海各方行为宣言》（DOC）和努力制定"南海行为准则"（COC）的重要性。

2020 年 9 月 9 日　中国国务委员兼外交部部长王毅出席中国 - 东盟（10 + 1）外长视频会议，并就中国 - 东盟的合作和未来前景发表讲话。

2020 年 9 月 11 日　中国海洋发展研究会与中国海洋发展研究中心共同组织召开了"海岸线集约节约利用与管控"专题研讨会。

2020 年 9 月 15 ~ 27 日　韩国海洋水产部海洋环境机构与中国生态环境部联合开展"韩中黄海海洋环境共同调查"。两国各自选定了 18 个调查地点，其中韩方选择在黄海东侧 18 个地点调查海底沉积物、深海生物等 43 个项目。两国科学家共同撰写报告书。

2020 年 9 月 17 日　自然资源部第二海洋研究所吴自银研究员和青岛海洋地质研究所温珍河研究员共同主编的《中国海海洋地质系列图》出版发行，标志着我国管辖海域海洋基础图系实现了更新换代，也是该学科领域一项具有里程碑意义的成果。

2020 年 9 月 17 日　自然资源部第一海洋研究所、青岛海洋科学与技术试点国家实验室、中国科学院海洋研究所等单位研究人员利用全球导航卫星系统小型测高浮标，成功在青岛海域开展了机载干涉雷达高度计定标。

2020 年 9 月 19 日　由中国海洋发展研究会、中国生态学学会主办，自然资源部第一海洋研究所等单位承办的"2020 海洋生态文明（长岛）论坛"在山东长岛举办。论坛发布了《2020 海洋生态文明长岛共识》，提出了探索绿水青山就是金山银山的海岛模式、建立海岛生态文明战略体系、探索以国家公园为主体的海洋保护地体系等重要共识。

2020 年 9 月 21 日　我国在酒泉卫星发射中心用长征四号乙运载火箭，成功将海洋二号 C 卫星送入预定轨道，发射获得圆满成功。

2020 年 9 月 23 日　中国海洋发展研究中心联合中国海洋大学法学院、

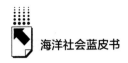

华东政法大学国际法学院暨军事法研究中心、武汉大学国际法研究所，在青岛举办了主题为"构建海洋命运共同体的法律问题与中国海洋战略"的第二届中国海洋发展研究青年论坛。

2020 年 9 月 24 日　2020 中国海洋经济博览会组委会在京召开新闻通气会。据悉，海博会将于 10 月 15～18 日在深圳福田会展中心启幕。

2020 年 9 月 28 日　自然资源部海底科学重点实验室丁巍伟团队自主研发的"海豚"移动式海洋地震仪完成海试。测试结果表明，具有自主知识产权的国内首台移动式海洋地震仪达到预期的设计指标，后续将正式参与海洋地震长期化观测。

2020 年 10 月 11 日　上海交通大学海洋学院和桃花源生态保护基金会共同发布了我国海洋保护领域首份《中国海洋保护行业报告》（2020），报告以科学严谨的态度构建了有机融合的海洋保护行业生态圈，切实响应建设海洋强国的重大战略号召。

2020 年 10 月 15～18 日　被誉为"中国海洋第一展"的中国海洋经济博览会在深圳市举办。作为中国唯一的国家级综合性海洋博览会、国际性经贸展会，海博会是对外发布中国海洋经济发展成果的重要平台和展示全球海洋经济发展方向、最新成果的重要窗口。

2020 年 10 月 15 日　自然资源部国家海洋信息中心发布《2020 中国海洋经济发展指数》，数据显示，我国海洋经济规模持续扩大，2019 年海洋生产总值为 8.9 万亿元，比上年增长 6.2%，对国民经济贡献率达 9.1%。

2020 年 10 月 20 日　APEC 海洋与渔业工作组（OFWG）第 15 次会议通过线上会议形式顺利召开。会议主要研讨 2020 年各 APEC 经济体项目开展情况及各经济体打击非法捕捞（IUU）路线图和海洋垃圾管理路线图的实施推进情况。

2020 年 10 月 23 日　由东方物探承担的"海洋地质勘探导航定位关键技术与国产装备研发"项目近日荣获国家卫星导航定位科技进步一等奖。专家认定该技术成果达到国际先进水平，标志着东方物探拓展海洋业务再添新利器。

2020 年 11 月 1 日　十三届全国政协近日召开第 42 次双周协商座谈会。中共中央政治局常委、全国政协主席汪洋主持会议。他强调，要深入领会习近平总书记关于海洋工作的重要论述，从全面建设社会主义现代化国家的战略全局关心海洋、认识海洋、经略海洋。

2020 年 11 月 1 日　近日，可持续海洋经济高级别小组发布《海岸开发：复原力，恢复和基础设施要求》蓝皮书。蓝皮书提出了 4 项确保海岸生态系统具有可持续性和复原力的措施。

2020 年 11 月 2 日　第二届中国（浙江）自贸试验区"海洋经济"国际青年人才论坛在浙江舟山举行，通过云发布、云直播、云洽谈、云服务、云大会"五云联动"，实现全球人才交流由"屏对屏"代替"面对面"。

2020 年 11 月 5 ~ 6 日　中国南海研究院、中国－东南亚南海研究中心和中美研究中心在海南海口联合举办了首届"海洋合作与治理论坛"大型国际学术研讨会。菲律宾前总统阿罗约、清华大学战略与安全研究中心主任傅莹、国际海底管理局秘书长迈克尔·洛奇、中国南海研究院院长吴士存参会并分别做主旨发言。

2020 年 11 月 9 日　自然资源部与国际海底管理局共同举行了中国－国际海底管理局联合培训和研究中心启动仪式暨指导委员会第一次会议。自然资源部副部长、国家海洋局局长王宏，国际海底管理局秘书长迈克尔·洛奇，中国驻牙买加大使、常驻国际海底管理局代表处代表田琦等出席启动仪式并致辞。考虑到疫情影响，本次启动仪式与会议以网络视频形式举行。

2020 年 11 月 10 日　我国全海深载人潜水器"奋斗者"号在马里亚纳海沟成功坐底，深度 10909 米。

2020 年 11 月 10 日　由自然资源部组织的中国第 37 次南极科学考察队乘坐"雪龙 2"号极地科考破冰船从上海起航，奔赴南极执行科学考察任务。

2020 年 11 月 15 日　"陆海统筹建设绿色可持续的海洋生态环境"学术论坛在青岛召开，本次论坛由中国海洋发展研究中心、中国海洋发展研究会、山东省生态环境厅、山东省海洋局、中国海洋大学联合主办，青岛市生

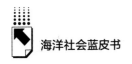

态环境局、青岛市海洋发展局协办。来自国内海洋生态研究领域的两百余位专家学者通过现场和在线的方式参加了会议。

2020 年 11 月 18 日　中国海警局与菲律宾海岸警卫队以视频形式召开了中菲海警第三次高层工作会晤。双方高度评价了以往工作成果,就中菲海警联委会第三次会议期间起草的相关合作文本草案深入交换了意见,并在热线联络机制、法务合作等方面达成共识。

2020 年 11 月 19 日　由中国科学院沈阳自动化研究所研制的"潜龙一号"和"潜龙四号"6000 米深海自主水下机器人(AUV),完成 2020 年太平洋调查航次科考任务,安全返回沈阳。2020 年 11 月 19~20 日,中国海洋微生物菌种保藏管理中心顺利通过北京外建质量认证中心的现场审核,并获得了 ISO9001:2015 质量管理体系认证证书,标志着该中心质量管理体系的运行得到了国际标准化组织的认可,在各项质量管理系统整合上已达到了国际标准。

2020 年 11 月 20 日　海域、无居民海岛自然资源统一确权登记试点工作部署研讨会近日在福建平潭召开,标志着该项试点工作正式启动。

2020 年 11 月 22 日　第十四届中国·如东沿海经济合作洽谈会暨首届如商发展大会、第三届金牛奖颁奖典礼、第六届科技人才节新闻发布会举行。经济日报、人民网、新华日报、南通日报等 20 多家媒体参加。

2020 年 11 月 24 日　中国海油召开改革三年行动工作部署会。全面贯彻党中央、国务院决策部署,落实全国国有企业改革三年行动动员部署会议和国资委中央企业改革三年行动工作部署视频会议精神,对中国海油改革三年行动工作进行部署。

2020 年 11 月 28 日　创造了 10909 米中国载人深潜新纪录的"奋斗者"号,完成第二阶段海试,胜利返航。

2020 年 12 月 5 日　山东财经大学海洋经济与管理研究院与社会科学文献出版社于 12 月 5 日联合发布了《海洋经济蓝皮书:中国海洋经济发展报告(2019~2020)》。

2020 年 12 月 8 日　中国常驻联合国副代表耿爽在第 75 届联大全会

"海洋和海洋法"议题下发言，呼吁各方携手构建海洋命运共同体。

2020年12月8日 中国海警局与越南海警司令部以视频形式召开了中越海警第四次高层工作会晤。会议积极评价近年来双方工作成果，通过友好讨论确定了下步合作方向。

2020年12月10日 自然资源部召开新闻发布会，介绍了《国土空间调查、规划、用途管制用地用海分类指南（试行）》相关情况。

2020年12月12日 第二届中巴海洋信息技术研讨会（CPMI）在哈尔滨工程大学成功召开。中巴两国海洋、信息等相关领域的专家和青年学者近200人齐聚云端。该研讨会旨在为海洋信息技术研究人员搭建学术交流和成果展示平台，促进海洋信息研究人才培养、为共建"一带一路"蓄力新动能。

2020年12月14日 中国南海研究院与中国海洋发展基金会在海口举行战略合作协议签约仪式。根据协议，双方将基于"平等互利、优势互补"原则，在全球海洋合作与治理、涉海国际交流、海洋人才培养、海洋知识普及和海洋宣传教育等方面开展密切合作。

2020年12月14日 卫星海洋环境动力学国家重点实验室第三届学术委员会第五次会议在浙江省杭州市召开。

2020年12月21~23日 中国海警4303、22603舰与越南海警8003、8004舰开展北部湾联合巡航。这是自2006年以来中越海上执法部门在北部湾海域开展的第20次联合巡航行动。

2020年12月28日 自然资源部国家海洋信息中心基于海洋观测网及相关数据，编制完成《中国气候变化海洋蓝皮书（2020）》，该书公布了全球、中国近海关键海洋要素的最新监测信息。

Abstract

Report on the Development of Ocean Society of China (*2021*) is the sixth blue book of ocean society which organized by Marine Sociology Committee and written by experts and scholars from higher colleges and universities.

This report makes a scientific and systematic analysis on the current situation, achievements, problems, trends and countermeasures of ocean society in 2020. In 2020, although affected by COVID – 19, China's marine industry in various fields is still steadily advancing, integrated management is commonly presented in all areas of the marine business, the institutionalization process continues to advance in depth, and international cooperation becomes more diversified and diverse. In addition, China's marine undertakings in the achievement, but also must see, marine science and technology attack still need to continue to accelerate, the bottleneck of integrated governance still needs to be further broken, the institutionalization of the construction must continue to promote, the public participation in the marine undertakings needs more effective guidance. Sustainable marine social development still requires strengthening governance in many links.

This report consists of four parts: the general report, topical reports, the special topics and appendix. The report has carried out scientific descriptions and in-depth analysis on topics such as marine education, marine culture, marine public service, marine management, marine folklore, marine intangible cultural heritage, distant fishery, global ocean center city, marine ecological civilization demonstration area, marine legal system, marine supervision, maritime law enforcement and maritime right maintenance, marine disaster social response and finally puts forward some feasible policy suggestions.

Contents

I General Report

Abstract: In 2020, although effected by COVID − 19, China's marine undertakings in various fields still continued to show the development trend of steady progress; comprehensive management of the ocean presented in an all-round way; the institutionalization of marine undertakings continued to advance; international cooperation had diversified characteristics in marine fields and spaces. At the same time, although the overall development of China's marine industry is stable, it still faces many difficulties and challenges. The tackling of marine science and technology still needs to be continued, the comprehensive management of the marine undertakings needs to be continuously promoted, the institutionalization of the marine undertakings needs to be accelerated, and the development of the marine undertakings needs to further increase social participation. Therefore, sustainable marine social development still requires strengthening governance in many links.

Keywords: Comprehensive Management; Institutionalization; Social Participation

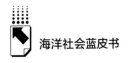
海洋社会蓝皮书

II Topical Reports

B . 2 China's Marine Public Service Development Report

Cui Feng, Shen Bin / 015

Abstract: Due to the impact of the outbreak of COVID − 19, this year China's marine public services fought the epidemic without stopping work, turned pressure into motivation to adopt a more flexible and innovative approach to promote the development of various businesses, put in new domestic equipment continuously, has opened a new horizon for polar scientific research, completed set tasks on time and with quality and quantity. China's maritime search and rescue has always maintained a high success rate of search and rescue. The development of ocean observation business did not appear to be stagnant, the ocean satellite system continued to improve, and the research vessel continued to navigate under the protection of comprehensive plans. The marine disaster prevention and mitigation business was advancing specific operations while emphasizing institutional construction; The information construction made great progress in two aspects: infrastructure construction and information sharing. The marine standard introduced a number of recommended industry standards and group standards. The development of marine public service was a necessary action for China to practice a Maritime Community with a Shared Future. Therefore, the next step was to carry out a full range of multiform international cooperation, while also focusing on the publicity of all people.

Keywords: Marine Public Service; Marine Rescue; Marine Prediction; Marine Disaster Prevention and Reduction; Maritime Community with a Shared Future

B . 3　China's Ocean Education Development Report

Zhao Zongjin , Hu Siju / 036

Abstract: China's ocean education is developing in a good direction in 2020. In terms of policy, ocean education has been supported and guided by the Ministry of Education and included in the 14th Five Year Plan of some coastal provinces and cities. In practice, ocean education has been enriched in content, diversified in methods and expanded in scale. Both school ocean education and social ocean education have made varying degrees of progress. In terms of research, oceanographers and marine research journals have received more attention in the academic community. However, there are still many deficiencies. This report puts forward suggestions on improving ocean education policy planning, improving ocean education practice and promoting ocean education research, so as to promote the rational development of ocean education.

Keywords: Ocean Education; School Ocean Education; Society Ocean Education; Ocean Education Research; Ocean Education Policy

B . 4　China's Marine Management Development Report

Dong Zhaoxin , Yang Guolei / 057

Abstract: The modernization level of marine governance system and governance capacity has put forward new requirements for marine management practice. The COVID - 19 presents opportunities and challenges for marine management in 2020. The construction of marine administrative system and rule of law reflects the shifts in current management system and mechanism of marine resources. To be precise, domestic and international intergovernmental cooperation in marine spatial planning has deepened; the cooperation between government and enterprise has become closer in the risk society; the forms of publicity and education work of marine culture have been enriched; the level of digital

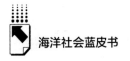

management has been improved effectively. In the future, China's marine management work will show the following three characteristics: the level of collaborative governance of ocean-related subjects will be strengthened, and the complementary effect of functions will appear; stricter systems for resource management and environmental protection will be established and implemented; there will be more profound changes in China's role and capabilities as a maritime state. Therefore, we should be aware of the resource limitations and institutional shortcomings of marine governance, improving the participation and interaction mechanism of ocean-related subjects, resolving multiple contradictions in marine governance in order to achieve high-quality management and overall planning for the all-round development of national maritime affairs.

Keywords: Marine Management; Collaborative Governance; System Construction

B.5 China's Marine Folklore Development Report

Wang Xinyan, Yang Chunqiang / 075

Abstract: Marine folklore have been developing steadily in 2020, and presents four new trends: the study of marine folklore focus on the multi carrier and realistic care of folklore; the regional development tends to be balanced, and the development of marine folklore around the Yellow Sea and Bohai Sea is outstanding; the protection and inheritance methods of marine folklore culture continue to innovate; the value of marine folklore participating in rural governance attracted more attention. However, there are also some problems in the research of marine folklore, more weight is put on "case description", otherwise "comprehensive refinement", and not realizing the transformation from "vulgarity" to "people"; there are also some problems in the development practice of marine folklore, such as homogenization, vulgarization, and insufficient excavation of cultural connotation, which need to be solved one by one in the future development. In the future, the development of marine folklore must adhere to the guidance of major marine policies, optimize the practice of marine folklore in rural governance, strengthen the construction of marine folklore research talent team and platform, pay attention to the cultivation of inheritors, accelerate the digital development in technology, and strengthen regional integration.

Keywords: Marine Folklore; Social Governance; Folklore Practice

B.6 China's Marine Rules of Law Development Report

Zhang Haoyue, Chu Xiaolin / 089

Abstract: Since 2020, China made six important advances in ocean legislation. Firstly, the promulgation of the Maritime Police Law of the People's Republic of China and the Maritime Traffic Safety Law of the People's Republic of China (Revised Draft); secondly, the issuance of maritime policies, such as National Major Ecosystem Protection and Restoration Major Projects (2021 - 2035), Mangrove Protection and Restoration Special Action Plan (2020 - 2035), Marine Ecological Protection and Restoration Fund Management Measures, Notice of the Ministry of Natural Resources on Regulating the Preparation of Demonstration Materials for the Use of Sea Areas, etc.; thirdly, the preparation of the National Marine Ecological Environmental Protection 14th Five-Year Plan has been fully launched; fourthly, the Detailed Rules for the Implementation of the Fishery Law of the People's Republic of China has been revised; China's Wetland Protection Law (Draft) was submitted to the Standing Committee of the National People's Congress for deliberation. This is the first time that China has specifically legislated to protect wetlands. Lastly, the Ministry of Natural Resources has issued a 2020 legislative work plan.

Keywords: Maritime Legislation; Maritime Policy; Ecological Protection

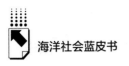

III Special Topics

B . 7 China's Global Ocean Central City Development Report

Cui Feng, Jin Zichen / 097

Abstract: Since the *13th Five-Year Plan for National Marine Economic Development* proposed "promote Shenzhen, Shanghai and other cities to build global ocean central cities", the seven cities of Dalian, Tianjin, Qingdao, Ningbo, Zhoushan, Xiamen, and Guangzhou have also proposed construction for the goal of the global ocean center city, various provinces have actively promulgated relevant policies and formulated a series of development measures for the construction of ocean economy, scientific and educational innovation development, ecological civilization construction, international influence, management service level, etc. However, due to the fact that the global ocean center city in China is still in the construction exploration and initial stage. There are still many problems in the construction of marine economic level, degree of opening to the outside world, technological innovation, resource carrying capacity, cultural emphasis, and management system. These problems are exactly how cities are building global ocean centers. It must be solved one by one in the process.

Keywords: Global Ocean Center City; Strong Ocean City; Ocean Economy

B . 8 China's Marine Intangible Cultural Heritage Development Report

Xu Xiaojian, Zhao Ti and Chen Hui / 135

Abstract: The COVID −19 epidemic broke out in 2020. In the face of the grim situation, the prevention and control of the epidemic were consistently strengthened throughout the country in 2020, and the deployment and implementation of some marine intangible cultural heritage were postponed. However, on the whole, the construction process of marine intangible cultural heritage has maintained a basic trend of stability and improvement. Many projects have been carried out step by step, and the protection and development measures adopted have shown initial results. This report sorts out and summarizes the development status, development results and existing objective problems of China's marine intangible heritage in 2020. Taken together, the year 2020 is not only a year for ending poverty alleviation, but also a crucial year for realizing a moderately prosperous society in all respects. Against the backdrop of poverty alleviation efforts, the marine intangible cultural heritage project has made new progress, adding new bricks and tiles to the comprehensive realization of a well-off society. In 2020, all coastal provinces and cities will pay more attention to the development mode of "culture + tourism", and the marine cultural industry is an important industry to drive the development of coastal economy. In addition, under the influence of the epidemic, many marine intangible heritage cultural activities and cultural products have gradually explored a new development model of "marine intangible heritage + e-commerce". This is undoubtedly a new exploration to promote the dissemination and development of marine intangible cultural heritage, and a new measure to realize the innovative development of marine culture.

Keywords: Marine Intangible Cultural Heritage; Marine Intangible Cultural Heritage Business Card; Digital Intangible Cultural Heritage; Cultural Space

B . 9 China's Marine Culture Development Report

Ning Bo, Jin Tongxin / 150

Abstract: The exploration and construction of marine culture theory system have been constructed for years, but as a specialized theoretical system, it has not been recognized by the academic community. As a report on marine culture of China, it is necessary to discuss the subject dilemma and breakthrough of marine

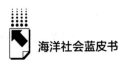

culture in 2020. Whether marine culture is a subject or a field, a collection of knowledge or a theoretical system, is still controversial in the academic community. The subjective construction of marine culture subject is confronted with the inertia challenge of traditional academic thinking, the challenge of putting what is learned into practice thought, the challenge of fuzzy category of research object and the challenge of lack of self-integrated research method. How to face the challenges, get out of the dilemma of theoretical construction, realize the breakthrough of theoretical subjectivity, this paper consider the study should adhere to the theoretical construction of the subject of the oceanic people, adhere to the value orientation of harmony in the oceanic people, adhere to the research category of the oceanic people. In this way, it can be gradually established and solidified the subjectivity of marine culture as a discipline system, make the marine culture research become the soft power that promotes "Chinese Dream", and become the ideological basis, theoretical consciousness and action direction of building a powerful ocean country.

Keywords: Marine Culture; Theoretical Subjectivity; Cultural Soft Power

B.10 China's Marine Ecological Civilization Demonstration Zone Construction Development Report

Zhang Yi, An Jinrong / 159

Abstract: The construction of the marine ecological civilization demonstration zone is an important window for examining the development of my country's marine ecological civilization. The various problems in the construction of the demonstration zone can also directly reflect the shortcomings of my country's marine ecological civilization development strategy. This report is based on studying the current status of the construction of marine ecological civilization demonstration areas in 2020. This year is a key node in the planning and construction of many demonstration areas. However, due to the impact of the COVID - 19, the demonstration areas are constructed in the development of marine economy, utilization of marine resources, and marine ecology. The construction of the five major index systems of protection, marine culture construction, and marine management guarantee did not achieve the expected results. At the same time, under the influence of the epidemic, it also exposed the shortcomings of the demonstration zone construction in the fields of marine industry optimization, marine management system, and foreign maritime cooperation. But it also reflects certain characteristics of the construction of the marine ecological civilization demonstration area, such as the synchronization of economic construction and ecological civilization construction, the integration of cultural construction and economic construction, and the outstanding construction of marine law enforcement. In the future, the construction of the marine ecological civilization demonstration zone should firmly grasp the general trend of information technology and economic recovery, and gradually reform in the aspects of optimizing the marine industry, fulfilling the responsibilities of marine management work, and strengthening maritime cooperation with other countries, and strive to create an international Influential marine ecological civilization demonstration area.

Keywords: Marine Ecological Civilization; Demonstration Area Construction; Marine Economy; Marine Management

B.11　China's Deep Sea Fishing Management Development Report

Chen Ye, Nie Quanhui / 186

Abstract: Deep sea fishing is an important part of building a "community of marine destiny" and implementing the "Belt and Road" initiative. Since the 13th Five-Year Plan, Chinese deep sea fishing has made great progress. The outbreak of the COVID −19 in early 2020 has brought many difficulties to the development of Chinese deep-sea fishing. Under the strong leadership and command of the Party Central Committee, with the understanding and active cooperation of the broad masses of the people, China have achieved "double victories" in epidemic

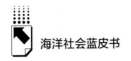

prevention and production. In terms of fishing vessel management, "Regulations on the Management of Ocean Fisheries" was revised, the management of reports on reshipment in the high seas and the disposal of offshore fishing vessels scrapped overseas were strengthened, the launch of high seas boarding inspections was promoted. *White Paper on China's Fulfillment of Deep-Sea Fishing Agreement* and the voluntary suspension of fishing on the high seas have become the highlight of Chinese deep sea management development. Under the background of the normalization of the epidemic, during the 14th Five-Year Plan period, Chinese deep sea fishing will maintain the original good development trend.

Keywords: Deep Sea Fishing; Resumption of Production; White Paper on China's Fulfillment; Voluntary Suspension of Fishing on the High Seas

B.12   China's National Ocean Inspector Development Report

Zhang Liang / 194

Abstract: In the national oceanic supervision of 2020, some regions continue to implement rectification based on the feedback from the national oceanic Supervision. Under the strong pressure of the national oceanic Supervision, the provincial government attaches great importance to it, and local governments at all levels have formed a work situation where the pressure is transferred layer by layer and the responsibility is consolidated layer by layer. The Ministry of Natural Resources organized national oceanic supervision to "look back" according to the rectification situation, and launched a special supervision of the rectification situation in Hainan Province. On the whole, the national oceanic supervision breaks the conventional governance under the operation of the bureaucracy, and realizes the complementary between the supervision system and the bureaucracy. The "look back" of the national oceanic supervision ensures the implementation of the feedback from the national oceanic supervision. The national oceanic supervision has reconstructed the relationship between the national oceanic administration and the provincial government, relying on the provincial government to pass the supervision pressure to all levels of local governments and related departments. At the same time, there are still many problems in the national oceanic supervision, including the lack of sustainability, the low proportion of "look back", and the coordination between the supervision system and the bureaucracy. For this reason, the national oceanic supervision should be improved in a targeted manner.

Keywords: National Oceanic Supervision; "Look Back"; Sustaina Bility; Supervision System; Bureaucracy System

B. 13 China's Marine Law Enforcement and Marine Right Maintenance Development Report

Song Ning'er, Chen Xiangyu / 214

Abstract: In 2020, China's marine industry continue to develop and make great progress in the development of marine resources, marine environmental protection, marine security and other fields. In order to ensure the sustainable prosperity and development of China's marine industry, China's law enforcement in the marine field is further strengthened, and the marine law enforcement system and supervision system are further improved. China's marine law enforcement and rights protection reflect the characteristics of precision and specialization, and the combination of concept and practice. It is committed to building a systematic, interactive and efficient law enforcement system, which reflects China's determination to crack down on marine crimes. At the same time, China has actively promoted the construction of a community of marine destiny, carried out close exchanges and cooperation with South Korea, the Philippines, Vietnam and other countries, and actively fulfilled its international obligations, highlighting the image of a responsible power. However, there are still many problems to be solved in the top-level design of marine cause, marine consciousness education, marine legal system and marine basic research.

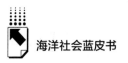

Keywords: Marine Law Enforcement; Marine Rights Maintenance; International Cooperation; Marine Awareness

B.14 China's Marine Disaster Social Response Development Report *Luo Yufang, Li Quanhan / 229*

Abstract: China is one of the countries most severely affected by marine disasters in the world. With the rapid development of marine economy, the risk of marine disasters in coastal areas has become increasingly prominent, and the situation of marine disaster prevention and mitigation is very severe. Taking time as the axis, this report briefly sorts out the basic situation of marine disasters and the social response from 2019 to 2020, elaborates the social response mechanism of marine disasters from different disaster response subjects, and gives reasonable suggestions and countermeasureson on this basis.

Keywords: Marine Disaster; Social Response; Emergency Mechanism

皮 书

智库成果出版与传播平台

✤ 皮书定义 ✤

皮书是对中国与世界发展状况和热点问题进行年度监测,以专业的角度、专家的视野和实证研究方法,针对某一领域或区域现状与发展态势展开分析和预测,具备前沿性、原创性、实证性、连续性、时效性等特点的公开出版物,由一系列权威研究报告组成。

✤ 皮书作者 ✤

皮书系列报告作者以国内外一流研究机构、知名高校等重点智库的研究人员为主,多为相关领域一流专家学者,他们的观点代表了当下学界对中国与世界的现实和未来最高水平的解读与分析。截至 2021 年底,皮书研创机构逾千家,报告作者累计超过 10 万人。

✤ 皮书荣誉 ✤

皮书作为中国社会科学院基础理论研究与应用对策研究融合发展的代表性成果,不仅是哲学社会科学工作者服务中国特色社会主义现代化建设的重要成果,更是助力中国特色新型智库建设、构建中国特色哲学社会科学 "三大体系" 的重要平台。皮书系列先后被列入 "十二五" "十三五" "十四五" 国家重点出版规划项目;2013~2022 年,重点皮书列入中国社会科学院国家哲学社会科学创新工程项目。

权威报告·连续出版·独家资源

皮书数据库
ANNUAL REPORT(YEARBOOK)
DATABASE

分析解读当下中国发展变迁的高端智库平台

所获荣誉

- 2020年，入选全国新闻出版深度融合发展创新案例
- 2019年，入选国家新闻出版署数字出版精品遴选推荐计划
- 2016年，入选"十三五"国家重点电子出版物出版规划骨干工程
- 2013年，荣获"中国出版政府奖·网络出版物奖"提名奖
- 连续多年荣获中国数字出版博览会"数字出版·优秀品牌"奖

皮书数据库

"社科数托邦"
微信公众号

成为会员

　　登录网址www.pishu.com.cn访问皮书数据库网站或下载皮书数据库APP，通过手机号码验证或邮箱验证即可成为皮书数据库会员。

会员福利

- 已注册用户购书后可免费获赠100元皮书数据库充值卡。刮开充值卡涂层获取充值密码，登录并进入"会员中心"—"在线充值"—"充值卡充值"，充值成功即可购买和查看数据库内容。
- 会员福利最终解释权归社会科学文献出版社所有。

社会科学文献出版社 皮书系列
SOCIAL SCIENCES ACADEMIC PRESS (CHINA)

卡号：714466767563
密码：

数据库服务热线：400-008-6695
数据库服务QQ：2475522410
数据库服务邮箱：database@ssap.cn
图书销售热线：010-59367070/7028
图书服务QQ：1265056568
图书服务邮箱：duzhe@ssap.cn

S 基本子库
UB DATABASE

中国社会发展数据库（下设12个专题子库）

紧扣人口、政治、外交、法律、教育、医疗卫生、资源环境等12个社会发展领域的前沿和热点，全面整合专业著作、智库报告、学术资讯、调研数据等类型资源，帮助用户追踪中国社会发展动态、研究社会发展战略与政策、了解社会热点问题、分析社会发展趋势。

中国经济发展数据库（下设12专题子库）

内容涵盖宏观经济、产业经济、工业经济、农业经济、财政金融、房地产经济、城市经济、商业贸易等12个重点经济领域，为把握经济运行态势、洞察经济发展规律、研判经济发展趋势、进行经济调控决策提供参考和依据。

中国行业发展数据库（下设17个专题子库）

以中国国民经济行业分类为依据，覆盖金融业、旅游业、交通运输业、能源矿产业、制造业等100多个行业，跟踪分析国民经济相关行业市场运行状况和政策导向，汇集行业发展前沿资讯，为投资、从业及各种经济决策提供理论支撑和实践指导。

中国区域发展数据库（下设4个专题子库）

对中国特定区域内的经济、社会、文化等领域现状与发展情况进行深度分析和预测，涉及省级行政区、城市群、城市、农村等不同维度，研究层级至县及县以下行政区，为学者研究地方经济社会宏观态势、经验模式、发展案例提供支撑，为地方政府决策提供参考。

中国文化传媒数据库（下设18个专题子库）

内容覆盖文化产业、新闻传播、电影娱乐、文学艺术、群众文化、图书情报等18个重点研究领域，聚焦文化传媒领域发展前沿、热点话题、行业实践，服务用户的教学科研、文化投资、企业规划等需要。

世界经济与国际关系数据库（下设6个专题子库）

整合世界经济、国际政治、世界文化与科技、全球性问题、国际组织与国际法、区域研究6大领域研究成果，对世界经济形势、国际形势进行连续性深度分析，对年度热点问题进行专题解读，为研判全球发展趋势提供事实和数据支持。

法律声明